迷人的物理之惑

《迷人的物理之惑》编委会 编著

同濟大學出版社
TONGJI UNIVERSITY PRESS

内 容 提 要

本书通过介绍有趣的物理现象及现象背后隐藏的规律，引导青少年感受物理的魅力，引发质疑、思考与讨论，以启迪研究思路和激起探究激情。本书由两篇组成，第一篇为“探秘万物之诱惑”，通过具体真实的物理学研究与应用案例，展现物理追求过程的曲折艰辛，揭示物理成果意义的伟大深远；第二篇是“研学物理之激情”，书中学生研究的报告虽然稚嫩，但是真实、有趣，是学生读者可以效仿学习的科学研究范例。

本书是中学生的课外读物，也适合作为拓展课和课外活动的参考用书。

图书在版编目（CIP）数据

迷人的物理之惑 /《迷人的物理之惑》编委会编著
.--上海：同济大学出版社，2021.1
ISBN 978-7-5608-8918-4

Ⅰ.①迷… Ⅱ.①迷… Ⅲ.①物理学—青少年读物
Ⅳ.①04-49

中国版本图书馆 CIP 数据核字（2020）第 003351 号

迷人的物理之惑
《迷人的物理之惑》编委会 **编著**

策划编辑 谢惠云 **责任编辑** 张 莉 **责任校对** 徐春莲 **封面设计** 陈益平

出版发行 同济大学出版社 www.tongjipress.com.cn
(地址：上海市四平路 1239 号 邮编：200092 电话：021-65985622)
经 销 全国各地新华书店
排 版 南京月叶图文制作有限公司
印 刷 上海安枫印务有限公司
开 本 710mm×1000mm 1/16
印 张 18.5
字 数 370 000
版 次 2021 年 1 月第 1 版 2021 年 1 月第 1 次印刷
书 号 ISBN 978-7-5608-8918-4

定 价 98.00 元

《迷人的物理之惑》编委会

序

吴於人教授主持编写的《迷人的物理之惑》一书，编写思路新颖、涉及内容广泛，通过物理科研工作者的一些前沿研究、科学发现和技术发明的研究历程，以及物理在方方面面的应用案例，帮助读者了解物理在科学技术中的基础地位和学习物理的重要性。书中精选的案例对老师和学生均有参考价值，无论是对尖端科学还是日常工作和生活都大有裨益。

在介绍有趣的物理现象和科研人员如何探究这些现象背后隐藏的规律时，书中采用了步步揭秘的写法，引人入胜。其中，穿插“思考讨论”“实验探究”“课题拓展”等栏目，抛砖引玉，既适合学生自主阅读时启发性思考，也可帮助老师指导学生课外实践活动，在潜移默化中，让学生学习正确的思考问题和解决问题的方法，如何克服困难、勇往直前。

不少学生对物理有恐惧心理，很多教师对学生放弃学习物理的态度焦虑却无能为力，这一现象将影响我国未来的科技发展，令人担忧。希望本书在物理科学普及方面所做的努力，能启发越来越多的教师，影响越来越多的学生，使师生均能领悟到物理的迷人之处，感受到探究未知的伟大意义。希望有关教师能像书中作者那样深入分析某些物理现象，对物理有“非按部就班”的课外研究；希望同学们能参与研究型物理学习、进行物理应用研究、并尝试撰写研究报告，提升科学素养。

2020年年初，《教育部关于在部分高校开展基础学科招生改革试点工作的意见》（简称“强基计划”）决定，在部分高校开展基础学科招生改革试点。这里的“强基”，就是要突出基础学科的支撑引领作用，要特别重视高端芯片与软件、智能科技、新材料、先进制造和国家安全等关键领域，以及国家人才紧缺的人文社会科学领域的发展。物理是该“强基计划”学科之一。我希望越来越多的孩子们热爱科学、热爱生活，学习、领悟、采用或借鉴物理学中思想方法、思维逻辑，发现其中有趣的、迷人的奥妙，从小培养对科学技术的兴趣和好奇心，立志为人类文明与进步、祖国富强和人民幸福作贡献。

是为序。

中国科学院院士

2020年5月

前　言

从古到今，人类面对大自然，永远会感受到无穷无尽的诱惑。

当古希腊哲学家亚里士多德（Aristotle，384BC—322BC）用希腊文写就"φυσικα"（自然哲学，即今天的 physics），人类开始了对大自然万物之理的正规研究。解开物理之惑，已成为人类日夜迷之的事业。正如几位物理学家所述：

> 在漫长的科学生涯中我所懂得的最重要的一件事就是：我们所有的科学发现与真实的物质世界相比，还是相当原始和幼稚的，但它仍然是我们所拥有的最为珍贵的东西。
>
> ——爱因斯坦

> 真正的科学是富于哲理性的，尤其是物理学，它不仅是走向技术的第一步，而且是通向人类思想的最深层的途径。
>
> ——波　恩

> 物理学是一切科学技术的母亲。
>
> ——卢鹤绂

当下，物理学的一些基本概念已成为新时代人必知必晓的理论。

物理学的不断发展是科学技术不断发展的前提，是人类社会进步的助力器。19 世纪，物理学把人类社会带入电气化时代；20 世纪，物理学把人类社会带入原子时代；21 世纪，物理学把人类社会带入信息化时代。

物理学是通向人类思想最深处的途径，是人类思维进化的光辉结晶。16 世纪，伽利略奠基了近代实验科学研究，向人们指出了一条科学研究理论和实践结合、让事实说话的大道。17 世纪，牛顿建立了经典力学理论，揭示了物理学规律为宇宙万物遵循，天地和谐统一的真理。经过 18—19 世纪物理学家的努力，到 19 世纪末，经典力学、宏观热力学、分子动理论、电磁学理论已基本上各自统一完善；科学假设、实验研究、物理建模、数学等方法已更全面深入地融入物理学研究中；更可贵的是，发现了和经典理论不相吻合的两个实验事实，揭开了物理学上一场伟大革命的序幕。20 世纪，量子理论和相对论的建立，不但抹去 19 世纪末物理学大厦上空的两朵乌云，为人类开启核能利用和电子技术的时代，更让人惊叹的是量子理论和相对论为人类的思维开创了一片新天地：物质和物质的特性，不是永远处于连续状态的；光速是物体运动速度的极限；光速不变、长度收缩、时间膨胀、物质波、波粒二象性、不确定性原理、波尔互补原理、量子纠缠、空间弯曲等晦涩难懂的词语冲击着人们习惯思维的大脑。人们看问题的眼界拓展了，思路更为开阔了。

今天，新生事物不断涌现，创新的概念逐渐深入人心，但是创新人才的诞生需要什么样的土壤，似乎还在不断摸索中。欣慰的是，有一条已获得共识：物理学是研究物质运动最一般规律和物质基本结构的学科，是当今最精密的一门自然科学学科，是自然科学的带头学科。科技创新领军人才和立志成为社会栋梁者都应该尽量深刻理解和掌握物理学的精髓。

本书并不是完整系统的物理教材，因为这样的书籍很多。作者希望通过物理研究和应用的某些案例、故事和发展历程引导青少年感受物理的魅力，引发质疑、思考与讨论，以启迪研究思路和激起探究激情。为了达到上述功能，本书放弃一般科学类书籍的线性阐述，穿插了思考讨论的问题、实验探究的小课题和由相关内容而联想拓展（甚至跨学科）的研究课题，旨在使读者浮想联翩，兴趣盎然，摩拳擦掌。

本书由两篇组成，第一篇为探秘万物之诱惑，通过具体真实的物理学研究与应用事例，展现物之理的追求如何诱人，其过程如何曲折艰辛，其成果如何意义深远而伟大，学习物理是学生更好地应对未来所必须的。第二篇是研学物理之激情，告诉大家物理学习本不枯燥，学习物理的过程可以是有趣而充满激情、充满挑战、也充满成功的喜悦。书中学生研究的报告虽然稚嫩，但是真实、有趣，称得上是有板有眼的，值得学习的科学研究范例。这些青涩作品的作者已经大有进步更为成熟，他们表示，欢迎同学们提意见，深入研究，祝大家爱上物理。

本书是中学生的课外读物，适合用作拓展课和课外活动的参考书。希望同学们在学习物理时能够更好地理解物理学，在阅读和实践本书内容时，能够体会到物理学的研究方法和前沿理论也不是那么难理解，那么遥远；理解到物理学就在生活中和我们朝夕相处；懂得物理学的学习与自己的未来息息相关。本书中的思考讨论、实验研究和课题联想等栏目的设置，抛砖引玉，希望能引起大家物理研究的兴趣。

本书也适用于初高中物理教师阅读和教学参考。书中有高中学生的研究案例，有国际青年物理学家锦标赛（International Young Physicists' Tournament，IYPT）的介绍，有与教材内容相关的前沿科技成果，有启迪思考和研究的课题。希望教师们在阅读和使用中多多思考，敢于质疑，和作者交流，使本书在培养科学家式的人才的事业中发挥更好的作用。

本书由长期从事物理一线教学，长期进行物理教学研究的大学和中学物理老师共同完成，相信会是中学物理教学的很好补充和拓展。

参加本书写作的单位有同济大学、南昌大学、同济大学第一附属中学、复旦大学附属中学、大同中学、格致中学、曹杨二中、控江中学、上海实验学校和智勇教育等。作者（按章节顺序排列）有吴於人、关大勇、李云辉、沈军、吴学玲、李树强、杜艾、章文俊、龚新宇、王辉、冯亚辉、陈全、林弋帆（学生）、高国华、张增海、陈琪琪、吴鋆杰（学生）、高云帆（学生）、赵杰、李沐东、徐正一、李希凡、方德鑫、李远卓（学生）等。

本书为同济大学“中央高校基本科研业务费专项资金”（科技创新和科普类）资助项目。感谢本书编委会成员对本书的关心、支持和倾情付出，感谢南昌大学江风益院士为本书作序，感谢上海天文台钟靖老师对本书的指导。

未注明出处的图片，大部为作者自主版权，部分源自高等教育出版社物理资源库图片库（同济大学项目组开发）、CC0 协议和 VRF 协议共享版权图，以及陈雪峰、王全福、桂耒谷、朱达一、吴於民、高志坚等师生亲友为本书提供的照片、图片，在此一并表示感谢!

今天的孩子们，未来世界的探索者、建造者、管理者，应该看到，物理学已渗透到各个研究领域，包括金融学、经济学、社会学、生命科学等，以至物理学在很多方面对其他学科的深入研究起到不可替代的支撑作用。孩子们学习物理的意义是造就自己的未来！学习物理的方法要像物理学家研究问题一样！物理之惑的无穷尽和物理之惑的魅力如果能够驻扎在孩子们的心中，他们的眼界、魄力、能力将能够淋漓尽致地发挥!

编　者

2019 年 12 月

目 录

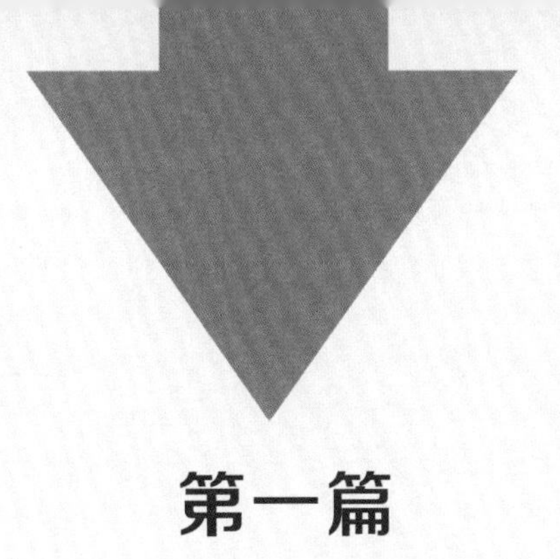

第一篇

探秘万物之诱惑

第一章　美丽的赫罗图

有人编了一个微故事。

一名年轻而多情的天文工作者第一次用天文望远镜遥观星空时，十分惊叹于眼前那绚丽多彩的天体（图1－1），情不自禁地大喊：“Oh，be a fine girl，kiss me！”

为什么编这样一个浪漫的故事呢？看下去，你就明白了。

图1-1　美丽星空

一、观星星，到底观察什么

因为天象的变化无穷，因为天的可观而不可及，因而神秘得令人神往。看天，恐怕是有正常思考能力和视觉能力的人都有过的动作，且看后，也往往会对天象、气象产生猜想、联想和感慨。网上随便一搜，中国古代关于星星的诗歌便会涌入眼帘，如图1-2所示，简直不胜枚举。

中国历代设有观天机构。秦、汉以来以太史令掌天象历法。唐代始设太史局，后又改司天台，隶属于秘书省。宋、元时设有司天监，与太史局、太史院是平行并置的机构。元朝还设有回回司天监。明、清则改名钦天监，钦天监是掌管观察天象、推算节气历法的机构。

从中国的天象记事可以看出，中国人在阿拉伯人以前，是全世界最坚毅、最精确的天文观测者。公元1500年以前出现的40颗彗星，它们的近似轨道几乎全部是根据中国的观测推算出来的。和新星的情况相同，关于彗星的出现，也是中国人自己最先根据历代史书的记载进行汇编的[1]。

有关星星的诗句精选大全

别离还有经年客，怅望不如河鼓星。——徐凝《七夕》
晓月过残垒，繁星宿故关。——司空曙《贼平后送人北归》
乌鹊倦栖，鱼龙惊起，星斗挂垂杨。——陈亮《一丛花·溪堂玩月作》
拜华星之坠几，约明月之浮槎。——文天祥《回董提举中秋请宴启》
纤云弄巧，飞星传恨，银汉迢迢暗度。——秦观《鹊桥仙·纤云弄巧》
卧看牵牛织女星，月转过梧桐树影。——卢挚《沉醉东风·七夕》
微微风簇浪，散作满星河。——查慎行《舟夜书所见》
流星透疏木，走月逆行云。——贾岛《宿山寺》
云母屏风烛影深，长河渐落晓星沉。——李商隐《嫦娥》
七八个星天外，两三点雨山前。——辛弃疾《西江月·夜行黄沙道中》
今宵绝胜无人共，卧看星河尽意明。——陈与义《雨晴·天缺西南江面清》
塞马一声嘶，残星拂大旗。——纳兰性德《菩萨蛮·朔风吹散三更雪》

图 1-2　部分关于星星的中国古代诗歌

观察，是科学研究的重要起步；记录和推测，是科学研究中的重要过程。所以说中国古代的天象研究是存在科学研究萌芽的。但仅有观察、记录和简单推测，不是真正完整的科学研究，如果加上为了顺应某些人或阶层的意志而妄加推测出来的结论，不是科学结论。在科学研究中，对观察，对记录是有要求的。什么要求？以观察星星为例，我们来分析一下。

思考讨论

观察星星，并记录观察结果，你认为需要先思考哪些问题？需要观察有关星体的哪些现象？这些需要观察的现象是否应全面罗列？如何设计更为清楚地记录这些现象的方式，以利今后深入研究？

提示：

1. 你是否想到，在观察一类物体时，可能存在两种研究需要：一类是已有特定研究目标，如研究星体相对地球的运动规律，则观察时的专注点便可以放弃星体的所有静态特征；另一类是希望对这类物体进行全面研究时，观察的内容就变得量大且相对复杂，需要认真分析所观察的参数到底有哪些类别。

2. 观察图 1-3 中的星体，你能够全面列出值得观察和记录的要素吗？

[1]《中国古代天象记录的研究与应用》，庄威凤，中国科学技术出版社，2009 年。

图 1-3　观察星星，你应该先考虑什么

3. 在百度百科上查询“观察法”，可看到相关论述，对你有什么启发？

在古代，人的所谓观察，是裸眼看，是物体发出的或者反射的光进入观察者眼睛被感知。反映物体特征的光线通过瞳孔进入眼睛，成像在你的视网膜上，被你的眼睛，这一某种程度上可谓精密的天生的“光学仪器”中的视锥细胞和视杆细胞感知的，到底有哪些信息？要认识这一点，是不是应该综合分析光可能携带哪些信息，以及人眼可以感知哪些信息？

我们知道，光波携带有强度、频率和相位三大信息。

1. 光的强度

光的强度可以简称为光强。我们的眼睛可以感受光强的变化，但是也有局限。这个局限有以下两个方面。

一是范围局限。因为太强的光我们眼睛受不了，太弱的光又无法感知。

二是光强分辨局限。光强变化程度太小，我们人眼无法分辨；即使是人眼能够分辨的光强，也无法定量。

2. 光的频率

光的频率被人眼感知，也有局限。这个局限包括三个方面。

一是范围局限。人们看到的光是可见光波段，范围为 400～760 nm，即对应的可见光的频率在 $3.9\times10^{14}\sim7.5\times10^{14}$ Hz。人眼的视觉范围是有差异的，上述数值是一个大概范围。

二是光频分辨局限。光的频率变化程度太小，我们人眼也无法分辨。光携带了频率信息，但是并没有直接携带“颜色”信息，颜色是我们人眼对不同频率光的感知结果。这个在网上曾经热过一阵的小游戏不知大家是否玩过（图 1-4）。游戏就是基于人眼对于颜色变化的分辨有局限，且存在个体差异而设计的。这也在一定程度上证明了人眼对于频率的分辨存在局限。

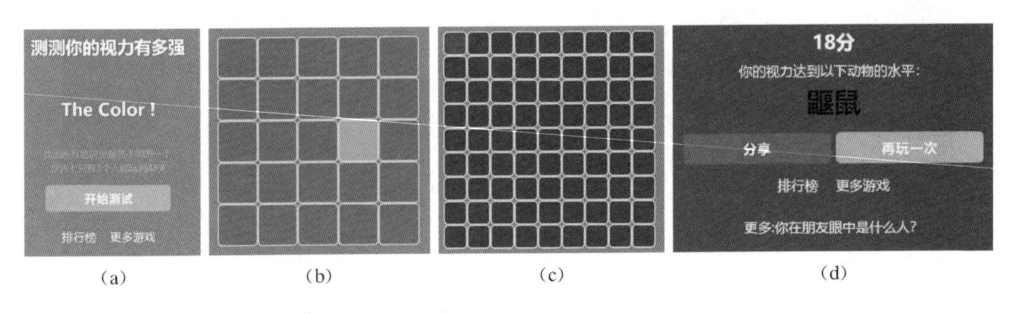

图 1-4　人眼颜色分辨本领的游戏

三是人眼视锥细胞局限。光携带了频率信息，而我们感知的是颜色，恐怕很多同学都知道，这归功于眼睛中的视锥细胞。但是人眼中的视锥细胞只有三种，只能感知红、绿、蓝三种颜色（这里不讨论色盲问题），因而在 $3.9\times10^{14}\sim7.5\times10^{14}$ Hz 频率范围内无穷多的颜色的感知，是红、绿、蓝三种感知细胞共同工作的结果。这也是各种电子显示装置中只需设计红、绿、蓝三基色显像小基元，即可组合成千差万别的颜色的原理。这样的人眼结构带来了什么视觉局限呢？那就是除了红、绿、蓝这三种颜色以外的颜色，是单频率光产生的效果还是几种频率光混合成的效果，人眼是无法分辨的。

3. 光的相位

光的相位人眼无法感知。

分析了光及光被人眼感知的情况，我们应该明白，当我们要全面研究星体时，应该在观察时关注星体以下几个方面。

◇ 自身发光还是反射光；

◇ 若发光，光强如何；

◇ 若发光，光的频率如何。

课题联想

看得出图 1-4（c）图中哪个小方块颜色与众不同吗？这个小游戏是否让你联想到一些相关小课题？下面两个是别人想到的，你想到了什么？

课题一　能不能用计算机程序设计一个类似的游戏软件，在每一级的图片上将其与众不同的频率和其他频率值及其差值标注出来。

课题二　研究计算机红绿蓝（RGB）三基色及其任何混合色与对应的光频率之间的关系，并调研或推想其实际应用价值。

之所以提出上述小课题，原因之一是希望大家进一步了解人眼对频率感知的几种局限，从而更加深刻地体会到先进技术对于天体探测的重要性。

自从伽利略第一次将自己发明的望远镜指向天空，人们的观天就发生了根本性的变化。借助工具，甚至借助非可见光探测，诞生了红外天文学、射电天文学、紫外天文学、X射线天文学、伽马射线天文学等新生学科，这些新兴学科被统称为不可见光天文学。同时，天文研究还借助太空天文卫星探测，以消除地球周围大气层对观察信息的干扰。天文卫星运行在几百公里或更高的轨道上，卫星上的探测器可以接收来自天体或宇宙中其他物质的从红外波段、可见光波段、紫外波段直到X射线波段和γ射线波段的更大范围的电磁波辐射信息，给我们展现更为详尽的宇宙图像。

天体物理学的发展也生动地证明了物理学的发展推动了技术的发展，技术的发展又反哺了物理学的发展。

二、星体颜色的背后

这一节，我们主要讨论的是对恒星的研究。恒星也就是自己会发光的星体。图1-5为哈勃望远镜发回的，经过色彩还原渲染处理的星空图像［被美国国家航空航天

图1-5　星空中恒星颜色亮度各异

局（NASA）按照严格规范“PS”过，见下文谈及的《哈勃空间望远镜使用指南》]。

指向天空的望远镜发现，千亿计的恒星各式各样，它们不仅光度不同，颜色也各异，真是千姿百态，绚丽多彩。[1]

思考讨论

观察图1-5，发光的星体，居然发出不同颜色的光，说明什么？

你联想到哪一类发光现象发出的光是有颜色差别的？说明什么？

先不要看下文！思考上述问题，讲给大家听。

考验一下自己，看看你是否具有科学家潜质，如果你生活在19世纪初，能发现恒星的重大秘密的人是否可能是你，那美丽的星空姑娘可能会亲吻你；也许你会有更为重大的发现——关于热辐射本质的基础研究，与创立量子论的伟大的科学家普朗克（图1-6）分享1918年诺贝尔物理学奖。

图1-6 普朗克（Max Planck，1858—1947）德国物理学家，量子力学的重要创始人

很早以前，已经有很多人关注到星空中恒星颜色的不同，但是真正领悟颜色背后的秘密，还要感谢物理学家斯特藩、玻尔兹曼和维恩，感谢物理学家普朗克。

由于恒星的辐射十分接近黑体辐射，对恒星的研究可借鉴黑体研究的结果。所谓黑体，顾名思义纯黑，能够完全吸收外来辐射，毫无反射的物体。如果存在这样的物体，那么即使在有光的环境里，你也完全看不到它的存在。这样的物体在一定温度下向外辐射的能量也最多。显然，黑体是一个理想物理模型。

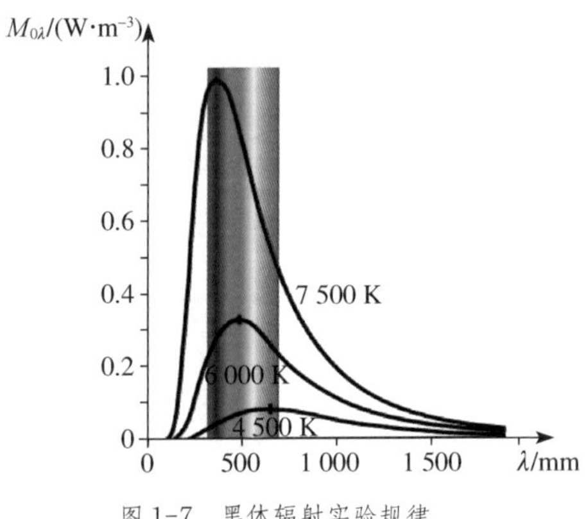

图1-7 黑体辐射实验规律

黑体辐射的实验规律曲线如图1-7所示。由图可知，这是一组十分复杂的曲线。辐射强度，即单位时间单位面积上辐射的能量，与黑体温度有关，同时辐射强度随波长的改变而改变。由于在真空中的波长 $\lambda = c/\nu$，c 为光速，ν 为频率，所以横坐标若改为频率，实验规律图像的形状不变。

[1]《物理学与人类文明十六讲》第二版，赵峥，高等教育出版社，2016年。

斯洛文尼亚物理学家约瑟夫·斯特藩于1879年通过实验总结出黑体辐射中某一温度下，所有频率的辐射波（包括可见光）的能量辐射强度 E 的经验公式

$$E=\sigma T^4 \tag{1-1}$$

奥地利物理学家路德维希·玻尔兹曼于1884年通过理论推导也得出相同的结论。因而公式（1-1）被称为斯特藩-玻尔兹曼定律。式中，T 为绝对温度；σ 为斯特藩常数。

1983年，德国物理学家维恩推导出黑体辐射能谱峰值所对应的辐射波波长 λ_m 和黑体温度 T 之间的关系——维恩定律

$$\lambda_m T=b \tag{1-2}$$

式中，$b=0.002\,897\ \mathrm{m\cdot K}$，为维恩常数。

由公式（1-2）可知，不同温度下黑体辐射能谱峰值对应的波长不同，可见天文学家只要探测分析恒星的辐射频率分布，就很容易确定恒星表面温度。原来，星星发光颜色的背后，是星体表面的温度!

无论是黑体辐射的斯特藩-玻尔兹曼定律，还是维恩定律，都无法完整地用理论解释和数学公式描绘图1-7所示的实验曲线。1900年普朗克解决了这个问题。普朗克基于能量量子化模型，提出了著名的普朗克黑体辐射公式

$$u_\lambda=\frac{8\pi hc}{\lambda^5}\cdot\frac{1}{e^{\frac{hc}{\lambda kT}}-1}$$

式中，u_λ 为一定波长下的单色辐出度；h 为普朗克常数，其值为 $6.626\,070\,15\times10^{-34}$ J·s；c 为真空中的光速，其值为 $2.997\,924\,58\times10^8$ m/s；λ 为辐射的波长；k 为玻尔兹曼常数，其值为 $1.380\,649\times10^{-23}$ J/K；T 为热力学温度。

普朗克能量子假说解决了当时物理学天空中“两朵小小的、令人不安的乌云”之一的“紫外灾难”，并促使量子物理的诞生。普朗克也因此获得了1918年诺贝尔物理学奖。

思考讨论

了解“紫外灾难”的来由，理解普朗克“能量子”假说的伟大意义。

实践研究

看关于黑体辐射的维恩定律公式 $\lambda_m T=b$，居然黑体辐射能谱峰值所对应的辐射波波长 λ_m 和黑体温度 T 之间有这样简单的数学关系。你信吗？想验证吗？

看窗户洞（图 1-8），是不是一个个黑洞？外面的光似乎只进不出。这就是一个个黑体模型。受此启发，你能不能自己做一个黑体，验证维恩定律？

图 1-8 窗户洞

不是黑体的物体，辐射规律是怎样的？

图 1-9 是同济大学物理老师研制的黑体辐射实验规律模拟课件。通过这一课件，可以进一步体会颜色和辐射体温度的关系。

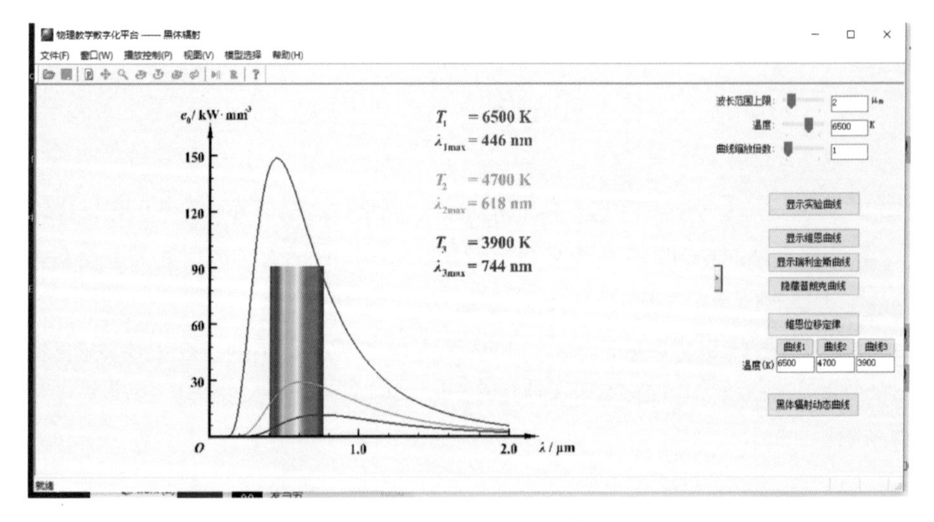

图 1-9 黑体辐射实验规律模拟

三、星体的亮度能证明什么

如前所述，光传播时携带着三种物理信息：光强、频率和相位。天文学家可以根据星体的颜色估计它的温度，但是我们观察到恒星光的颜色之外，还观察到它的亮度。亮度说明什么呢?

恒星发光机理基本相同，内部发生核聚变，表面向外辐射，使我们可以观察到有亮度的星体。我们都知道，作为一个发光球体，若单位时间、单位面积辐射的光能相同，则单位时间辐射的光能和球体的大小是有关系的。

图 1-10　一个证明视亮度和发光体面积相关的实验

思考讨论

图 1-10 显示的是三个 LED 小灯珠照在墙上的光斑，比不上六个 LED 小灯珠照在墙上的光斑亮，这是否可以间接证明“若单位时间、单位面积辐射的光能相同，则单位时间辐射的光能和球体的大小是有关系的”这个结论？或者是否直接证明了“视亮度和发光面积有关”。若你认为这个实验不能证明上述结论，那么请你设计一个能够证明上述结论的实验。

所以，我们的眼睛看到或者仪器探测到的恒星光亮度和恒星的大小有关。假设恒星都和我们地球相距同样远，那么仅仅凭借地球上观测到的亮度（称为视亮度），就可以判断恒星大小了。但是由于恒星距离不同，甚至有相互间相差甚远的，因而恒星的真实亮度，无法直接探测。

思考讨论

若恒星每秒发出的总光度为 L，那么地球上的探测值，即光度 $L_{视}$（地球上单位面积上探测到的光照）和恒星到地球的距离 r 的关系是什么？

显然，上面大家经过思考讨论可以得到以下结论：

$$L=4\pi r^2 L_{视}$$

所以，我们要测出恒星与地球之间的距离，然后把由于这距离不同而产生的影响扣除，得到恒星的绝对光度，即真实光度。

接下来的问题是如何测量恒星的距离了。你有办法吗？

1. 量天尺一——三角视差法

三角视差法依据的基本物理规律是光是沿直线传播的。

三角视差法也称为视差法。做了下面的实验，大家就可以了解“三角”和“视差”的含义。

实践研究

1. 了解视差

左手、右手分别伸出一个手指，一前一后放在自己正前方（图 1-11）。先闭上左眼，看手指；再闭上右眼看手指，你发现什么？

左右两眼分别看到的前后两个手指的位置有什么不同？作图表示左右眼的视觉差别。

手指分别与左、右眼两连线之间的夹角的大小与手指到眼睛的距离的关系是什么？

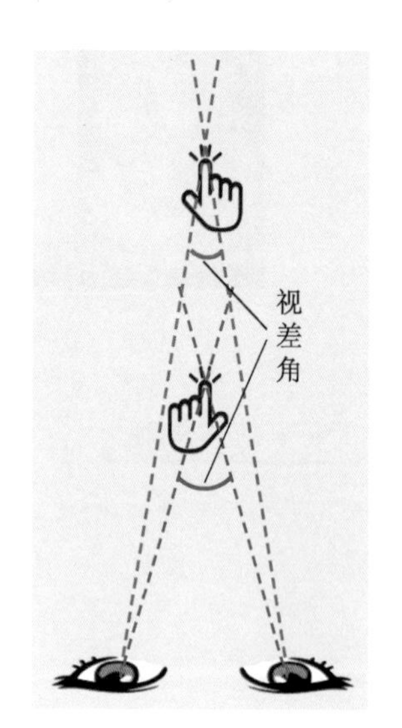

图 1-11　左右眼看到的不同

2. 三角视差法测量距离

根据上述观察结果，设计三角视差法测量远处某高楼的距离，并与百度地图上的相关数据比较。

试想，如果观测的人不动，仅仅靠“单眼法”测量可行么？为什么？

你能够利用简单易得的材料自制测量装置吗？

掌握了三角视差法的基本原理，我们就可以考虑如何用三角视差法测量恒星与地球之间的距离了。

在研究测量恒星距离之前，我们先了解一下几种天文学中的距离单位。

天文单位（AU）　1 天文单位 = 149 597 870 千米，此数值取自地球和太阳之间的平均距离。精度要求不高时，常用 1 天文单位 = 1.5 亿千米。

秒差距（pc）　1 秒差距所定义的是地球公转轨道平均半径（也就是 1 AU）对应视角为 1 秒时，天体到太阳的距离（但我们可以看成就是到地球的距离，你知道为什么吗）。秒差距主要用于量度太阳系外天体的距离。想象一下，这个三角形底边是 1 AU，对着的那个尖尖角只有$\frac{1}{3\,600}$度，这个三角形的直角边和斜边有什么样的关系？

$$1\text{秒差距}=206\,265\text{天文单位}=3.26\text{光年}=3.09\times10^{13}\text{千米}$$

光年（l. y.）　1光年是光在宇宙真空中沿直线传播了一年时间所经过的距离，为9 460 730 472 580 800米。

光年是由时间和光速计算出来的单位。这里所说的年是儒略年（天文学概念）。一儒略年包含365.25天，每天有86 400秒，故每年有31 557 600秒。真空中的光速是每秒299 792 458米。

如何用三角视差法测量恒星距离，经过以下讨论，应该清楚。

思考讨论

1. 百度百科查“三角视差法”，可查得：

“三角视差法是一种利用不同视点对同一物体的视差来测定距离的方法。对同一个物体，分别在两个点上进行观测，两条视线与两个点之间的连线可以形成一个等腰三角形，根据这个三角形顶角的大小，就可以知道这个三角形的高，也就是物体距观察者的距离。”

对于这段描述你有疑问吗？有同学质疑，如果测量的星体不在两个观测点的中垂线上，还能用这个方法测量距离吗？你怎样看待这个问题？

2. 地球上用三角视差法测量恒星距离，两个观测点如何设定较为合适？

3. 地球上用三角视差法测量恒星距离，可以测量的恒星最远极限如何估算？

2. 量天尺二——标准烛光法

在天文学中，可以利用某类已知发光规律基本稳定的星体作为标准烛光，通过探测这类星体的亮度可知其距离。可作标准烛光的有一类是激变变星，如某些超新星，可成为目前人类最远的测距天体，达100亿光年的尺度。有一类是脉动变星，如造父变星，示踪距离近很多，为几百万光年。

标准烛光法的发明归功于美国女天文学家勒维特。她在20世纪初研究了上千颗造父变星，发现只要有一颗造父变星的距离是已知的，其他造父变星的距离就可以推算出来。观察造父变星的天文工作者很多，对其发光规律有所察觉的人也不少，但是勒维特的不懈和感悟使其有所发明创新！随后，勒维特的方法被大家逐步完善，如果能测量到某星团、星系中的造父变星，就可以通过勒维特及其他科研人员研发完善的周光关系曲线将星团、星系的距离确定出来。

实践研究

标准烛光法测量距离

有一类恒星，被称为“造父变星”，具有脉动性改变亮度的特点。其中有一些可以用三角视差法测得与观测者的距离，也可测得光度 $L_{视}$，并可发现“造父变星”的脉动变化周期 P 和光度 $L_{视}$ 之间存在一定关系，可见周期 P 和光度 L 之间存在同样关系。于是，这类造父变星可作为标准量天尺。

根据上面所述，解释标准烛光法测量恒星距离的方法，并争取到天文台进行研究实践。

可参考图 1-12，图中有两个光变周期相同的变星，所以可判断二者同一光度 L_0，但由于距离不同，地面观测系统测得的光度不同，分别为 L_1 和 L_2，如何可获得距离 r_2？

如何测量非造父变星的距离？

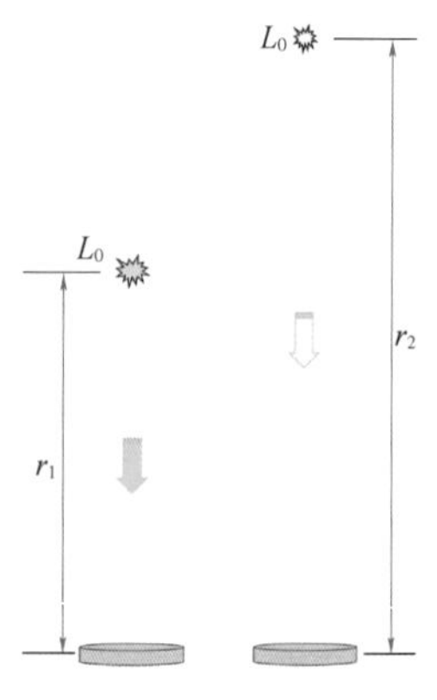

图 1-12　标准烛光法示意图

课题拓展

可否研发有关标准烛光法测量天体距离的虚拟实验？

3. 量天尺三——红移法

要了解红移法，首先需了解多普勒效应。

即使是面对司空见惯的现象，一般人和科学家的反应也是有显著区别的。每天，有人在靠近机场的地方遇见飞机在头顶轰鸣掠过；有人在途中遇见救护车响着急促的喇叭声从身边呼啸而过……这种运动着的声源发出的声音除了标明自己“身份”的意义之外，还有什么共有的有趣的特征？几乎每一位听到声音的人都没有关注过，没有专心研究过。除非他知道了多普勒效应而对此声音特别留意一下，会用耳用心体会一下这一现象。

1842 年某日，奥地利一位名叫多普勒（图 1-13）的数学家、物理学家正行走在铁路边，一列火车刚好从他身边呼啸而过。多普勒注意到由远而近的火车汽笛声越来越响，火车由近而远时汽笛声越来越轻，这很正常。奇怪的是，在火车经过他身边的一瞬间，汽笛的音调突然由较尖变得较粗，即频率突然由高变低。多普勒即刻对这一现象进行研究，他发现：当波源与观察者之间存在着相对运动时，观察者接受到的频率和波源的频率不相等。

图 1-13　多普勒（Doppler Christian Andreas，1803—1853）奥地利物理学家、数学家和天文学家

其研究结果被称为多普勒效应。多普勒效应可描述如下。

设波源的振动频率为 f，接收者接收到的频率为 f'，观察者以速度 v_0 相对介质运动，波源以速度 v_s 相对介质运动。观察者和波源相互接近时，速度值取正；相互远离时，速度值取负。u 为波在介质中的传播速度。则有

$$f'=\frac{u+v_o}{u-v_s}f$$

小课题联想

以下实验课题和多普勒效应有关，请选择一个课题研究。

课题一　带着录音装置到上海磁浮列车轨道或高铁轨道边（注意安全，遵守相关规则），记录列车驶近或驶远时的声音，从而测出车速。

课题二　研发一个与多普勒效应相关的教学装置或玩具。

课题三　图 1-14[1] 是玩具竹知了和它的录音波形图。有同学为了研究它被甩动而作圆周运动时的发声规律，制作了研究装置，以保证研究中控制变量。你知道这是一个什么样的研究装置吗？有兴趣对玩具竹知了进行多普勒效应的研究吗？

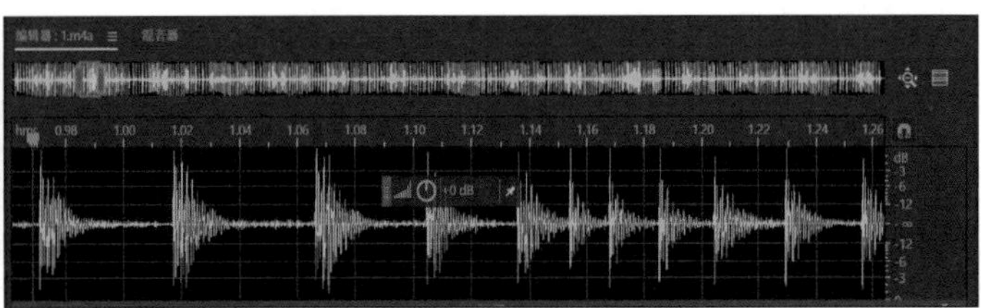

图 1-14　竹知了及录音波形图

多普勒效应适用于声波，也适用于电磁波。

由多普勒效应公式可知，当波源远离观测者时，观察者接收到的频率降低。对于发出可见光的波源，频率降低意味着光的颜色向着频率低，即波长长的红光一端移动，所以这种情况称为多普勒红移。当然，即使不在可见光范畴，只要电磁辐射源远离观测者而去，电磁波因多普勒效应频率变小，即波长变长，我们都可称之为多普勒红移。

20 世纪初，美国天文学家埃德温・哈勃（图 1-15）经过长期持续观测，发现观测到的绝大多数星系的光谱线存在明显的红移现象。显然，星体们在逐渐远离我们而去。天文学家清楚地认识到，我们地球不可能是宇宙的中心，所以，这个红移说明整个宇宙是在不断膨胀的，星系彼此之间在做分

图 1-15　埃德温・哈勃（Edwin Powell Hubble，1889—1953），美国著名数学家和天文学家

[1] 源自《NEW 物理探索 走近力声光电磁》之《闻声起舞》，关大勇，吴於人，复旦大学出版社。

离运动。由于宇宙膨胀而产生的红移被称为宇宙学红移，尽管其基本机理是基于多普勒效应。1929 年，哈勃发现这一红移与距离之间存在线性关系，即星系距离我们越远，退行速度越快，这一关系被称为哈勃定律。

$$v_r = HD$$

其中，v_r 为银河外星系的退行速度；H 为哈勃常数，$H = 87$ km/（sc · Mpc）；D 为星系与银河中心之间的距离，以 Mpc（兆秒差距）为单位。

很明显，只要能够测量出星系远离地球的径向速度 v_r，就能计算出星系与地球的距离。而星系速度的测量则需要测量星系的红移速度，即测量星体发光光谱的变化，此时可利用多普勒效应进行计算。

上文所说利用多普勒效应计算红移速度，并不是说多普勒红移就是宇宙膨胀产生的红移。哈伯发现的星系间的退行引起的红移，是属于宇宙学红移，与多普勒红移具有本质上的区别。多普勒效应的产生是因为观察者与光源之间的相对运动，而他们所处的空间并没有变化。而宇宙学红移的起因是空间发生变化——宇宙膨胀，故而星系没有运动也会相互远离。

思考讨论

为什么说在我们自己的星系之内可以将星体的红移和蓝移视为多普勒效应的结果呢？

为了能有效地测量大气窗口外星体其他波段的光谱，为了更接近观测对象，提高空间角分辨率，人类希望将望远镜架设到大气层以上，并可在太空飞行。1990 年，美国肯尼迪航天中心“发现者”号航天飞机成功发射——太空望远镜。为纪念哈勃对天文学的伟大贡献，这一望远镜称为哈勃空间望远镜。哈勃空间望远镜在地球轨道上运行，勤勤恳恳地为人类研究太空传回不计其数的有价值的数据。

实践研究

到天文台参观，了解测量天体光谱的方法，了解一切你感兴趣的关于恒星测量的问题。然后，你考虑一下，是否有可能到 NASA 网站上获取哈勃空间望远镜传回的相关数据，做一些你感兴趣的研究。

果壳网上《哈勃空间望远镜使用指南》一文使人浮想联翩，跃跃欲试，建议一读。文中提及：

> 哈勃空间望远镜仍然有许多公众项目，鼓励爱好者参与科学研究，帮助科

学家辨认星团特性或者寻找系外行星等。此外，由于哈勃空间望远镜拍摄的均为黑白照片，只有极少数被合成为彩色照片，哈勃空间望远镜图像处理计划提供了一系列详尽的教程和教学视频，教你如何利用哈勃空间望远镜拍摄的原片合成彩色照片（图 1-16）[1]。

哈勃空间望远镜的观测数据在 1 年保护期后都会公开，所以哈勃空间望远镜的数据库称得上是一个原片大宝藏。如果你暂时还不想为了使用哈勃空间望远镜而去读一个天文学博士的话，也可以搜罗一下哈勃空间望远镜的数据库，说不定你想拍的天体早就已经有天文学家拍过了呢！

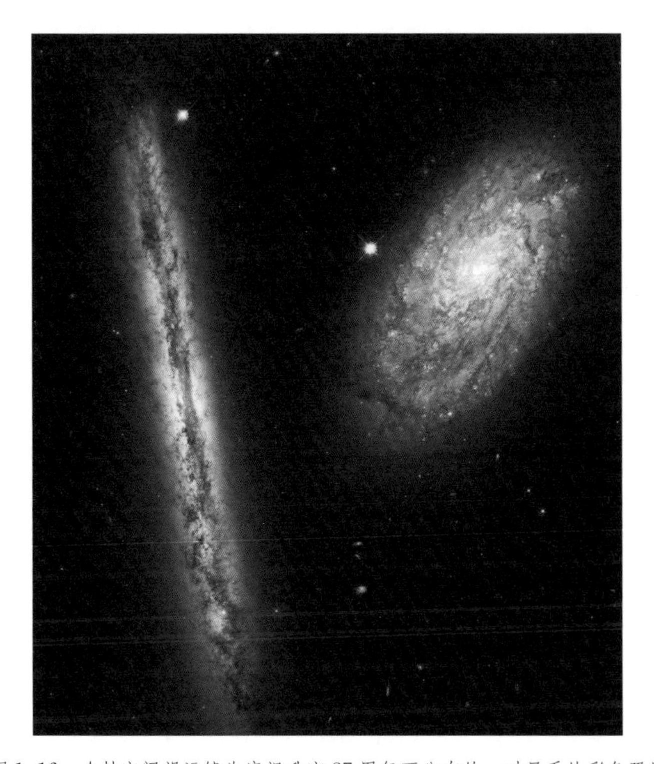

图 1-16　哈勃空间望远镜为庆祝升空 27 周年而公布的一对星系的彩色照片

四、赫罗图

前面基本上是围绕恒星的亮度和温度展开探索，那么这两个量之间有什么关系吗？

20 世纪初，丹麦天文学家赫兹普隆和美国天文学家罗素略有先后、各自独立地

[1] 图片来源：NASA，https：//www. nasa. gov/

绘出了表现恒星光度和表面温度的关系图，被称为赫罗图。由于赫罗图中恒星的分布极富规律，蕴含了恒星结构和演化的重要信息，体现了物理学在天体物理中的重要地位，因而对于其后的恒星研究具有指引性功能。

图 1-17 是 1914 年罗素第一次正式发表的光谱型——光度图，被视为现代赫罗图原型。百年后的 2014 年，我国天文学家、著名科普作家卞毓麟著文纪念，并提供了两张赫罗图（图 1-17、图 1-18）[1]，指出“在 20 世纪天文学中，有两幅至为重要的图：赫罗图和哈勃图。前者是揭开恒星身世之谜的钥匙，后者则是宇宙膨胀乃至大爆炸理论的首要观测证据”。

思考讨论

卞毓麟先生说的 20 世纪天文学中另一幅重要的图——哈勃图是什么？重要性表现在哪里？

赫罗图中横坐标上标有若干字母，O，B，A，F，G，K，M，代表恒星不同的光谱型。不同的光谱型对应不同的温度。从彩图上可以看出，红星温度低，蓝星温度高，太阳属于黄色的 G 型恒星，具有约 6 000 K 表面温度。图中纵坐标代表恒星的光度，图 1-17 用绝对星等表示，图 1-18 用太阳光度 $L_\odot$ 为单位来表示。

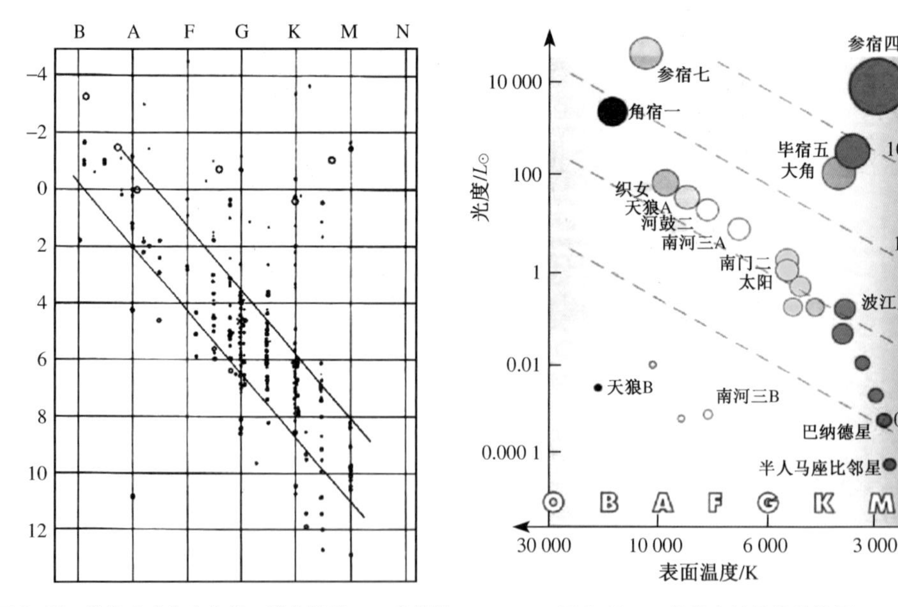

图 1-17　罗素正式发布的第一张光谱型——光度图

图 1-18　一些著名恒星的赫罗图

---

[1] 卞毓麟. 恒星身世案 循迹赫罗图[J]. 现代物理知识，2014，26（3）：11.

绝对星等的定义是：假定把恒星放在距地球 10 秒差距（32.6 光年）的地方测得恒星的亮度，然后设定等级，表示这些亮度的差别。星等的数值越大，表示星体的光越暗；星等的数值越小，以至小到负数，表示星体越亮。每个星等的亮度都是次一等的 $\sqrt[5]{100} \simeq 2.512$ 倍。太阳的绝对星等是 +4.8，天狼星是 +1.3，二者相差 3.5 个星等。$2.512^{3.5} \simeq 25$，所以天狼星的发光能力是太阳的 25 倍[1]。

思考讨论

恒星的视亮度，不能表示其真正的亮度，因而将“假定其被移到同一距离后的亮度”来比较，这一方法是合理的可以理解，但是为什么要设定如此复杂计算的等级呢？直接用亮度值不好吗。

赫罗图从左上到右下有一条布满密密麻麻恒星的带，这是一条主星序带。位于主星序中的星称为主序星。显然，大部分恒星是主序星。也可以说，恒星的一生中，大部分时光是在主星序中度过。太阳就是位于主星序，现在的太阳很稳定，处于“中年”。

赫罗图的右上和左下，是恒星在其他生命不同时期所经历的位置。

宇宙中有无数星云。当某星云中密度高的“小云块”在万有引力之下不断收缩，有可能形成原恒星，如银河系中年轻的星云——猎户星云中就有许许多多的新生恒星。以一颗和太阳差不多质量的恒星的形成过程为例，看它在赫罗图上的轨迹示意图（图 1-19）[2]。

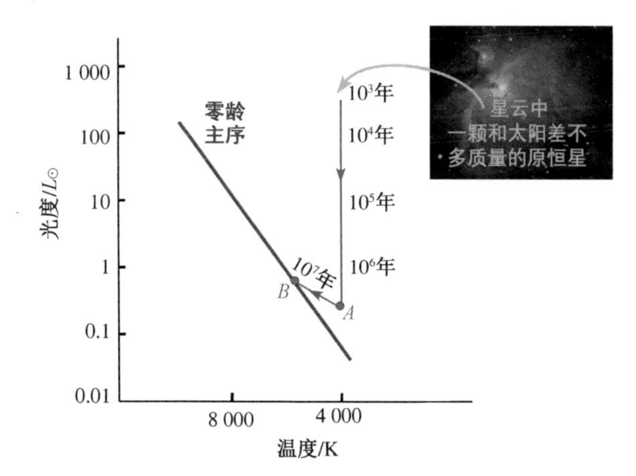

图 1-19　收缩中的太阳型恒星在赫罗图上的轨迹

[1] 卞毓麟. 恒星身世案 循迹赫罗图[J]. 现代物理知识，2014，26（3）：13.
[2] *The Physics-Astronomy Frontier*.［英］F·霍伊尔，［印］J·纳里卡著；何香涛，赵君亮译。

由于原恒星不断向中心收缩，内部温度越来越高，从中心向星体表面的热量流形成。星体表面在接收内部热流的同时向外辐射，最终热平衡稳定于 4 000 K 的温度。图 1-19 的赫罗图体现出这一过程中体积收缩的时间，可以看到体积收缩的速度越来越慢。最后，保持表面温度 4 000 K 的状态停止于 *A* 点。*A* 点处的半径接近太阳的半径。

到达 *A* 点的时候，进一步的引力收缩使中心部分密度不断增大，出现辐射平衡。随后辐射平衡部分扩大，对流层逐渐变薄，表面温度升高，原恒星变化路径转向左，进入主星序。

之所以这条红色的主星序称为零龄主序，是因为这时氢聚变为氦的反应开始，原恒星正式成为恒星。

有关进一步详细说明和原恒星演化较为真实的轨迹记录赫罗图，可参考中国科学技术大学向守平教授的《天体物理概论》一书。

恒星的演化，主要由它内部的热核聚变反应所决定。恒星内部的热核反应可能存在如图 1-20 所示的演化过程[1]。

图 1-20 恒星中心核可能经历的核燃烧过程及其生成物

主星序里的恒星在濒临死亡前会离开主星序。离开后的发展方向，很大程度上由它的初始质量决定。初始质量超过 10 倍太阳质量的恒星，基本上可以经历以上所有核燃烧进程，随后超新星爆炸，进而成为中子星；超大的星体可塌缩成为黑洞。初始质量低于 8 倍太阳质量的恒星不会完成上述全部核燃烧进程，最后成为白矮星。

恒星离开主星序后，也会因表面物质损失或物质吸积，使总质量减少或者增加。因此，初始质量究竟多大最终变成超新星还是白矮星，也需要根据恒星表面物质损失或物质吸积的情况而定，没有很严格清晰的质量界限。

思考讨论

根据恒星一生的发展规律，是否能在赫罗图上画出其位置变化轨迹？

科学家从观察到的恒星不同的颜色和亮度，居然可以研究出如此丰富的信息，令人佩服（表 1-1）。

---

[1]《恒星物理》第二版，黄润乾，中国科学技术出版社，2012，第 10 章。

表 1-1　不同光谱型恒星信息

类型	表面温度大致范围	对应颜色	看见颜色	质量（太阳质量）	半径（太阳半径）	亮度（太阳亮度）	氢线	主序星比例
O	28 000 K 以上	蓝色	蓝色	约 64 $M_\odot$	约 16 $R_\odot$	约 1 400 000 $L_\odot$	弱	~0. 000 03%
B	10 000—28 000 K	蓝到白色	蓝白色	约 18 $M_\odot$	约 7 $R_\odot$	约 20 000 $L_\odot$	一般	0. 13%
A	7 500—10 000 K	白色	白色	约 3. 1 $M_\odot$	约 2. 1 $R_\odot$	约 40 $L_\odot$	强烈	0. 60%
F	6 000—7 500 K	淡黄白色	白色	约 1. 7 $M_\odot$	约 1. 4 $R_\odot$	约 6 $L_\odot$	一般	3%
G	4 900—6 000 K	黄色	淡黄白色	约 1. 1 $M_\odot$	约 1. 1 $R_\odot$	约 1. 2 $L_\odot$	弱	7. 60%
K	3 500—5 000 K	橙色	黄橙色	约 0. 8 $M_\odot$	约 0. 9 $R_\odot$	约 0. 4 $L_\odot$	十分弱	12. 10%
M	2 000—3 500 K	红色	橙红色	约 0. 4 $M_\odot$	约 0. 5 $R_\odot$	约 0. 04 $L_\odot$	十分弱	76. 45%

现在你应该知道本章开头年轻的天文工作者的“Oh, be a fine girl, kiss me”是什么意思了吧。这是为了更好地记忆赫罗图中横坐标上 O，B，A，F，G，K，M 这七个恒星不同光谱型的符号。它们依次被汇集在如此浪漫的一句话中，天文学家是不是除了聪明，还很幽默？

思考讨论

赫罗图上恒星的光谱型为什么要用 O，B，A，F，G，K，M 这样七个字母呢？猜猜看。这看上去规律难寻，似乎毫无来由的七个字母，当然其命名是有根据的。这看上去猜不透的七个字母说明科学研究是一个不断完善、不断纠错的过程。

赫罗图的诞生是天体物理学发展史上的一个重要里程碑，是物理学和天文学密切结合的结晶。在值得纪念的人类登月 50 周年之际，在中国航天计划紧锣密鼓地实施的日子里，将此作为本书的第一章，希望同学们在紧张的学习之余，经常仰望天空，回顾经典，思考未来。

科学家曹泽贤在《学物理能做什么》[1] 一文中告诉我们，德国哲学家康德（也是一位伟大的物理学家，最先提出了星云假说）曾说过：

“有两种东西，我对它们的思考越是经常和持久，它们越是以崭新的、不

[1] 参见《现代物理知识》2010 年，第 1 期。

断增长的惊奇和敬畏充满我的心灵，这就是我头顶的星空和内心的道德律令。”

曹泽贤老师诠释第谷塑像的造型（图1-21）：

“后人为第谷所立的、采‘仰望苍穹’姿势的纪念雕像，与其说是对其事业的描摹，勿宁说是对其内心世界的写照。一个真正的物理学家，怀着造福人类的理想究问自然的奥秘，其内心采仰望苍穹的姿态恐怕是一种必然。”

图1-21　第谷（1546—1601）对天文学的贡献不可磨灭，是近代天文学的奠基人之一

第二章　天 外 来 电

2016 年 9 月 25 日是一个不平凡的日子。在贵州省平塘县的喀斯特洼坑中，被誉为中国“天眼”的 500 米口径球面射电望远镜（Five-hundred-meter Aperture Spherical Telescope，FAST；图 2-1）[1] 落成启用，开始接收来自宇宙深处的电磁波。这是世界第一大射电望远镜，工程量巨大，具有中国独立自主知识产权，是目前最具威力的单天线射电望远镜。

图 2-1　500 米口径球面射电望远镜

为了保证“天眼”能顺利聆听天外真实之音，“天眼”周围方圆 5 公里，除天外来电，拒绝一切电磁波干扰。所以去参观的人远远地就需要关闭并交出手机，离开时再取回。

你是否很好奇？什么是射电望远镜？为什么要建设像一口大锅一样的望远镜？宇宙深处为什么会有电磁波？它带给我们什么信息？

要解释这一系列问题，需要从 1 830 多年前的一天说起。

一、“客星”——超新星

1. 客星出南门中

公元 185 年 12 月 7 日，东汉中平二年的一天，一位观天象的官员发现了一个奇怪的现象，一个从未见过的超亮的星斑出现在天际，于是官员每日特别关注。据

[1] http://lssf.cas.cn/

《后汉书·天文志》载：“中平二年（185 年）十月癸亥，客星出南门中，大如半筵，五色喜怒，稍小，至后年六月消。”看，该客星在夜空中照耀了八个月呢。当时的朝廷是否因此而引起轰动，是否出现各种好好坏坏的猜测，就不在此考证了。这里要告诉大家的是，《天文志》中的客星就是我们现在称谓的超新星。这是人类历史上发现的第一颗有记载的超新星！

1054 年，中国、日本、朝鲜、越南等国又一次发现了超新星，并在史书上做了记载。但是只有中国宋朝史书的记录最为详细，不仅有客星的现象描述，现象随时间的变化，而且还有客星的位置描述，如图 2-2 所示[1]。据考证，有很多相关记载，其中有记载说，“至和元年五月，晨出东方，守天关，昼见如太白，芒角四出，色赤白，凡见二十三日”。白天都能见到，可见超新星爆发亮度多么强。

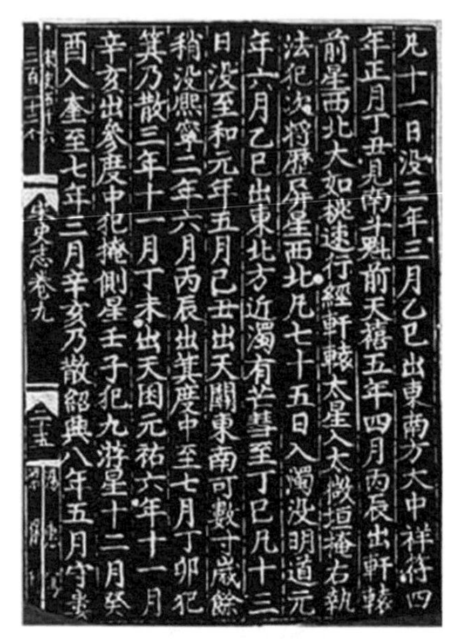
凡十一日没三年三月乙巳出東南方大中祥符四
年正月丁丑見南斗魁前天禧五年四月丙辰出軒轅
前星西北大如桃速行經軒轅太星入太微垣掩右執
法犯次將歷屛星西北凡七十五日入濁没明道元
年六月乙巳出東北方近濁有芒彗至丁巳凡十三
日没至和元年五月己丑出天關東南可數寸歲餘
稍没熙寧二年六月丙辰出箕度中至七月丁卯犯
箕乃散三年十一月丁未出天囷元祐六年十一月
辛亥出參度中犯掩側星壬子犯九游星十二月癸
酉入奎至七年三月辛亥乃散紹興八年五月守婁

宋史志卷九

图 2-2 《宋史·天文志》

思考讨论

1. 中国古代天文现象观察如此仔细，有意义吗？为什么？

2. 作为科学研究，观察是很重要的一环，观察应该注意什么，能不能总结出你的观察方法？

地球绕太阳公转一周，太阳在天球上周年视运动投影所画的大圆，叫黄道。古人把黄道附近的星空分出东、南、西、北四个方位。《晋书·天文志》：“南方东井八星，天之南门。”185 年“客星出南门中”，正是客星位置的描述。1054 年“客星晨出东方，守天关”，也是客星位置的描述。古代人一定没想到，他们提供的关于客星的信息，为现代人寻找中子星提供了线索。近代天文观测中发现，在 185 年客星的位置上，发现了一颗脉冲星。在 1054 年客星的位置上发现了不断扩大的，由气体和尘埃组成的蟹状星云，如图 2-3 所示[2]。从蟹状星云膨胀的速度推测，这就是 1054 年超新星爆发喷出的物质。1968 年，天文观测发现这个蟹状星云中有一颗脉冲星，推测就是当年超新星爆发残余的星体。

---

[1] https://www.jiemian.com/article/1686356.html

[2] 图片来源：NASA

图 2-3　蟹状星云

观察到的超新星爆发在天空的位置，对现代的研究极具价值。超新星爆发后留下了中子星或黑洞。

实验研究

观察天球仪，分析天球仪能提供给我们哪些信息，如何使用天球仪。图 2-4 是 3 种不同的天球仪。

(a) 简易天球仪

(b) 天球仪

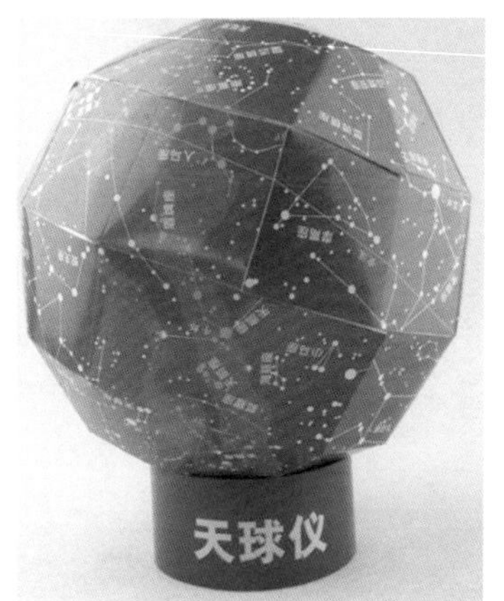

(c) 手工天球仪

图 2-4　三种不同的天球仪

你是否可以在天球仪上指出 185 年和 1054 年的超新星爆发分别在什么位置？

2. 大质量恒星壮烈结局——超新星爆发

客星，“大如半筵，五色喜怒”，“昼见如太白，芒角四出，色赤白，凡见二十三日”，真可谓壮观。天文学家指出，超新星爆发是大质量恒星死亡时都要经历的一次大爆炸，犹如一场壮观的葬礼。超新星爆发亮度突然增加 100 亿倍以上，释放的总能量达 $10^{44} \sim 10^{48}$ J。它在几个月内释放的能量相当于太阳在 10 亿年间释放的总能量。[1]

如此壮烈的结果是如何发生的呢？你能试着分析一下吗？

首先，明确组成恒星的物质具有万有引力，如果没有其他向外的支撑力，恒星的所有物质会因为相互吸引而不断地向中心聚拢，中心密度越来越大。同时还需了解，恒星之所以发光，是因为恒星内部在持续进行着核聚变。核聚变就是较轻的原子核以很大的动能相互碰撞后，聚合成较重的原子核，同时放出一定能量的过程。

思考讨论

恒星物质在万有引力和核聚变双重物理过程支配下，会怎样？

恒星在不断的核聚变过程中，氢聚变成氦，逐步耗尽，热核反应产生的辐射能逐步减少，恒星内部由于热辐射产生的高压也逐步减小，以至变得不足以和引力相抗衡。这时，恒星核在收缩，热能却不断向外传递，导致恒星核附近壳层的氢开始核聚变放热，并推动外面包层受热膨胀。膨胀的包层使这时的恒星看上去体积很大很大，可能增大上千倍以上，但是也导致包层远离聚变层而温度降低，变得发红。于是，恒星变成红巨星。

如果一个恒星向红巨星演变时，具有 8 $M_{\odot}$ 质量（$M_{\odot}$ 表示一个太阳质量，大约 1.989×10^{30} 千克，一般取 2.0×10^{30} 千克），属于超大质量的恒星，这样的红巨星可生成很大的红超巨星。红超巨星内部的碳还可以发生各种聚变，最终生成稳定的铁元素。

思考讨论

读到这里，你一定有很多疑问，和同学们交流一下，疑问多是好事。

有同学看了上面的内容有几个不解：

1. 地球上的人怎么知道恒星上进行了不同的核聚变？

2. 地球为什么不会因为自身引力而收缩？

[1] 《基础天文学》，刘学富，高等教育出版社，2004。

3. 为什么核聚变停止于铁?

在看书、网搜和请教他人前，你能不能先根据自己已有的知识大胆推理一番?

红超巨星内核多次聚变，最终会因极高的温度使星体爆炸，这就是我们见到的超新星爆发。超新星爆发时外壳物质被四处抛撒，并带走巨大能量；留下的核心发生大塌缩，成为密度极高的致密星。如果致密星质量大于 1.5 $M_\odot$，小于 3.2 $M_\odot$，致密星会变成中子星。如果致密星质量大于 3.2 $M_\odot$，致密星会继续收缩，最后成为黑洞。

思考讨论

问题又来了，变成中子星的致密星原本含有中子、质子和电子。现在变成了中子星，那么那些质子和电子呢?

由于星体致密，核心密度可高达 3×10^{16} kg/m^3，这么大的压力，会不会把电子压进质子，从而正电荷和负电荷中和，变成中子?

中子和质子不止可以这样转换，它们还可以通过天然放射性转换：中子→质子+其他粒子，或质子→中子+其他粒子。这说明中子和质子之间存在什么关系?有什么共同点?

二、脉冲星就是中子星吗

1. 发现中子的故事

关于中子，从实验事实到推理猜测，历史故事耐人寻味。

1919 年，物理学家卢瑟福用 α 粒子轰击氮原子，发现 α 粒子被原子中心的一个“核”散射，于是判断出原子中存在原子核。在同一个实验里，卢瑟福发现散射中原子核会放出氢核，从而发现了质子——这一带正电的粒子。接下来，根据元素原子量 A 和电荷数 Z 之间的矛盾，他有了一个很了不起的猜测：原子核中一定还有一种未知的粒子！1920 年，卢瑟福在一次演讲中表达了他的想法：

图 2-5 卢瑟福 (Ernest Rutherford, 1871—1937)，英国物理学家

> “在某些情况下，也许有可能由一个电子更加紧密地与氢核结合在一起，组成一种中性的双子(doublet)。这样的原子也许有新颖的特性。除非特别靠近原子核，它的外场也许实际为零。结果就会使它

有可能自由地穿透物质。它的存在也许很难用光谱仪进行检测。也许不可能把它禁闭在密闭的容器里。换句话说，他应该很容易进入原子结构内部，或者与核结合在一起，或者被核的强场所分解……”[1]

之后，卢瑟福指导查德威克对后来称为“中子”的粒子锲而不舍地探测，12年后才有结果。在这期间，1930年，德国物理学家玻特和贝克尔率先发表了一个实验结果：用盖革-米勒计数器探测到金属铍在 α 粒子轰击下，可产生一种贯穿性很强的辐射。他们认为这是一种特殊的“γ 射线”，而没有别的推想。1932年，约里奥·居里夫妇重复了这一实验，他们感到很奇怪，这种“γ 射线”的能量大大超过了天然放射性物质发射的 γ 射线的能量。约里奥·居里夫妇也认为这就是“γ 射线”。居里夫妇还做了进一步的实验，用这种所谓的“γ 射线”去轰击石蜡，竟能从石蜡中打出质子来。约里奥·居里夫妇很粗心地把这种现象解释为一种康普顿效应，却没想到别的什么新粒子。

图2-6　查德威克（James Chadwick，1891—1974），英国物理学家

当查德威克把这一情报报告给卢瑟福时，卢瑟福极度兴奋，因为他知道打出质子需要的能量很高，γ 射线不可能做到。此时，查德威克已经做好了实验准备，很快重做了上面的实验，推断出从铍中放出的射线是一种中性粒子流。查德威克还从实验研究中得出这种未知粒子的质量与氢核的质量差不多。查德威克从重做居里夫妇的实验，到他在自然杂志发表《中子可能存在》一文，前后不到一个月。

1935年，查德威克因发现中子而获诺贝尔物理学奖。

2. 发现中子星的故事

关于中子星，有些故事也可以给我们以启迪。

1932年查德威克发现中子后，苏联物理学家朗道就预言：宇宙中可能存在自由中子组成的中子星。两年后有天文学家指出，超新星爆发就会在核心形成中子星。1939年，理论物理学家介入研究了中子星模型，对可能存在的中子星，推算其质量、密度、半径等值。这些预言和理论分析引起相关研究人员的兴趣，但是光学天文观测却始终没有发现。

无线电工程师在分析无线电干扰噪声源时，发现有些噪声来自天际。1937年，

---

[1]《诺贝尔物理学奖一百年》，郭奕玲，沈慧君编著，上海科学普及出版社，2002。

美国无线电工程师雷伯便专门架起一个直径 9.6m 的抛物面天线，接收到来自宇宙的无线电波。雷伯的望远镜被视为人类第一台射电望远镜。

射电波段指的是波长大于 1 毫米的电磁波。

1967 年 10 月，英国剑桥大学年轻的女博士生乔斯琳·贝尔（图 2-7）[1] 分析用射电望远镜进行天文观测的数据记录。在无数高高低低的脉冲曲线中，贝尔发现了一种很奇怪的脉冲信号。信号很强，反复出现，极有规律，周期是 1.337 s。贝尔请教导师安东尼·休伊什，导师开始还问过是不是地球上的信号，或者外星人发出的信号呢？但是贝尔坚持测量记录，认为肯定有内在规律。随后贝尔和她的导师发现这同样的脉冲信号每隔 23 小时 56 分出现一次。于是，脉冲星被正式发现。

图 2-7 发现脉冲星信号的英国剑桥大学女博士生乔斯林·贝尔

据说，在贝尔之前，有一位物理学家也发现来自太空的这类脉冲信号，但是他没有意识到这一信号的意义，以为是仪器颤抖出了问题，对着仪器踢了一脚，颤抖消失了。这位物理学家和一项伟大的发现也便失之交臂。

思考讨论

为什么脉冲信号每隔 23 小时 56 分出现一次？

星体发出的射电信号为什么是脉冲的？有人提出这是因为“灯塔效应”，如图 2-8 所示。你能解释一下么？

凭什么说脉冲星就是中子星？

有了射电望远镜，科学家在蟹状星云中间发现了脉冲星。根据历史记载和观测证明，超新星爆发形成中子星，脉冲星就是中子星。

对于双脉冲星系统中的星体，可以估测质量。其质量在 $1.4\,M_{\odot}\sim3.2\,M_{\odot}$，与中子星形成理论一致。

脉冲星发出的电磁辐射并不是脉冲的，但是因为不断旋转，而且旋转轴与磁轴方向不一致，射电辐射源于磁轴，从而地球上接收到的信号呈脉冲状。显然，这脉冲的频率反映了中子星的旋转频率。我们测得的脉冲频率大致在每秒零点几圈到每

[1] 图片来源 http://story.kedo.gov.cn/c/2015-06-15/737459.shtml

秒几十圈，甚至每秒几百圈。如此快的转速，如果不是致密的中子星，是不是一定会散架？中子星辐射犹如灯塔光束，因而被称为灯塔效应（图 2-8）。

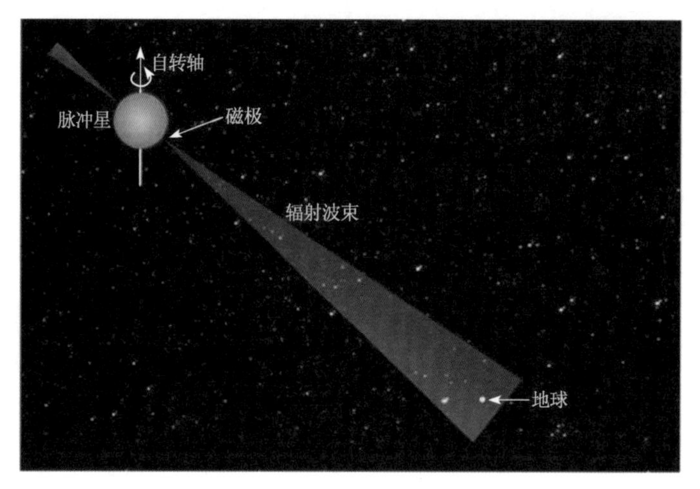

图 2-8　中子星灯塔效应示意

3. 中子星之惑点

神秘的脉冲星，弱弱的脉冲信号，科研人员从中破译了部分秘密，也还留下未解之谜。

(1) 密度之大产生物理新课题

中子星不大，半径也就十几公里的样子。打个比方，一个地球可以装下 2 亿多个中子星。但是这么小的中子星，质量却很大，大到有 1.5～2.5 个太阳质量。按照物理学家理论推算，中子星外面有薄薄一层致密大气；大气之内是固体外壳，厚约 1 km，密度为 10^9～10^{14} kg/m^3；外壳之内是固体内壳，密度为 10^{14}～10^{17} kg/m^3；再里面是核心，密度当然大于 10^{17} kg/m^3。如此大的密度，中子和中子之间如此近的距离，中子和中子之间的作用力是怎样的？牛顿的万有引力理论公式这里还适用吗？爱因斯坦的引力理论是什么样的？

物理有点难，但是会出人意料的有趣而不可思议。

(2) 极端环境如何利用于研究

中子星具有超高温。它的表面温度达 10^7 K，中心温度更是可能高至 10^9 K 数量级。相比之下，太阳表面温度就低得多，大约只有 6 000 K 的样子。

中子星具有超高压，它的中心压强可以达到 10^{28} atm。

中子星保留了原恒星的磁场，但是体积又变得极小，因而星体表面具有超强磁场。大多数中子星表面磁极区的磁场强度高达 10^8 T 以上，而太阳黑子的磁场大多在 0.4 T 以下，太阳的一般磁场只有 10^{-4} T 数量级。地球磁极的磁场强度只有 7×

10^{-5} T。

中子星的辐射能量平均为太阳的百万倍。

综上所述，一个个中子星就是一个个具有超大密度、超高温、超高压、超强磁场、超强辐射的天然极端条件物理实验室。

思考讨论

这个天然极端条件物理实验室是不是很难得？可怎么利用呢？

(3) 射电脉冲究竟源于何种能转换而来

根据第一章出现过的维恩定律

$$\lambda_m T = b$$

代入中子星初始温度值，可以计算出来自中子星的辐射脉冲是属于 X 射线波段。但是中子星的射电脉冲不是源于黑体辐射。如图 2-8 所示，射电脉冲来源于中子星的磁轴方向，这是因为中子星极强的磁场对带电粒子加速。被加速后的高能粒子可通过同步辐射、曲率辐射等，产生从射电到伽马射线波段的辐射。

观察发现，脉冲星的辐射脉冲周期有增长现象。

观察发现，辐射波是偏振的，大多是线偏振，也有椭圆偏振。

观测发现，脉冲星的射电频谱中，有各种频率。

脉冲星还有很多未解之谜，很多基本问题有待解决。

三、全面探测天外来电

1. 探测脉冲星热度有增无减

自贝尔和她的导师发现脉冲星后，人们寻找脉冲星的积极性始终没有消退。1993 年，美国天文学家泰勒在他的专著《脉冲星》的扉页上感谢乔斯琳·贝尔：“没有她的聪明和百折不挠，我们就分享不到研究脉冲星的幸运。”

1974 年，诺贝尔物理学奖由英国物理学家赖尔和休伊什分享。赖尔因在射电天文学方面的先驱性工作，特别是综合孔径技术的发明而获奖；休伊什因在射电天文学方面的先驱性工作，特别是在发现脉冲星所起的决定性作用而获奖。

1993 年，诺贝尔物理学奖颁给美国物理学家赫尔斯和小约瑟夫·泰勒，因他们发现脉冲双星。脉冲双星的发现对天体物理学和引力物理学具有极大意义，很有可能通过脉冲双星发现引力波，从而进一步验证爱因斯坦的广义相对论。图 2-9 为激光干涉引力波天文台（The Laser Interferometer Gravitational-Wave Observatory, LIGO）网站中的一页，背景图是脉冲双星产生引力波的 3D 示意图，彩色图片为合并中子星过程中的瞬间，这是引力波测量的最佳时机，科学家通过两个大质量物体在宇宙中的“双人舞”，利用激光干涉的技术探测到了由此而扰动的空间涟漪——引力波。

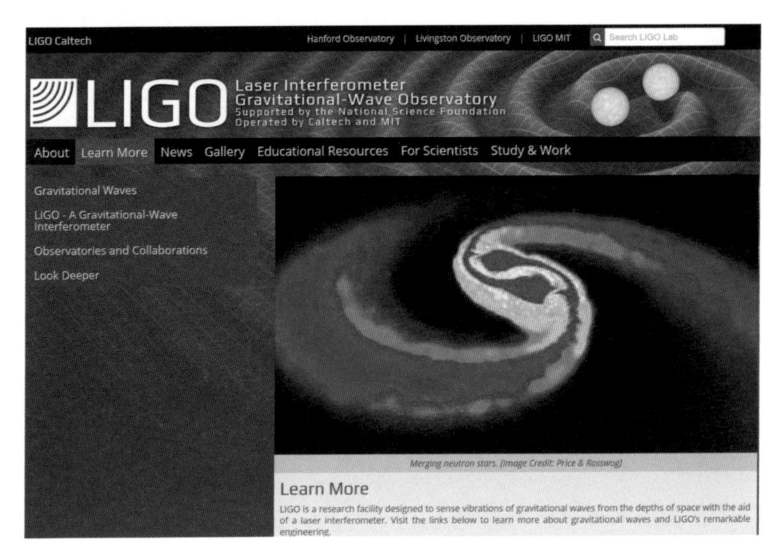

图 2-9 LIGO Lab 网站中的一页

脉冲星——快速自转的中子星，它能够发射严格周期性脉冲信号。研究脉冲星，有助于研究天体演化，有助于研究物质在极端条件下的物理变化规律。脉冲星向人类提出了一系列新的课题。

脉冲星的观测研究不仅具有重要的物理意义，而且具有重要的应用价值。脉冲星信号稳定，在时间尺度、星际导航等方面具有重要的应用前景。因为当我们远离地球，GPS 等卫星导航系统便无法利用，若干脉冲星的脉冲信号可以为我们校对时间标准，确定方向，为我们导航。

2. 射电天文探测发展迅猛

人类获取天体信息的渠道目前有四种：电磁辐射（光子）、物质（宇宙射线中的原子核、陨石、航天器带回的物体等）、中微子、引力波，其中自然电磁辐射是最为重要的渠道。现代天体物理学就是构建在天体电磁辐射信息获取和分析的基础上。从脉冲星的介绍和我们对太阳辐射的了解可知，星体辐射的电磁波覆盖范围很广，从低频无线电波到红外波、可见光波、紫外波，以至 X 射线和伽马射线等。图 2-10 为不同电磁波段拍摄的太阳图像。由左至右依次为 X 射线、紫外线、可见光与无线电波段所拍摄的太阳图像，让我们看到了太阳的几种“变脸”。[1]

---

[1] 南仁东，姜鹏 . 500 m 口径球面射电望远镜（FAST）[J]. 机械工程学报，2017，53（17）.

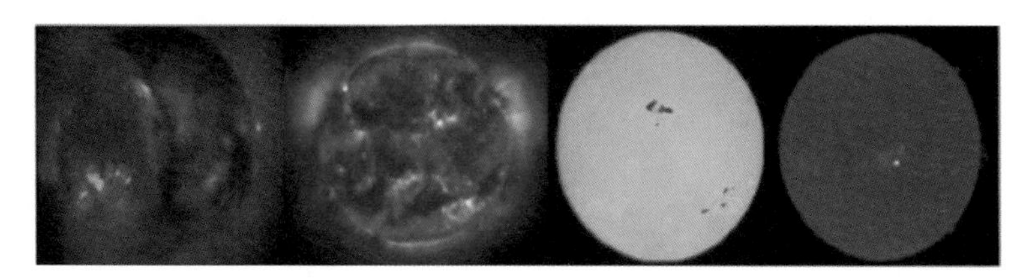

图 2-10 不同电磁波段拍摄的太阳图像

但是，在地面上的大气使我们无法在地面上探测到所有来自太空的信息，大气留下的可见光窗口和射电波段窗口弥足珍贵，因而射电天文探测技术获得惊人发展。

思考讨论

什么是大气窗口，大气对不同波长的电磁波形成一些窗口的机制是什么？

实验研究

设计实验，研究大气有哪些窗口。

对脉冲星的研究属于射电天文学范畴。射电天文观测成就了 6 项诺贝尔物理学奖，成为新思想、新发现的摇篮，丰厚的科学产出深刻地影响人类对自然的认识。[1]

射电望远镜技术的不断改进和创新，为射电天文学和航天工程的不断发展奠定了良好的基础。

大型射电望远镜还可以用于航天器的跟踪。2020 年 7 月 23 日，我国首次发射了天问一号火星探测器，执行环绕火星、着陆、探测等任务。由于距离遥远、信号衰减厉害，无论是火星探测器向地面传输数据，还是地面遥测遥控，均需利用大型射电望远镜进行跟踪。上海 65 m 天马望远镜对跟踪观测在轨运行的火星探测器进行了测试。早在 2017 年，上海天文台根据火星探测器（Mars Express，MEX，又称火星快车）和火星勘测轨道器（Mars Recon-naissance Orbit，MRO）的精密轨道星历，进行了跟踪测试。对大型射电望远镜的火星探测器跟踪技术进行了研究，并实际利用天马和昆明射电望远镜跟踪火星探测器进行了测试验证。天马望远镜单天线测试和天马-昆明甚长基线干涉测量技术（Very Long Baseline Interferometry，VLBI）观测获得了系列数据和研究依据，为 2020 年的火星探测器的成功发射工作做了充分准备。

---

[1] 南仁东，姜鹏 . 500 m 口径球面射电望远镜（FAST）[J]. 机械工程学报，2017，53（17）.

坐落在上海佘山的天马望远镜2012年落成时是亚洲最大、国际先进、总体性能在国际上名列前4名的65米口径全方位可动的大型射电天文望远镜系统。天马望远镜成功开展了谱线、脉冲星和**VLBI**的射电天文观测，先后参加并成功完成了2012年的嫦娥二号奔小行星探测、2013年的嫦娥三号月球软着陆、2014年的嫦娥四号飞行试验器的**VLBI**测定轨任务，为探月卫星工程作出了卓越贡献。

课题拓展

1. 组织参观佘山天文台，了解天马望远镜的工作范围和相关研究成果。
2. 了解上海青少年赴佘山参观的数据，分析数据背后的事实和规律。
3. 调研上海市青少年天文爱好者的现状。

甚长基线干涉测量技术（图2-11）起源于20世纪50年代，剑桥大学的天文学家马丁·赖尔建成了第一台射电干涉仪，使不同望远镜接收到的电磁波可以叠加成像。1963年，马丁·赖尔研制成功两天线最大变距为1.6千米的综合孔径射电望远镜。开创了射电天文学的新纪元。1971年，马丁·赖尔又主持建成了剑桥大学马拉德射电天文台的“五千米阵”。借助于原子时间频率标准的发展和高密度数据记录介质的发展，如今绘出的射电天图，已可以与光学照片相媲美。因甚长基线干涉测量技术开创了射电天文学的新纪元，从而人类可以打造孔径为“地球级别”的望远镜，马丁·赖尔荣获1974年诺贝尔物理学奖。

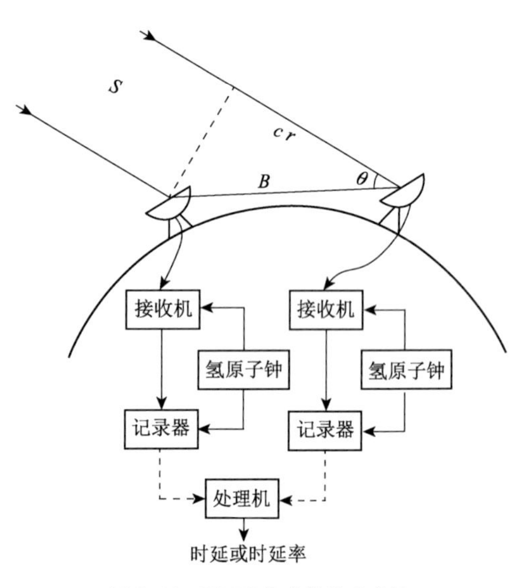

图2-11 VLBI技术简要示意图

2019年4月10日21点，由横跨四大洲的8台射电天文望远镜组合成的事件视界望远镜（Event Horizon Telescope，EHT）测量的数据，经全球200多位科学家共同努力，甚长基线干涉测量技术又立新功，人类首张黑洞照片在全球6地的事件视界望远镜发布会上同步发布。

思考讨论

为什么使用甚长基线干涉测量技术，横跨四大洲的8台射电天文望远镜组合成事件视界望远镜为黑洞拍照？

为什么读宇宙边缘的信息需要巨大口径的射电天文望远镜？而现今技术已可以打造“地球级别”的望远镜？

实验研究

大多数光学仪器的透镜都是圆形的，而且大多是平行光或者近似平行光进入光学仪器，研究夫琅禾费圆孔实验有助于理解光学仪器孔径大小的作用。

做夫琅禾费单孔实验，研究以下问题。

1. 观察中央亮斑的亮度，感觉上是否和理论上的“中央亮斑的光强占入射光强的84%”差不多。思考中央亮斑在光学仪器成像上的作用。

2. 测量并总结孔径和艾里斑（衍射圆环的中央亮斑，边缘是第一级暗斑）大小的关系。思考关于艾里斑大小，分别用半径表示和用半角宽表示的优和劣。

3. 分析有一个透光圆孔的光学仪器透光的特点，用实验证明光学仪器最小分辨角的瑞利判据为

$$\theta_0 = 1.22\frac{\lambda}{D}$$

图 2-12 为瑞利判据原理示意图，供参考。

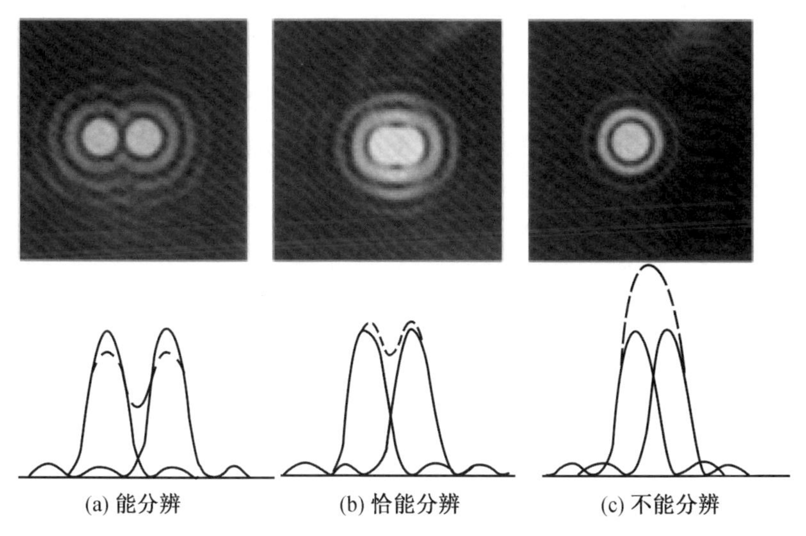

图 2-12　瑞利判据原理示意图

3. FAST——目前最大的射电望远镜

天文学家告诉我们，阅读宇宙边缘的信息需要巨大口径的射电天文望远镜，所

以我国建造了500米口径FAST。

要弄清这个问题，我们需要想想，宇宙边缘的信息有什么特别之处。

一是宇宙边缘距离我们特别远，那里发出信息的星体似乎特别小。这就是一个分辨的问题。就好像当我们看远处树上的叶子的时候，看不清一片片叶子了，只能看到一抹绿色树冠；再远点，可能树冠也看不清了，只看到一个点；再远点，那个象征着树的点也看不到了。树的大小没有变，为什么距离远了就分辨不了呢？从图2-13中可以看出，物体越远，观察时的分辨角越小。

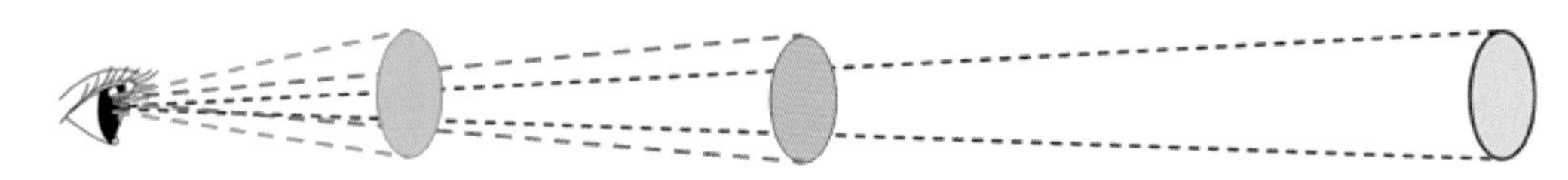

图2-13　物体越远，观察时的分辨角越小

显然，眼睛的最小分辨角越小，越能看清远处的物体。

实验探索

利用身边的物体测量你眼睛的最小分辨角。

研究一下人眼睛的最小分辨角和物体的颜色、亮度是否有关。

不同的眼睛具有不同的最小分辨角，不同的望远镜也具有不同的最小分辨角。研究表明，光学仪器的最小分辨角和仪器的孔径有关，最小分辨角和孔径直径成反比。也就是说，望远镜的孔径越大，最小分辨角越小，说明分辨率越高。所以电磁波信息接收面大的望远镜，才能获得高分辨率。

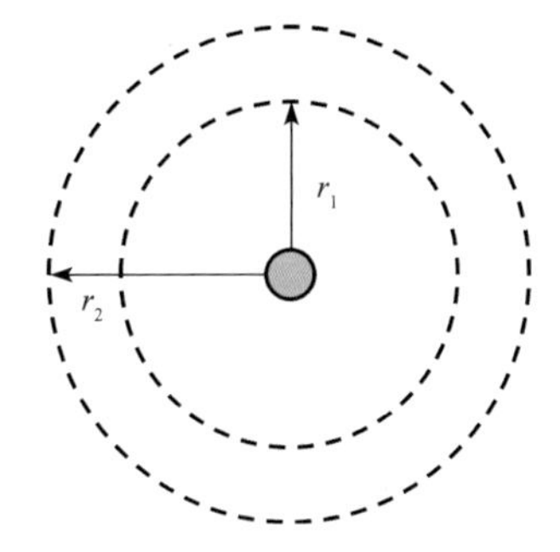

图2-14　球面单位面积上的能量与半径成平方反比关系

二是宇宙边缘距离我们特别远，那里星体发出的电磁波信息传到我们这里会变得特别弱。因为辐射能量向外传播时，逐渐扩散在越来越大的球面上，球面上单位面积上的能量也就越来越少（图2-14），所以电磁波信息接收面更大的望远镜，才能获得更多的携带星体信息的能量。

著名已故天文学家南仁东（图2-15）在《500 m口径球面射电望远镜（FAST）》一文中指出：

“由于工业技术的发展，特别是电子学和计算机高新领域的进步，天文科学研究、通信产业以及国家安全需求的推动，射电天文探测能力发展到了鲜为人知的水平……其分辨角，即观测天体细节的能力比所有其他波段至少高出3个数量级，其灵敏度为1×10^{-30} W/（Hz·m^2）。有好事者估计，70多年来全世界射电望远镜接收的天体辐射能量，翻不动一页书。”

图2-15 南仁东（1945—2017），中国天文学家、中国科学院国家天文台研究院

70多年来全世界射电望远镜接收的天体辐射能量，翻不动一页书！可见射电探测技术的灵敏度有多高！所以大家需要记住，走近射电望远镜，绝对不要使用手机等具有电磁辐射的器件，否则会干扰射电望远镜听星星的喃喃细语！

我们的FAST能用一年时间发现数千颗脉冲星，利用毫秒脉冲星自转频率具有很高的长期稳定度，建立脉冲星计时阵，参与未来脉冲星自主导航和引力波探测。500米口径球面主动反射面系统，功不可没。

FAST工程的伟大和艰难程度难以想象。500米口径球面主动反射面系统的设计了不起！它可根据观测星体的方位变化出相应位置的300米口径的抛物面，如图2-16所

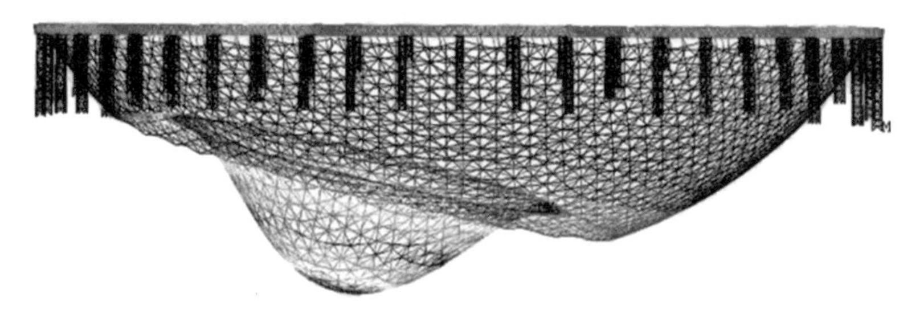

图2-16 可形变的主动反射面系统

图 2-17 促动器

示。之所以能够变化，是因为整个大球面由4 450块三角形小反射面组成。如此多的小反射面通过 2 225 个连接节点与下拉索和促动器装置相连，促动器再与地面锚连接，如图2-17所示，形成了一个可由控制系统控制，在需要的位置变形成300米直径抛物面的（图2-16）完整的主动反射面系统。[1] 图2-18显示，由球面变为抛物面时，每块三角形位置的实际变化不大，图2-16显示的夸张变化是为了清楚地示意可变形的主动反射面系统变化的模式。

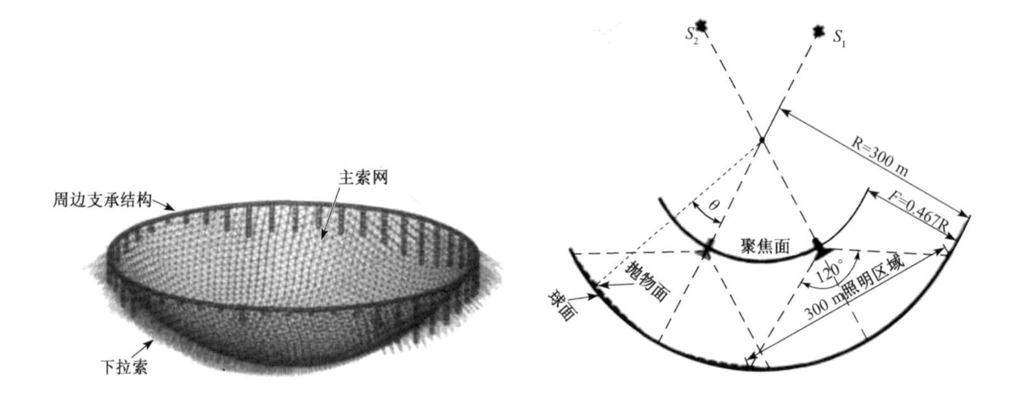

图 2-18 FAST 反射面结构和工作原理示意图

思考讨论

参见 FAST 反射面结构和工作原理示意图（图 2-18），解释 FAST 工作原理。解释时别忘了解释位于反射面上方，由 6 座高塔悬挂、可以移动的、十分重要的馈源舱（图 2-1）的作用。

[1] 朱忠义等，500 m 口径球面射电望远镜反射面主体支承结构设计，《空间结构》，2017，23（2）；李明辉、朱丽春，FAST 瞬时抛物面变形策略优化分析，《贵州大学学报（自然科学版）》，2012，29（6）。

课题拓展

利用自动控制技术，研制一个缩小版的仿 FAST，用于利用太阳能加热或进行某些天外来的信息的收集。

中国科学院国家天文台研究员张承民在2019年3月12日的《中国科学报》上撰文道：

> “中国天眼 FAST 将于 2019 年 9 月 25 日全部完成验收并运行，之后向全球天文学家开放观测、进行宇宙探索。
>
> 中国天眼的验收涉及工艺、档案、设备等方面，其中最为关键的是工艺系统。工艺系统的 16 个验收指标中，已有 12 个指标满足或超过国家验收标准。截至目前，中国天眼共发现优质脉冲星候选体 80 颗，其中被认证的新脉冲星达到 60 颗。验收后的 FAST 将帮助人类探测更遥远的天体。”

天文学家们指出，FAST 的贡献涵盖广泛的天文学内容，从宇宙初始混浊、暗物质暗能量与大尺度结构、星系与银河系的演化、恒星类天体，乃至太阳系行星与邻近空间事件等的观测研究，它都具有非此莫属的竞争力。FAST 未来回答的科学问题不仅是天文的，也是面对人类与自然的，它潜在的科学产出也许我们今天还难以预测。

神秘的天外来电正逐渐被地球人破解，但是任重而道远。同学们，你们好奇吗？

第三章 左手材料驾驭光

这一章不是研究人的左手，也不是研究左撇子，而是研究一类物体，这类物体被称为左手材料。之所以此类材料以左手命名，一是基于左右手（图3-1）的对称性(互成镜像)，二是左右手功能不同，三是大多数人是右利手，即右手相对左手灵活，如干活需要相对复杂的动作时右手用得多。世界上左利手，即左撇子少。我们今天要介绍的这类左手材料，像左利手一样少见，少到自然界中没有，是由一群科学家发明、研制出来的。这类人造的左手材料属于手性物体。

图3-1 人有左右手，左右手大致镜像对称，但有不同

要研究左手材料，首先应了解手性这一概念。许许多多的科研人员在众多不同的领域，对手性的研究发生了兴趣，获得了不同程度的研究进展，也创造了令人不可思议的奇迹。

一般人左手和右手具有对称性和差异性，人们将这差异性称为手性。如果一个人完全可以左右开弓，左右手毫无差异，就没有手性。也就是说手性是指手性状的不对称。理解了手的手性概念，就可以将这一概念拓展到整个自然界。比如头上的发旋具有手性，有顺时针、逆时针之分。有人做过调查，中国人顺时针居多。

思考讨论

1. 手的手性是如何产生的，为什么右利手比左利手多那么多？

2. 如果所有的人无手性，即左右手同样灵活，好吗？

3. 自然界的手性状况如何呢？大自然会偏爱左？偏爱右？还是不偏心？如果你

出一道选择题，在老百姓中做一个调查，问：

大自然对人手，比较偏爱右，所以右利手多。那么大自然对其他物体呢？比如星体，比如动物，比如植物，比如化合物，比如分子原子等，是否有左或右的偏爱？

A. 不知道，想知道；B. 不知道，但不关心；C. 估计没有；D. 估计有　（　）

你估计得到的统计数字是怎样的？

一、自然界的手性

1. 大自然的偏爱

大自然常常是有左右偏爱的，手性是大自然的基本属性。比如蜗牛壳（图 3-2）大多是右螺旋，海螺壳（图 3-3）大多也是右螺旋。与这样的螺旋对称的是左螺旋。据说左螺旋的蜗牛壳和海螺壳也有，但极为罕见。

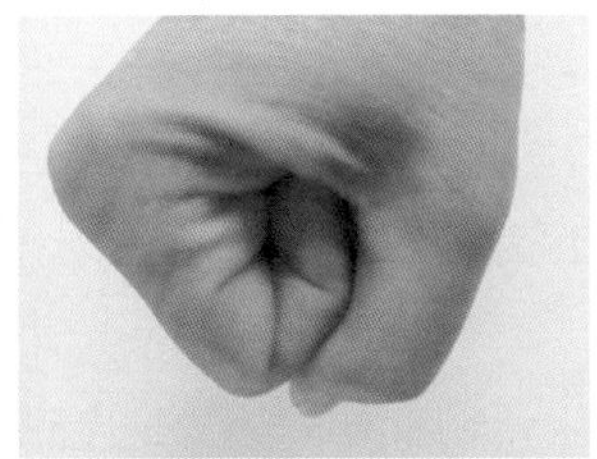

图 3-2　蜗牛壳大多是右螺旋

自然界中的螺旋很普遍，如攀藤植物，大家可以注意观察一下，是不是看到的多数是右螺旋的。另外，构成生命遗传物质的核糖核酸 RNA 和脱氧核糖核酸 DNA 都是右螺旋。

图 3-3　海螺壳大多是右螺旋

手性是化学物质的基本属性，基本的有机化学结构所具有的手性导致了我们生命的基本物质是手性的。如构成蛋白质的氨基酸绝大部分具有手性。生命体中的氨基酸几乎都是左手性的。生命体中的糖具有右手性。生命的左右偏爱使我们不能吸收右手性的氨基酸和左手性的糖。所以要控制糖摄入量的糖尿病患者，可以在食品中添加左手性的甜味剂，使自己既尝到甜头，又保证病情得以控制。

实验研究

这个实验研究应该算是个趣味实验吧。也许有的同学空间想象力好，可以凭空想出来。在《手性探秘——粒子、生命和宇宙的不对称性》一书中提及，麻花的螺旋结构可以反映手工者的手性特征。如图 3-4 所示的麻花，如果是手工做的，第一遍形成左螺旋，又对折卷成右螺旋。这样的麻花你研究一下，是右利手做的还是左利手做的。

图 3-4 麻花的螺旋结构

2. 左旋与右旋——功能性手性

像上面的螺壳，属于结构性手性。结构性手性基本上可以从物体的几何结构辨别。和其对称的那种几何结构的物体在自然界很少，或者根本不存在。

那么氨基酸和糖的手性又是什么手性呢？他们属于功能性手性。功能性手性的物体在几何结构上可能也具有手性，但是他们在物理性质、化学性质或者生物性质等功能性方面也存在手性。氨基酸和糖的手性在功能上表现在他们具有不同的旋光性，所以具有旋光性的左手性物体可以称为左旋物体，具有旋光性的右手性物体可以称为右旋物体。

所谓旋光，就是光通过这类物体时，光的偏振面会发生旋转。

我们知道，光是电磁波（图 3-5），电磁波中的电矢量 $\boldsymbol{E}$ 和磁矢量 $\boldsymbol{H}$ 正交，$\boldsymbol{k}$ 为波矢，表示电磁波的传播方向。由于人眼和感光器材所感知的只是 $\boldsymbol{E}$ 矢量，所以我们只讨论 $\boldsymbol{E}$ 矢量，并将其称为光矢量。显然，在一列光波中，如图 3-5 所示，光矢量是处在同一振动面内。如果所有光波的光矢量都在同一个振动面内，这样的光为偏振光。

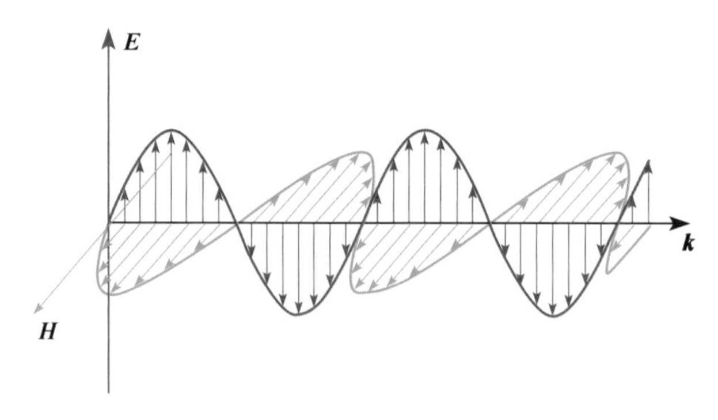

图 3-5 电磁波示意图

日光和照明灯光都不是偏振光，我们称它们为自然光。要想获得偏振光，需要对自然光进行处理。想了解如何处理的问题，请自学大学物理“光的偏振性”相关章节，这部分内容和实验很有趣。

假设一束偏振光面对我们射来，光矢量振动面如图 3-6（a）红线所示，如果这束光进入一个左旋物体，矢量的振动面向左旋转（图 3-6（b））；如果这束光进入一个右旋物体，矢量的振动面向右旋转（图 3-6（c））。如果中间是白糖溶液，旋转的角度为右旋，角度大小与白糖溶液的厚度和浓度有关。

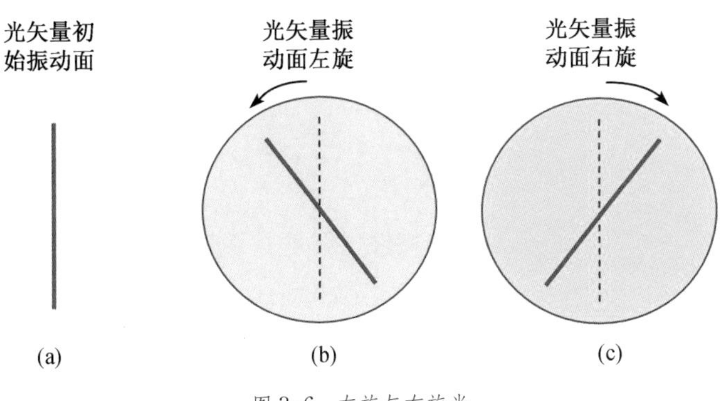

图 3-6　左旋与右旋光

思考讨论

了解光的偏振性，了解偏振光的产生。交流分析偏振光的趣味实验现象。

实验研究

了解水果、饮料甜度等级的划分及测量方法；研究是否可用旋光的方法测量水果或饮料的甜度。

课题拓展

关于旋光的应用研究。

本章的重点是对人造电磁左手材料的物理研究，因而对其他手性问题就不再多做介绍。但对手性普遍性的理解有助于对人造左手材料的理解，并且有助于对科学世界拥有更开阔、更深入的认识，所以在此向大家介绍一本书：《手性探秘——粒子、生命和宇宙的不对称性》（史志强著，人民教育出版社）。

史志强教授在此书的前言中写道：

“我和倪光炯教授在 2002 年提出‘费米子寿命不对称’后，我对自然界的手性问题有了更深的认识。”

倪光炯教授在为此书作的序中写道：

“当看到书中说‘生命老化的过程就是酶的手性选择性逐渐减退的过程’时，我不禁拍案叫绝。读者的好奇心将被一直引导到最后几章，原来小到中微子，大到太阳系、银河系，直至遥远的星系，‘手性’竟无处不在。而在我们身上与生命密切相关的大分子的‘手性’从哪里来？可观察宇宙的‘手性’又是从哪里起源的？更深奥的谜团正等待年轻一代的科学家去揭开。”

此书值得一读。

二、左手材料：天公不予何处求

人造电磁左手材料涉及电磁波的特性，但是并不是上述的左右旋光问题。读下去你会觉得出乎意料，觉得科学家不但不是书呆子，而且脑洞大得出奇。

时至今日，人类其实已经实现了很多古人的梦想，诸如飞天遁地、穿山下海这些古代只有在神话小说中出现的情节，人们借助先进的交通工具却都已经在生活中轻松实现。如今，在材料技术方面，古人不敢想，也完全想不到的材料，也已诞生。

天然材料的特性，受到自然界中材料种类的限制总有其极限。以材料的电磁特性为例，空气的折射率近乎于1，钻石（折射率约2.42）则已经是折射率相对较高的天然材料了，这说明天然材料的折射率的取值范围十分狭窄。另外，天然材料折射率受到有限的材料种类的限制，只能在有限的频率范围，提供有限的分立数值。假如人们需要一种光学材料能够在比较连续的频谱范围，提供连续的折射率改变，那么对天然材料而言就束手无策了。

近年来科学界一些新奇的现象，比如负折射率材料、光学（电磁）隐身、无线充电、完美透镜等引起了人们浓厚的兴趣。在这些科技进步的背后，现代科学在人工电磁材料设计观念上的突破起到了决定性的作用。被称为超构材料(Metamaterials)，或美特材料、超材料等这些自然界原本不存在的、具备奇异电磁特性的人工电磁材料，正在大显身手。左手电磁材料就属于超构材料。

神奇的人工左手材料是如何横空出世的呢？

1. 谁想的，怎么想出来的

人工复合的左手材料在物理学、材料科学领域内已兴起研究热潮。在应用电磁学领域，左手材料的功能颠覆了人们的光学常识。常常有人禁不住发问，这是怎么想到的？

这首创的奇思异想是前苏联物理学家韦谢拉戈（V. G. Veselago）在1964提出：如果人们制造出介电常数 ε 和磁导率 μ 都是负数的材料，将会出现什么物理现象？这是一篇用俄文发表的论文“ε 和 μ 同时为负的物质的电动力学”。1968 年美国人将其译为英文重新刊出。这篇文章奠定了“媒质负电磁参数研究”的理论基础。[1]

这一想法一经提出，大家目瞪口呆。因为根据理论研究可以得出好多奇怪的现象，而这些现象大家从来没见过，感觉逻辑上也是怪怪的。

物理学中，介电常数 ε 和磁导率 μ 是描述均匀媒质中电磁场性质的最基本的物理量。正常的电磁波，介电常数 ε 和磁导率 μ 都是正数，电场 $\boldsymbol{E}$ 方向、磁场 $\boldsymbol{H}$ 两个方向和波矢方向 $\boldsymbol{k}$ 三者构成右手螺旋关系［图 3-7（a）］，如果介电常数 ε 和磁导率 μ 都是负数，电场方向 E、磁场方向 H 和波矢方向 $\boldsymbol{k}$ 三者构成左手螺旋关系［图 3-7（b）］。如果存在这种材料，显然这种材料可称为左手材料。

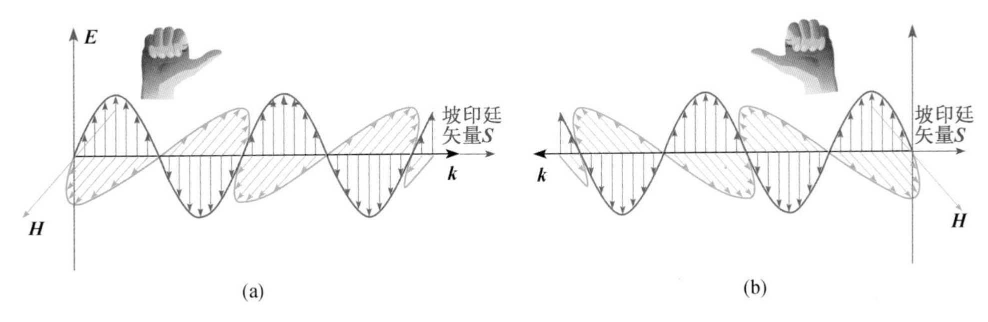

图 3-7　右手螺旋电磁波和左手螺旋电磁波示意图

电磁波的传播过程也是能量的传播过程。用坡印廷矢量 $\boldsymbol{S}$ 表示电磁波的辐射能流密度，即单位时间通过垂直于传播方向上单位面积的辐射能量。坡印廷矢量 $\boldsymbol{S}$ 与电场强度 $\boldsymbol{E}$ 和磁场强度 $\boldsymbol{H}$ 之间存在公式

$$\boldsymbol{S} = \boldsymbol{E} \times \boldsymbol{H}$$

坡印廷矢量 $\boldsymbol{S}$ 与介电常数 ε 和磁导率 μ 的正负无关。

图 3-7（a）所示为正常电磁波的传播，矢量运算中 $\boldsymbol{E}$ 叉乘 $\boldsymbol{H}$ 的结果是坡印廷矢量 $\boldsymbol{S}$，即辐射能流的方向与电磁波的波矢方向相同。

图 3-7（b）所示为左手材料中传播的电磁波，$\boldsymbol{E}$ 叉乘 $\boldsymbol{H}$ 的结果是坡印廷矢量 $\boldsymbol{S}$ 的方向与电磁波矢方向相反！

介电常数 ε 和磁导率 μ 都是负数的材料还有很多奇怪的表现，下面会举例说明。

［1］从负折射超材料到光学隐身衣，黄志洵，中国传媒大学学报自然科学版，21 卷第 2 期，2014 年 4 月

思考讨论

1. 你认为物理学家韦谢拉戈提出是否有“介电常数 ε 和磁导率 μ 都是负数的材料”，他的思路历程是怎样的？

2. 物理学发展史上，有一些物理学家提出一些怪异的想法，最后被一一证实是正确的。你能举出一些例子吗？

3. 你在学物理的时候，有没有这样的经历：学了某个物理规律，觉得很有可能另外一种情况也成立，结果真的后来学到了，你的想法是对的，或者考虑不周，错了。不管对错，你经过了推理的思维过程，值得赞扬！

4. 你在学物理的时候，有没有这样的经历：学了某个物理规律，老师说，什么情况是不可能的，你不服气，想，为什么不可能？以后会不会被发现这是可能的呢？如果有，说明你敢于质疑，很好！

2. 负折射率

大家都知道，光线在经过不同折射率的媒介接触面时会发生折射。在物理课上，我们学习到真空中光的折射率为 1，实验证明，其他媒介的折射率大于 1。由于电磁理论有折射率

$$n=\sqrt{\varepsilon}\sqrt{\mu}$$

所以介电常数 ε 和磁导率 μ 都是负数的话，折射率 n 为负数。若根据折射定律

$$\frac{\sin\theta_1}{\sin\theta_2}=n$$

则出现如图 3-8 所示的折射情况。在左手材料中，入射光线和折射光线位于法线同一侧了。

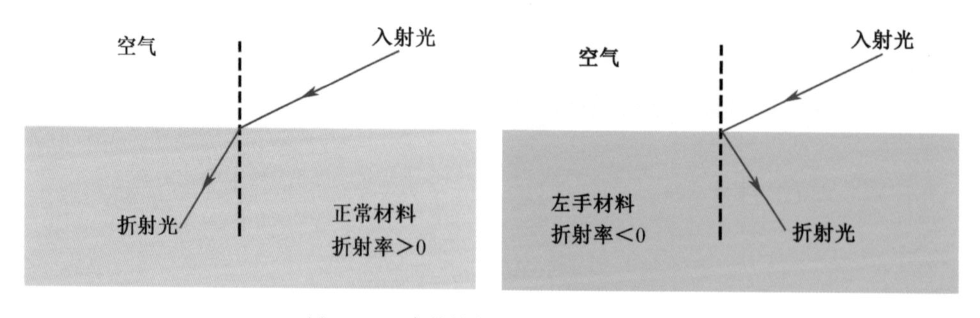

图 3-8 正常材料和左手材料折射示意图

脑补下列情况，如果存在“左手水”，那么水中的鱼被岸上的人看起来好像浮在空中（图3-9）。

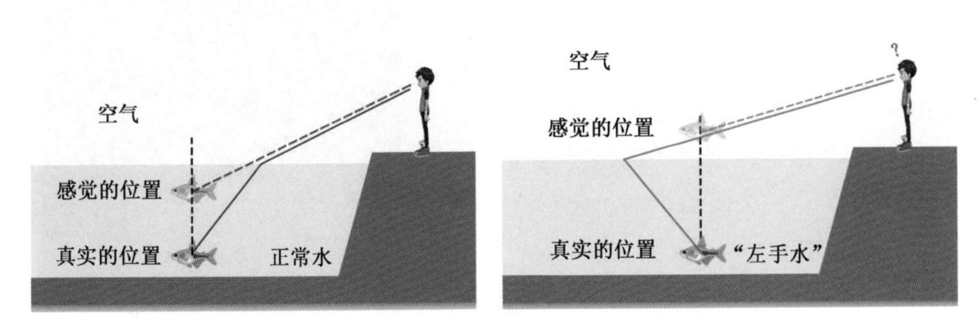

图3-9　正常水和“左手水”折射示意图

思考讨论

平行光线、点光源穿过左手材料的凸透镜、凹透镜、不同厚度的平板，会发生怎样的情况？

3. 反多普勒效应

如果有机会在马路上遇见救护车、警车等鸣笛的车子，可以仔细听听。当鸣笛声接近我们时，声音频率较高；当鸣笛声远离我们时，声音频率较低。频率高低的转换就在它经过我们身边的那一瞬间。这种当波源或观测者相对运动时，观测者接收到的频率不等于波源的频率。这种频率随波源与观测者运动而改变的现象叫做多普勒效应。声音具有多普勒效应，电磁波也会发生多普勒效应。

正常情况下，若当电磁波源接近我们时，我们接收到的波频变高，即波长变短，称为蓝移；若当电磁波源远离我们时，我们接收到的波频变低，即波长变长，称为红移。

在左手材料中，一切都反了。若当电磁波源接近我们时，我们接收到的波频变低，即波长变长，因而变为红移；若当电磁波源远离我们时，我们接收到的波频变高，即波长变短，因而变为蓝移。

4. 反常切伦科夫效应

切伦科夫效应是指介质中运动的粒子速度超过光在该介质中速度时，发出的一种蓝色辉光的电磁辐射现象。这种辐射是1934年由苏联物理学家切伦科夫发现的，因此以他的名字命名。切伦科夫辐射是介质中的极化电流发出的，不是高速运动粒子本身发出的电磁辐射。

这一现象会发生在核裂变反应堆中（图3-10）[1]。核裂变反应时，电子等带电粒子由于获得很高的能量，在环绕于核反应堆的水中高速运动，周围水分子受其激发，释放出光子。当这些电子在水中的传播速度超过光速之时，类似于超音速飞机超音速飞行时的音爆现象，这些光子组合在一起形成一种切伦科夫辐射的蓝色辉光。

图 3-10 美国爱达荷国家实验室的先进测试堆

这一辐射在正折射率材料，即右手材料中电磁波激发的辐射以锐角向前散射，而在左手材料中，电磁波的辐射方向发生了改变，以钝角向后，如图 3-11 所示。

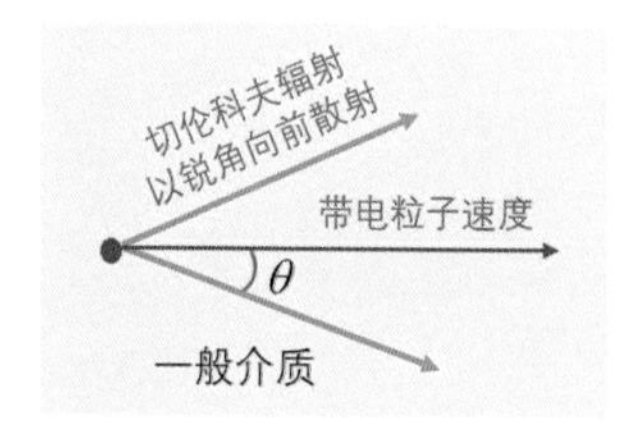

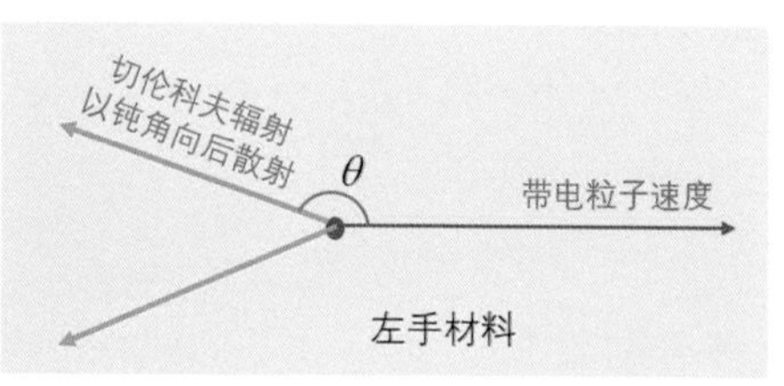

图 3-11 一般介质与左手材料中的切伦科夫辐射

5. 反常光压

电磁辐射对反射体能够造成光压。由于左手材料中传播的电磁波，坡印廷矢量 $\boldsymbol{S}$ 的方向与电磁波矢方向相反，所以电磁辐射在一般介质中对反射体造成光压，在负折射率材料的环境中形成对反射体的拉力。如图 3-12 所示。

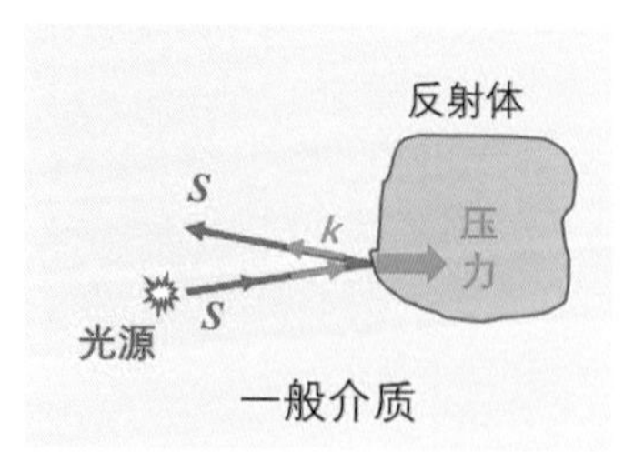

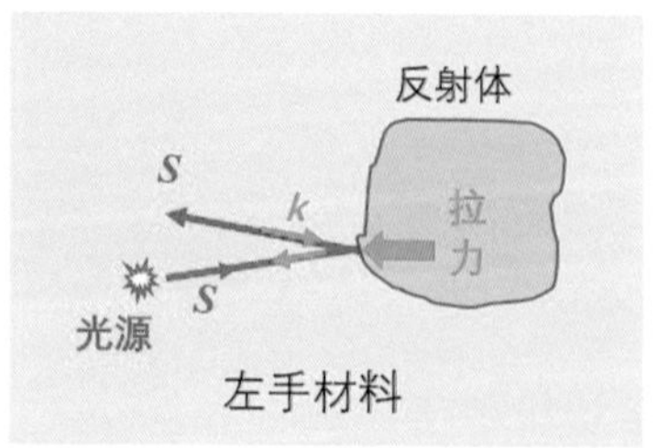

图 3-12 一般介质与左手材料中的全反射体所受光压

[1] 图片来源 http：//power. in-en. com/html/power-2283175. shtml

由于如此怪异的材料在20世纪60年代谁也没见过，也想不出如何造出来，于是这一“创意”被搁置，直至30多年后才引起重视。

三、左手世界：突破想象勇探寻

韦谢拉戈（V. Veselago）提出的介电常数 ε 和磁导率 μ 都是负数是创想，居然可以推理出如此神奇的左手材料，令人神往。那么，凭空造出自然界不存在的，超过我们对自然认识的常识的左手电磁材料，何其难！制造突破口在哪里？

1. 制备突破口

1996年，英国科学家彭德里（J. Pendry）提出，如把众多细而直的金属丝（直径 d、间距 a）均匀、立体地排列，则在入射电磁波波长 $\lambda << a << d$ 时，若电场与金属丝同方向，则等效介电常数为负（$\varepsilon<0$）。1999年，Pendry又提出了开口谐振环（SRR）系统，并证明在一定频带内等效磁导率为负（$\mu<0$）。这就出现了实现韦谢拉戈思想的可能性。2000年春，美国UCSD的科学家宣布做成了“负折射率实验”，就是用Pendry提出的方法。[1]

2001年，美国加州大学圣迭戈分校的史密斯（David Smith）等物理学家沿用Pendry的方法，构造出了介电常数与磁导率同时为负的人工媒质，并首次通过实验观察到了微波波段的电磁波通过这种人工媒质与空气的交界面时发生的负折射现象，如图3-13所示。

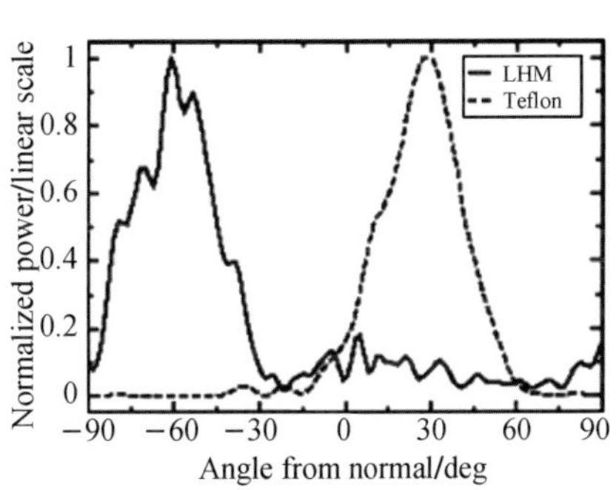

图3-13　金属开口谐振环与金属细导线构成的左手材料以及左手材料负折射现象的实验结果

尽管初期人们对Smith等人的实验有许多争论，但2003年以来更为仔细的实验均证实了负折射现象。左手材料的面世也被美国《科学》杂志评为2003年十大科技突破之一。[2]

---

[1] 黄志洵. 从负折射超材料到光学隐身衣[J]. 中国传媒大学学报（自然科学版），2014，21（2）.
[2] 吴翔，沈葹，陆瑞征，羊亚平. 文明之源——物理学［M］. 第二版，上海：上海科学技术出版社.

2. 完美透镜

第二章中我们研究了望远镜为什么口径要越做越大，是因为需要提高光学仪器的分辨率。限制光学仪器分辨率的原因是因为衍射极限的存在。消除衍射极限，获得完美透镜，出路何在？

借助负折射率材料搭建完美透镜，是一个很好的选择。

又是韦谢拉戈，1968 年提出，负折射率可以将物体的原像在材料的另外一侧重建。

Pendry 于 2000 年对这一想法进行了更为详细的论证和说明。因为他发现，负折射率薄板不仅能汇聚远场的电磁波，而且对近场也有汇聚作用，这样的薄板不就可以像光学透镜一样在另一侧成像？因为衍射极限的影响不复存在，如果有两个相距为波长范围内的波源（对于可见光来说，好近啊），在负折射率材料做成的镜片下，影像完美重建（图 3－14），分辨率大大提高！

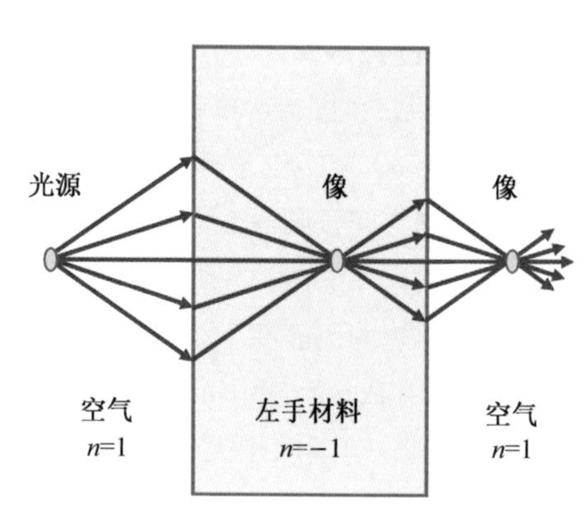

图 3-14　左手材料完美透镜示意图

3. 光学隐身

人若可隐身，可产生无穷想象，生出许多古代和现代的玄幻故事。近年，左手材料的隐身技术逐渐被大众知晓，于是就有人编造出浙江大学的老师发明的“国产量子隐身衣”故事（图 3-15）。有人信以为真，殊不知这是利用视频技术抠像后和背景合成制成的。左手材料的隐身技术确实可以隐身，但是目前还没做成这样的隐身衣。

加拿大发明隐身衣，穿上就可以为所欲为？

每日长见识 · 164评论 · 2月前

这是我见过最厉害的隐身衣

梦影航拍师张涛 · 238评论 · 17小时前

在微博上看到的量子隐身衣，这个是真的吗？

青柠诉说 · 2评论 · 1天前

图 3-15　假的隐身衣

浙江大学从事电磁隐身衣（Electromagnetic Invisible Coat，EMIC）机理及实验研究的团队设计了一个有趣的非 EMIC 隐身装置，水中的六棱柱中插入一根铅笔，铅笔不见了（图 3-16（a）），而背后的背景图丝毫没有遮挡。虽然这个隐身装置和左手材料无关，但是二者隐身的基本原理有相似之处。[1] 图 3-16（b）是装置的俯视图，示意了隐身的原因。代表背景光线的红线由于水中透明棱镜的折射绕过中心空腔，变回原来的入射方向射向水外，导致水缸外的人只看见背景，看不见中心被隐身的物体。图 3-16（c）中一束绿色的激光证实了这一点，射入棱柱前后的光线方向没变，似乎中间没有物体阻挡。

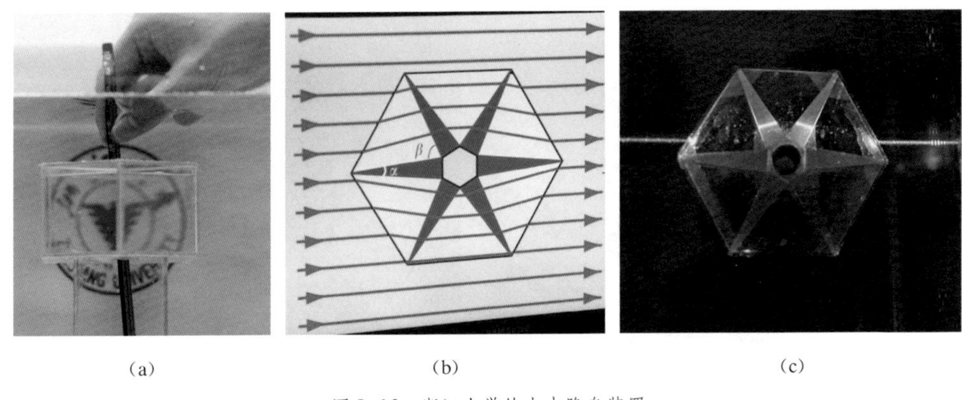

（a）　（b）　（c）

图 3-16　浙江大学的水中隐身装置

上述装置的隐身只能在水中进行，虽巧妙地利用水和棱镜的折射率、形状的计算设计而成，但还只能算一个光的折射的演示实验。那么，真正空气中的左手材料的研究处于什么阶段呢？

由于左手材料可以通过精准控制材料的折射率，使电磁波按照我们的需要传输，如图 3-17 所示。在一个球壳状的隐身衣中，电磁波围绕中心需要隐身的区域绕行，并在离开隐身衣后恢复了原来的波阵面。观察者看到的是隐身物背后的场景，被电磁波包裹的物体不可见。2006 年，美国杜克大学的科学家作了实验验证，选用左手电磁材料成功地隐蔽了一个铜圆柱体。隐身衣的研究也是在微波段较为容易实现。

图 3-18 为同济大学物理科学与工程学院樊元成博士论文“光与电磁谐振人工微结构作用中新现象概念研究”第 11 页（2014）介绍的一种电磁“隐身衣”的测试装置、实物图，以及在隐身频率下的电磁场分布。

[1] https：//www.guancha.cn/Science/2013_11_01_182734.shtml

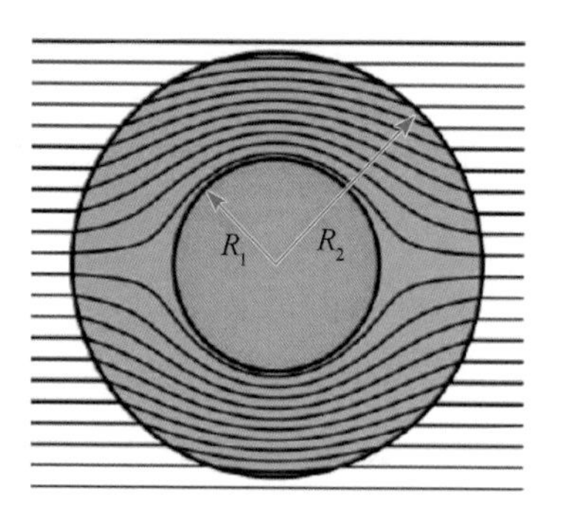

(a) 二维情况

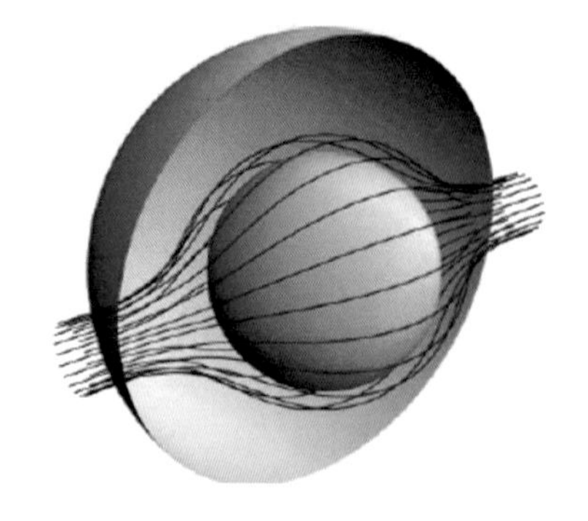

(b) 三维情况

图 3-17 电磁波从“隐形外壳”中的物体周围绕开

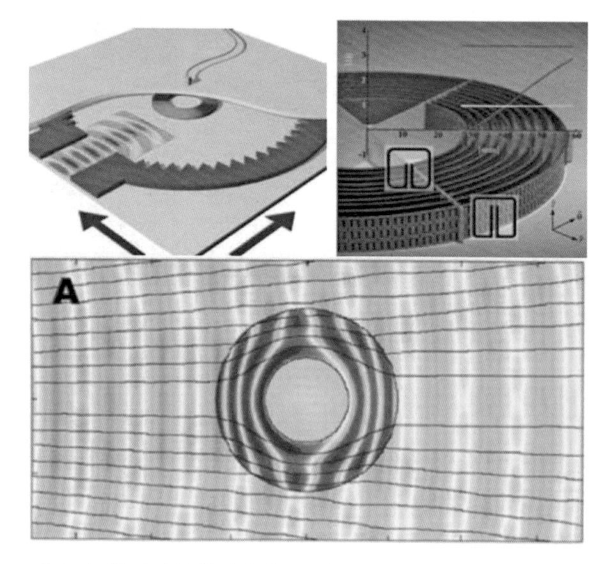

图 3-18 一种电磁“隐身衣”的测试装置、实物图，以及在隐身频率下的电磁场分布

可见光和红外波段由于波长短，组成左手材料的单元尺度要求更小，加工精度更为精细。所以可见光的隐身衣制作相对困难。据报道，目前做到的仅仅是对极小的物体的隐身。

思考讨论

也有研究者进行电磁魔毯隐身方法的研究。他们不是用上述壳状隐身衣中光线偏转的方法，而是在平面上的一个突起物上盖上电磁魔毯，如图 3-19 所示。请对照图分析这个突起物为什么能够被隐身。[1]

---

[1] 黄志洵. 从负折射超材料到光学隐身衣[J]. 中国传媒大学学报（自然科学版），2014，21（2）.

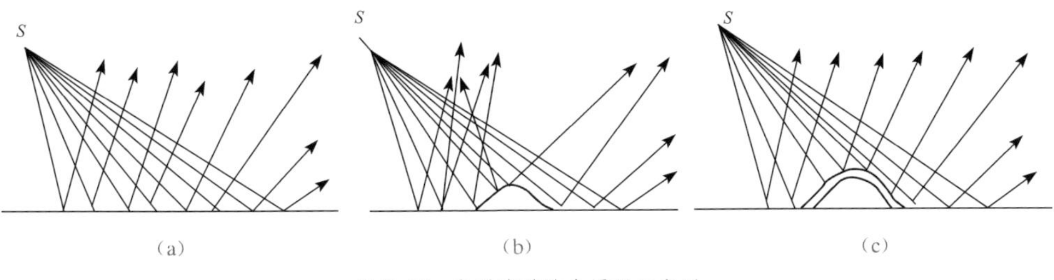

图 3-19　电磁魔毯隐身原理示意图

在博士论文《特异材料的光传播、光操控研究》(苏州大学，高东梁）中，有述：

对比于一旦装置制备完成后就不可改变的电磁特异材料，光弹性材料有更大的灵活性。基于光学变换原理，光弹性材料不仅可以实现平板隐身的功能，还可以成为“光学电梯”，即等效平面可以由外加力的大小和方向来控制。这种光学电梯对任何入射角都适用，并且可以保持反射光的相位不变。

思考讨论

观察图 3-20，结合上述论文中的表述，分析图中隐身的原理，理解光弹性材料的功能。为什么说这是“光学电梯”。

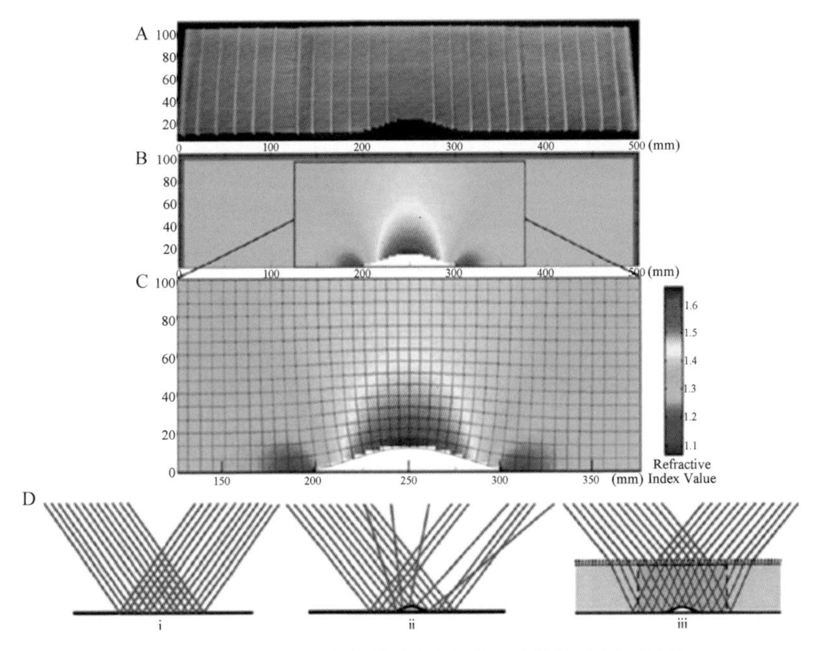

图 3-20　博士论文《特异材料的光传播、光操控研究》的插图

4. 制造幻像

从电磁魔毯原理示意图可以想象，既然可以调节反射光的方向，使物体隐身，是否也可以通过调节反射光的方向，使这个物体变成看上去像另一个物体？显然这是可能的。这就是利用左手材料制造幻像。

同样，对于图 3-19 所示的隐身原理，也是可以制造幻像。

思考讨论

如果墙面上有一个完整的苹果，需要把它变成咬掉一口的苹果幻像，你是否能画出隐身魔毯原理的示意图吗？

5. 模拟黑洞

黑洞不是洞却貌似无底洞，是个吸引人的话题。黑洞对于物理学家而言，是个绝佳的极限实验室，它可能将现代物理学两大理论体系——量子力学和广义相对论合二为一，寻索时空终极奥秘。如果利用黑洞这一奇点，"吞入"微观理论和宇观理论，"吐出来"的会是什么呢？黑洞可能死亡吗？死亡时是否无比壮烈？黑洞的死亡是否是新的子宇宙诞生？这一无底的时空"深渊"，如此神秘，如此不可思议，却不可见且不可接近。科学家想在实验室里人造黑洞了！

有人可能会说，黑洞怎么可能制造得出来？就算你造出来了，危险不就也随之而来吗？周围的人怎么可能安全？黑洞吸啊吸，最后整个地球都吸进去了。这个担心显然多余！

思考讨论

1. 科学家是否可能在地球上造出吞噬地球的黑洞？或者造出破坏性大的黑洞？

2. 科学家想在实验室制造黑洞，你认为可能用什么办法制造？制造出什么样的黑洞？

3. 据报道，2005 年美国科学家已制造出第一个人造黑洞，你认为这一黑洞是什么样子的？你相信它是黑洞吗？

回到用左手材料制造黑洞的问题。

有科学家注意到黑洞吸引光线的行为可以利用左手材料模拟，所以左手电磁材料制造的黑洞可以称为电磁黑洞，显然不可能吸引实物，但是可以吸引电磁波。

2009 年，美国伊维根・纳瑞马诺夫（Evgenii Narimanov）和亚历山大・基尔迪谢夫（Alexander Kildishev）提出制造可以用来捕捉光线的桌面黑洞的理论设计方案。他们认为既然"黑洞使光线呈螺旋状吸入黑洞"，那么我们是否可以设计一个装置，使接触这个装置的光线只会向内弯曲传播，直至中心？

2009 年，《自然》杂志网站等很多媒体报道，世界上第一个“人造黑洞”（图 3-21）由东南大学崔铁军教授和程强教授的学术团队制造。他们根据纳瑞马诺夫和基尔迪谢夫的理论，使用左手材料，借助制造隐身斗篷的经验，制造了一个微波频率的电磁黑洞。这个黑洞有 60 个同轴环，外层的 40 个同心环组成装置外壳，内部的

图 3-21　人造电磁黑洞

20 个同心环构成吸收器。每个同轴环都由可产生左手电磁效应的电路板构成，内环和外环电路板结构不同。

这个装置虽然只是微波频段，造出可见光波段还有技术上的困难。图 3-22（百度百科“人造黑洞”）是这个电磁黑洞的全波段仿真图景。第一个电磁黑洞预示着一个振奋人心的前景——可能催生新能源。

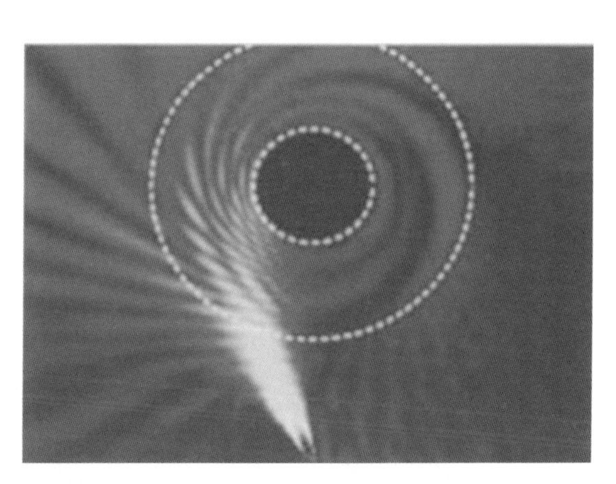

图 3-22　光线靠近黑洞时的全波段仿真结果

思考讨论

1. 为什么说电磁黑洞在新能源方面可能发挥作用？
2. 你对电磁黑洞的应用前景有什么考虑？

研究电磁黑洞，其意义不仅仅是技术应用。基于类比的科学研究方法，有科学家指出，电磁黑洞可帮助我们进行类比引力的研究。

著名物理学家斯蒂芬·威廉·霍金（Stephen William Hawking，1942—2018）于 1975 年研究提出如果结合量子理论研究黑洞，黑洞并不全黑，黑洞有辐射，这就

是著名的霍金辐射。霍金希望能寻找尽可能老年的黑洞，如果它们经历了一百多亿年的霍金辐射，很可能已经进入微黑洞时期，会产生高能量的伽马射线。霍金说："如果找到这样的霍金辐射证据，我将获得诺贝尔奖。"电磁黑洞是否有助于研究霍金辐射呢？看科学家如何用类比的思想进行黑洞特性研究[1]：

> 霍金提出黑洞辐射不久，物理学家安鲁在1981年提出了类比引力黑洞的声学黑洞模型。研究发现当流体的速度超过声速时，由于流体对声波的拖曳，声波会困在该流体超声的区域，可以把这个区域类比黑洞的视界。同样可以在这个声学的视界上观测声子的霍金辐射。
>
> 在光学领域中，有科学家认为可以人为控制材料的电磁参数来模拟引力的弯曲时空效应以及实现一些新奇的变换光学器件，例如电磁波段的黑洞、虫洞、时空以及膨胀宇宙等。

南京大学物理学院的研究团队采用简单而巧妙的旋涂加热工艺，利用微球表面与聚合物薄膜接触的自组织表面张力效应，在一块微小的光子芯片上，实现了折射率具有类似黑洞引力场分布的光学微腔（图3-23）。光子在这种微腔中的传播特性可以模拟出光子在黑洞引力场中传播受引力场吸引所产生的弯曲。

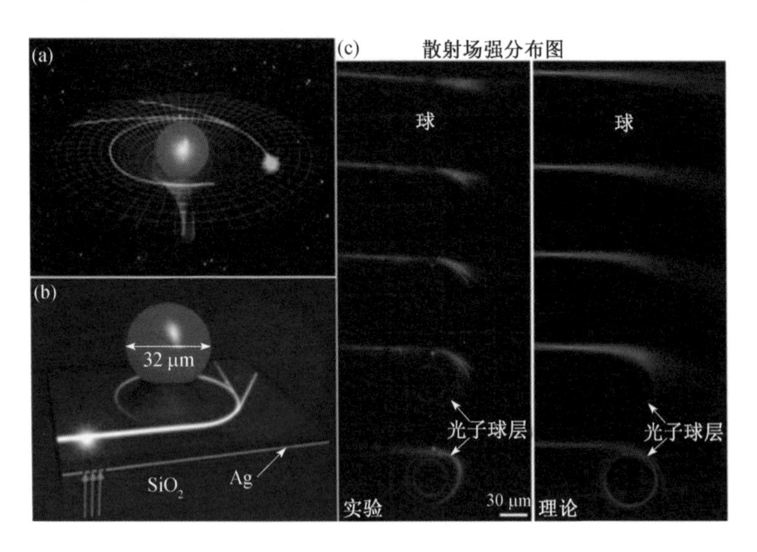

（a）光子芯片中引力透镜效应的模拟，天体周围引力场中光线弯曲；
（b）光学微腔周围光线弯曲；（c）微腔中光捕获效应的实验与理论的比较

图3-23　光线靠近黑洞时的全波段仿真结果

他们利用光子芯片模拟黑洞捕获光子，模拟爱因斯坦环控制光子波前等。他们指出：

[1] 盛冲，刘辉，祝世宁. 光子芯片中类比引力的研究[J]. 物理，2019，48（7）.

“在未来的工作中，基于光子芯片的类比引力研究可以去拓展一些更具有挑战性的工作，尤其是量子引力方面的工作。众所周知，光子本身就是一个很好的量子系统，可以构造出丰富光量子态。尤其是将光的量子态与弯曲时空相结合可以研究弯曲时空的量子现象。还有些理论方案提出，利用非线性光学晶体产生的量子纠缠态来模拟引力子。物理学家一直梦想着如何统一引力和量子力学，构造一个万物统一的理论。相信在光子芯片上开展类比引力的工作会为人们探索和理解引力的本质带来很多有意思的思考。”

6. 无线充电

无线充电，可能人人都向往。如今随身电器很多，充电拖一根线十分不便。无线充电，也就是无线电能传输（Wireless Power Transfer，WPT），看似容易，无非是电能从空间传输的问题。空间传播电磁波早已实现了，电磁感应现象已经可以实现无线传输电能么？其实没那么简单！

早在1889年，尼古拉·特斯拉（图3-24）就提出在全球范围实现无线电能传输的设想，并且设计和制造了震惊世界的沃登克里佛无线电能发射塔，如图3-25所示[1]。当时由于技术、资金等因素的限制，项目未成功，但是为什么至今没有实现呢？

图3-24　尼古拉·特斯拉（Nikola Tesla，1856—1943），塞尔维亚裔美籍发明家、物理学家、机电工程师

图3-25　尼古拉提出的沃登克里弗塔

[1] W. C. Brown, The history of power transmission by radio waves, *IEEE Transactions on Microwave Theory and Techniques*, 1984, 1230 (32).

了解了现代 WPT 技术的研究发展，你就会明白，这一技术的艰难和意义。

随着人们对无线电能传输的迫切需求，借助现代电力电子、控制理论、磁性材料等技术的进步，WPT 得到了足够的重视和发展的基础。目前，根据传输机理的不同，可将 WPT 技术分为辐射型与非辐射型两种。

(1) 辐射型无线电能传输

辐射型无线电能传输可用于在外空间收集太阳能发电，转换成能相对顺利通过大气窗口的微波，将能量传回地面接收站，也可以通过地面上的发射站将能量线束发射并瞄准和跟踪移动单元的接受器。1968 年，由美国科学家提出上述太空传输电能的方案。现美国又有人提出利用无人机传输电能的方案。据报道，日本已在筹划在距地面约 3.6 万公里的地球同步轨道上建造一个太空太阳能电站。

思考讨论

你认为以微波电能传输为代表的辐射型 WPT 技术的优点和有待研究和解决的问题是什么？

(2) 非辐射型无线电能传输

非辐射型无线电能传输主要指电磁能量以非电磁波的形式在电源及负载间传输的一种无线电能传输方式。目前主要包括电磁感应耦合式及电磁共振耦合式两种。

电磁感应耦合式有电场耦合式和磁场耦合式。电场耦合式 WPT 系统 [图 3-26 (a)] 易受到周围环境影响，且传输过程中的高强度电场对生物及环境有较大影响，主要适合于一些特殊的应用场合。因为磁场耦合式 WPT 系统 [图 3-26 (b)] 电磁感应能量传递过程中强度随距离衰减快，工作距离很短，无法用于移动设备。

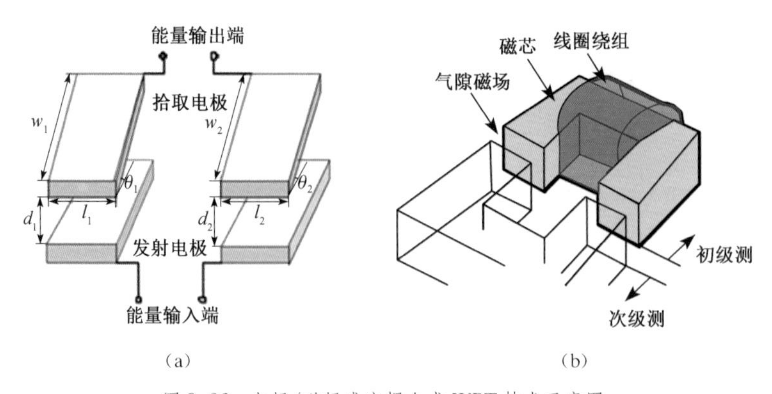

图 3-26 电场/磁场感应耦合式 WPT 技术示意图

电磁共振耦合式于 2007 年由麻省理工的 Soljacic 博士领导的科研小组提出。这一被称为“Witricity”的无线电能传输新技术，实现了相距约 1～2 m 的高效无线电能传输。他们给一个直径 0.5 m 的线圈通电，使之形成一定频率的谐振磁场，点亮了约 2 m 之外一个 60 W 的灯泡，而这个被点亮的灯泡是连接在另一个与初级线圈具有相同谐振频率的线圈上（图 3-27）[1]。从而电磁共振耦合式电能传输实验成功，并立刻引起了国际学术界以及商业界的广泛关注，成为了全世界科学家和工程师所主攻的新方向。

图 3-27　基于电磁共振耦合式无线电能传输实验成功

实验表明，线圈同轴平行时传输效率最高。随着线圈轴线间夹角增大，或轴线错位等，都影响传输效率。但具有负折射率特性的左手材料，用于无线能量传输中，可以将发散的磁场聚拢，也可以提高发射线圈和接收线圈间的耦合，将更多的能量传输到目的线圈。基于左手材料的“完美透镜”原理的 WPT 系统（图 3-28）虽然提高 WPT 系统效率，但是实际上影响了电能无线传输的有效距离，在应用上存在局限。因此，左手材料的应用虽然大有需求，但是研究的路途还是艰辛。

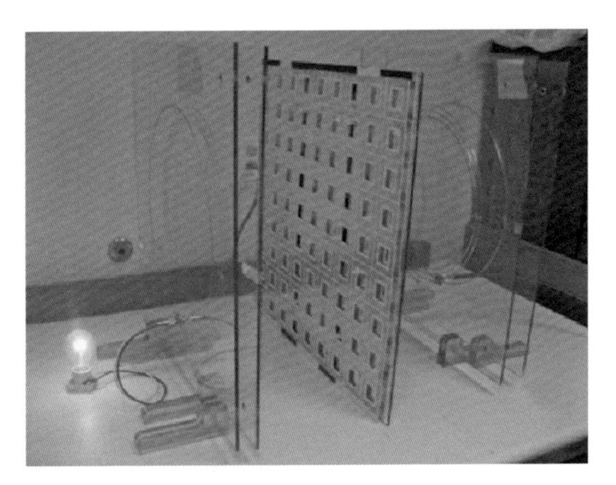

图 3-28　基于超构材料的 WPT 系统装置

现有 WPT 技术尚存在的很多难题和瓶颈，还需要进一步的理论支撑，需要探索和发展新型的 WPT 原理和材料，从而推动 WPT 技术在不久的将来成为一种通用技术，走进人们的日常生活。

未来，当我们享用各种科研成果时，不要忘记科研人员一步一个脚印的艰难征途。

随着科技的发展，材料学正逐步向更为高性能化、高功能化、高智能化的方向发展，材料的研发和制备越来越复合化、精细化、极限化，同时在研究中注重仿生化和环境友好化。材料科学成为社会科技发展的重要支柱科学。但是，材料科学的

[1] A. Kurs, A. Karalis, R. Moffatt, et al. “Wireless power transfer via strongly coupled magnetic resonances”, Science 317 (5834), 83 (2007).

发展离不开基础理论的研究，物理学是材料科学大树生长的沃土。超构材料的发展很好地印证了这一点。从微观上对传统材料按人们的意愿进行重新构建，组合出自然界前所未见的宏观材料，并崭露出天然材料所不具备的新奇特性，这一设计理念正逐渐演化成现代材料科学的一个重要分支。

超构材料往往由两种或两种以上材料按照一定的规律组合而成，而如何组合，如何实现，如何应用，对于研究人员是考验！我们佩服有人能“玩转”理论大胆创新，也佩服有人能孜孜不倦地探索。佩服之余，莘莘学子难道不应该掌握好基础科学，训练好自己敢于质疑、敢于创新的智慧大脑，准备接班吗？

思考讨论

不断突破思维，不断创新，科研人员在电磁材料上的突破已超越 ε，μ 都小于零的双负材料。

图 3-29 是根据介电常数和磁导率划分的材料参数空间图。第一象限表示自然界常见材料，第三象限表示本章介绍的左手材料。第二、四象限分别表示什么材料？请查阅资料，相互交流。坐标零点是零折射率材料，其光学特性是怎样的？

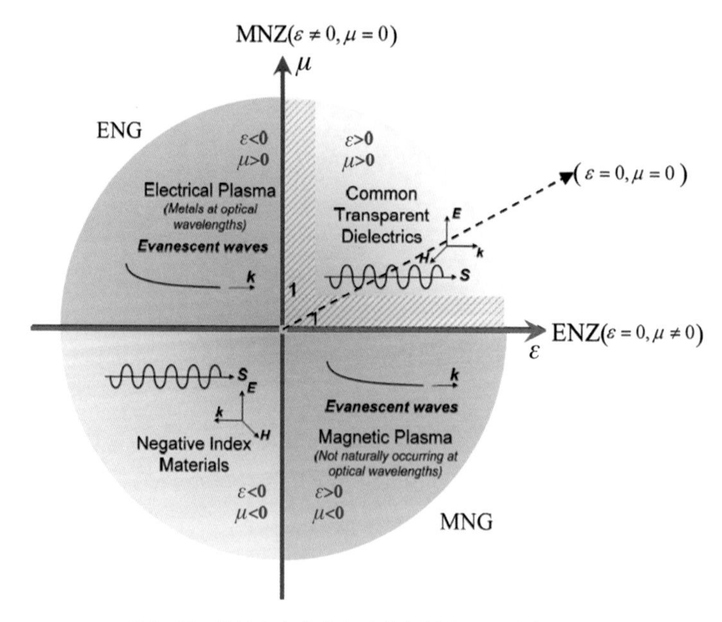

图 3-29　根据介电常数和磁导率划分的材料参数空间

图中 ENG 是 Epsilon negative materials 的缩写，MNG 是 Mu negative materials 的缩写。

第四章　纳米奇幻世界

现代微纳加工技术赋予人类从微观尺度重新设计材料的能力（图 4-1），自然界前所未有的现象，前所未有的材料随之而出现。纳米世界还有多少奇迹？让我们探索一番。

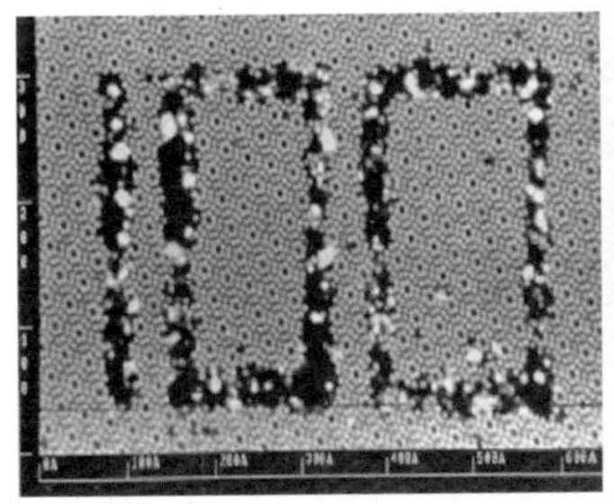
移走硅原子构成文字

硅表面

木堆积光子晶体

图 4-1　现代微纳加工和观测技术可达原子层面

一、当物质的物理尺寸减小到纳米量级

长度是物理学中最基本的“物理量”，其基本单位是“米（m）”。取其千分之一，就是“毫米（mm）”；再取毫米的千分之一就是“微米（μm）”。“毫米”和“微米”都是大家熟悉的长度单位。如果再取“微米”的千分之一，那就是“纳米（nm）”，纳米是接近微观世界的长度单位了，因为 1 纳米等于 10 埃（Å），而通常原子的尺寸就在埃数量级。我们知道氢原子是自然界上最小的原子，它的基态电子轨道半径约为 0.53 埃，所以我们可以粗略地说氢原子的直径就是 1 埃左右。1 纳米的长度差不多就相当于几个原子排列在一起的长度。

思考讨论

科学家也需要有一些猜测的本领。当然，知识越丰富，推理分析和联想的能力越强，猜测本领也越强。请你猜测一下，当物质被分割至 10^{-9} 米数量级，即几个纳米长度时，会有哪些奇迹发生？

提示： 所谓奇迹，就是和原来的常识相违。所以你可以在脑中搜索，对于物质的基本物理特性，有哪些相关描述（比如颜色、状态、熔沸点、弹性等）？这些描述哪些可能在纳米尺度变得不可思议？

按照常理，同一种物质以不同的尺寸出现，其基本物理特性应该是不变的。然而，当我们将某一种材料的尺寸减小到纳米尺度，也就是想办法将其分割成更小的“块体”，它的某些基本物理特性可能会发生明显的变化。比如，大家都熟悉的金属银，它是一种具有明亮金属光泽的贵金属，表面反光率极高，可达99%以上，熔点接近1 000℃，达961.93℃。然而，如果我们将金属银切分至纳米尺度，比如让它变成只有一两个纳米左右尺寸的小块体（这个尺寸在物理学上通常称为颗粒或者微粒了），同样是金属银，它不再明亮，而是呈黑色，几乎吸收所有的可见光，而其熔点可以下降到100℃左右，你可以想象吗？用开水就可以将金属银熔化！这就是物理学上神奇的“尺寸效应”。图4-2为中科雷鸣公司（www.lmnano.com）生产的纳米银粉，平均粒径20纳米，颜色为棕黑色。由于很多材料在纳米尺寸都会显示奇特的物理现象，20世纪90年代开始，国际上掀起了“纳米”研究热潮，认为它有可能引导全球新的技术革命，因此，纳米物理、纳米材料成了大家最关注的研究热点之一。

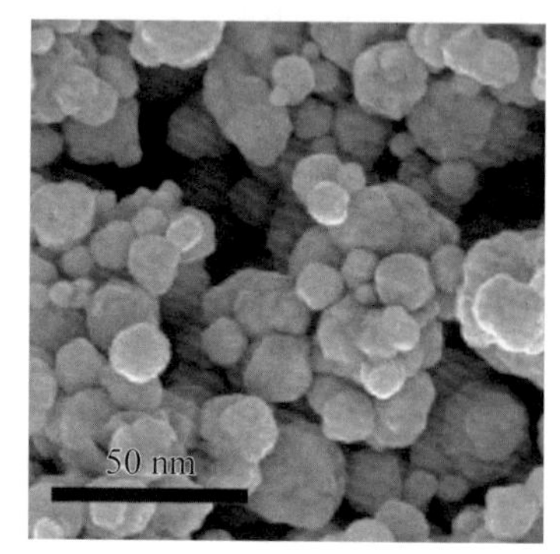

图4-2 棕黑色的纳米银粉

当材料的基本结构单元进入纳米尺寸范围时，会表现出与其对应的宏观块体材料不一样的物理特性，比较明显的有“量子尺寸效应”“小尺寸效应”“表面与界面效应”“宏观量子隧道效应”，一般简称为纳米材料的四大效应。除此之外，还有很多新的奇特效应。

1. 量子尺寸效应

量子尺寸效应是指材料的尺寸减小到某一纳米尺度时，其费米能级附近的电子能级由准连续变为离散能级的现象。早在20世纪60年代，库博（Kubo）等人采用电子模型给出了能级间距 δ 与组成原子数 N 间的关系为

$$\delta=\frac{4E_{\mathrm{F}}}{3N}$$

其中，E_{F} 为费米能级。对常规物体，因包含有趋近无限多个原子，故常规材料的能级间距几乎为零（$\delta\to0$），电子能级表现为准连续性，形成我们常说的能带；对纳米尺寸的粒子，因含有的原子数有限，δ 有一定的值，即能级发生了分裂。当分裂的能级间距大于热能、磁能、光子能量或超导态的凝聚能时，就会导致纳米材料的光、热、磁、声、电等特性与常规材料有显著不同。例如，对于晶态下难以发光的间接带隙半导体材料，当其粒径减小到纳米量级时，会表现出明显的可见光发光现象，且随着粒径的进一步减小，发光强度逐渐增强，发光峰值波长逐渐减小。这是因为

当颗粒尺寸为纳米量级时，传统固体理论中量子跃迁的选择定则所起的作用将大大减弱并逐渐消失，并且由于能级的分裂间距随颗粒尺寸的减小而增大，导致发光光谱逐渐蓝移。

思考讨论

为什么能级的分裂间距随颗粒尺寸的减小而增大时，发光光谱会逐渐蓝移？

提示： 当电子从一个能级向另一个能级跃迁时，要发射或吸收光子。发射或吸收光子的频率与两个能级差相关，有

$$h\nu = E_n - E_m$$

式中，h 为普朗克常数。

2. 小尺寸效应（体积效应）

当材料的某一维或若干维的尺寸减小到与某一以长度为单位的特征物理量相近或更小，比如与光波的波长、传导电子的德布罗意波长或超导态的相干长度相当或更小时，材料的边界条件被破坏，声、光、电、磁、热等特性等均会随着粒子尺寸的减小发生显著的变化。这种因尺寸的减小而导致的变化称为尺寸效应，也叫做体积效应。如纳米粒子的熔点可远低于对应的块状材料，此特性为粉末冶金提供了新工艺，可以更方便地冶炼难熔金属。

很多陶瓷材料的硬度和强度随着其晶粒尺寸的减小而增大，因此纳米陶瓷材料的硬度和强度比普通材料可以高4～5倍。在陶瓷基体中引入纳米分散相，不仅可大幅度提高其断裂强度和断裂韧性，明显改善其耐高温性能，而且也能提高材料的硬度、弹性模量和抗热震等性能。

我们知道，所有的物质在外磁场中都能够被磁化，所以称它们为磁介质。有的物质是顺磁质，受外磁场影响，产生和外磁场方向一致的磁性；有的物质是抗磁质，受外磁场影响，产生和外磁场方向相反的磁性。顺磁质和抗磁质物质都是弱磁性介质，而且外磁场撤去后，磁化消失。还有一种磁介质是铁磁质，是强磁性介质，可以被外磁场强磁化，而且外磁场撤去后，还有剩磁存在。铁属于铁磁质。正因为存在铁磁质，所以可以制造出许许多多的磁铁，包括磁铁玩具（图4-3）[1]。对于

图4-3　磁铁玩具

[1] 图片出处：www.lyunimag.com

某些磁性材料，随着其晶粒尺寸的减小，它的磁有序状态将发生变化。如通常状态下为铁磁性的材料，当其颗粒尺寸小于某一临界值时可转变成超顺磁材料，一旦外磁场撤去，超顺磁材料的磁性不复存在。如 α-Fe（室温下的纯铁）的粒径小至 5 纳米时即转变为超顺磁材料。

课题联想

图 4-4 为大学物理实验中“用示波器观测磁滞回线”的实验。观测磁滞回线，其目的要求是学习使用示波器对动态磁滞回线进行观察和测量，了解磁感应强度和磁场强度的测量方法；学习使用 RC 积分电路；了解铁磁性材料的动态磁化特性。当你了解到铁磁性材料颗粒尺寸小于某一临界值时可转变成超顺磁材料，你是否有兴趣对这个问题进行研究？

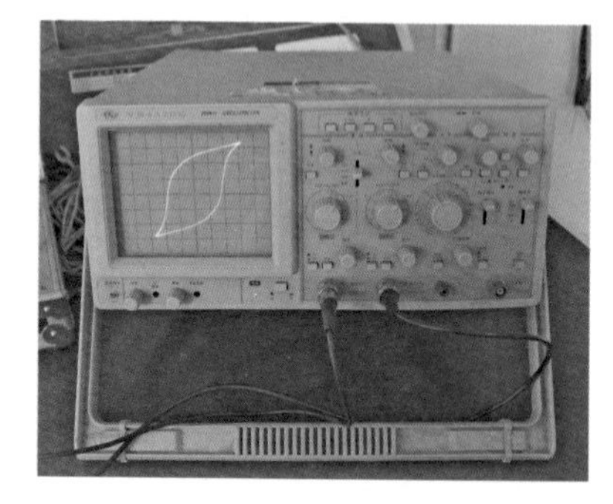

图 4-4 磁滞回线实验装置

3. 表面与界面效应

纳米粒子的表面效应是指纳米粒子表面原子的数量与其总原子数量之比，随粒径的减小而急剧增大后所引起的性质变化。

比表面积是指单位质量物料所具有的总面积。纳米材料随着粒径的减小，比表面积增大（图 4-5），纳米粒子的表面原子占比随之增大。由于表面原子处于半裸露状态，周围缺少相邻的原子相束缚，极易运动迁移；又由于表面原子有许多剩余的自由键，易与其他原子结合，因此具有较高的化学活性。随着粒径的减小，纳米材料的比表面积、表面能及表面结合能都迅速增大，因此总体呈现出材料的活性增加。

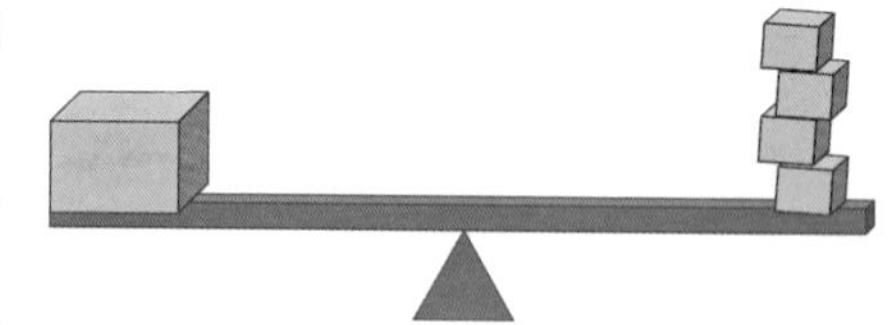

图 4-5 两边质量相等，谁的比表面积大

由于纳米材料的比表面积很大，界面原子数很多，界面区域原子扩散系数大。表面原子配位不饱和性将导致大量的悬键和不饱和键等，这些都使得纳米材料具有较高的化学活性。许多纳米金属微粒室温下在空气中就会被强烈氧化而燃烧。很多催化剂的催化效率随尺寸减小到纳米量级而得以显著提高，例如铂是一种非常优异的催化材料，但非常昂贵，将其纳米化以后，不仅催化效率大幅提高，而且用量可以大大减少。纳米结构的气敏材料也具有类似的现象，随着颗粒尺寸的减小，材料的气孔率、选择性以及响应和恢复速率等都得以显著提高，因而气敏传感器的灵敏度也显著提高。

北京大学化学与分子工程学院郭雪峰课题组围绕分子器件的接触界面进行了大量研究，包括异质界面诱导的新奇物理化学现象。在基于石墨烯电极的第二代单分子器件的制备及界面调控研究中取得系列进展。他们还将单层双稳的环轴烃分子同石墨烯电极结合，成功实现了单层分子界面调控的逻辑智能场效应晶体管(图 4-6)。[1]

*Adv.Mater.*2013,
DOI:10.1002/adma.201302393

*Chem.Soc.Rev.*2013,42,5642

*Adv.Mater.*2013,25,3397

图 4-6　北京大学化学与分子工程学院研究成果发表在 *Adv. Mater.* 杂志上

4. 宏观量子隧道效应

微观粒子具有贯穿势垒的能力称为隧道效应。图 4-7 为变温扫描隧道显微镜-分子束外延联合系统，清华大学物理系宋灿立等利用这一系统研究的成果《分子束外延硒化铁薄膜的超导电性》发表于 2015 年第 28—29 期科学通报。

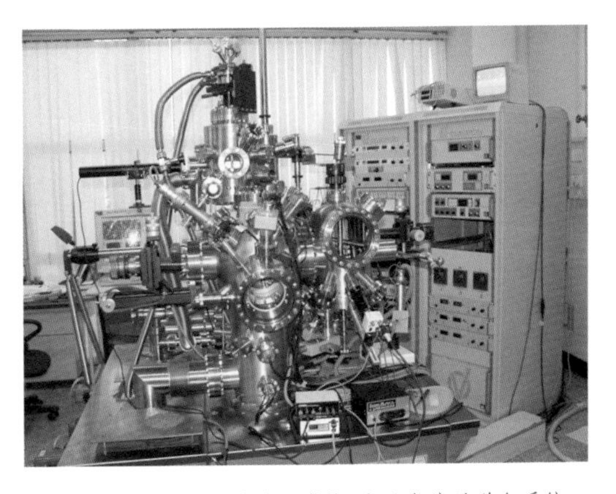

图 4-7　变温扫描隧道显微镜-分子束外延联合系统

研究发现某些宏观量，如微粒的磁化强度、量子相干器件中的磁通量以及电荷等也具有穿越宏观系统的势垒而产生变化的隧道效应。科学家们用量子相干磁强计研究低温条件下纳米颗粒磁化率对频率的依赖性，证实了在低温下确实存在磁的宏观量子隧道效应。这一效应与量子尺寸效应一起，确定了微电子器件进一步微型化的极限，比如在一定程度确

---

[1] Adv. Mater. 2013，DOI：10.1002/adma.201302393

认了采用磁记录进行信息储存具有最小尺寸及最短时间的限制。

二、纳米材料的一些有趣应用

由于纳米材料四大效应的作用，当材料的结构在某一维或者若干维具有纳米尺度时，将会呈现出许多新的现象，在力学、热学、光学、电学、磁学、生物学等方面体现出特异的性能。因此，可以用来实现我们采用传统材料难以实现的梦想，下面就举几个例子，来说明一下纳米材料的重要应用。

1. 宽波带隐身材料可以让飞机“瞒天过海”

2011 年 1 月 11 日，中国郑重向全世界宣布，中国的第四代隐形战斗机歼-20 在成都实现首飞。自此我国在继美国之后成为第二个可以自主研发制造第四代隐形战斗机的国家。目前，第五代战机歼-20 使用了一种轻质、耐高温的已知陶瓷材料中最轻的新型吸波材料，使这些装备具有隐身性能的同时，整体重量也比以前机体轻上不少。图 4-8 为中国用重量最轻吸波材料制造的歼-20，隐身性能大幅提升[1]。

图 4-8 可隐身的歼-20

思考讨论

说起隐形战机，可以追溯到 1991 年的海湾战争，美军派出 42 架 F-117A 型隐形战斗机，共出动 1 270 架次，虽然只占多国部队总攻击架次的 2%，但却攻击了伊拉克 40% 的重要战略目标，自身没有受到任何损失，一时隐形战机名声大噪。为什么伊拉克的防御系统对 F-117A 束手无策，为什么那么多的红外、微波雷达侦察设备“看”不到 F-117A？这与纳米材料有关吗？

另外，我们之所以可以看见物体，是因为眼睛接收到物体反射的光线，而且根据眼睛接收到物体与所处环境反射光线的差异，观察者可以从环境中分辨出这是什么东西。如果物体与环境二者反射到眼睛的光线接近，就很难从环境中辨认出这个物体，这就是所谓在可见光波段的“隐身”。在人类战争史上，军事家梦寐以求的就是提高军事效益，以最小的代价换取最大的胜利，所以，人类自有战争以来，隐身

[1] mil. news. sina. com. cn

技术便随之出现了。但在战场上，人们不只用眼睛侦察，还大量使用高科技的红外、雷达侦察设备，与在可见光波段“隐身”的原理一样，只要我们能够使武器装备的红外或雷达信号与背景信号接近，就能使武器装备湮没在环境中，在侦察设备的“眼里”隐身。由于环境的红外和雷达回波能量比武器装备要小得多，所以我们要采取措施减小装备的回波能量来达到装备“隐身”的目的。

思考讨论

为什么纳米粒子对红外与雷达波有“隐身”作用呢？能从纳米材料的电磁、光热以及化学等特性解释吗？

目前，隐身材料虽然在很多方面都有广阔的应用前景，但当前真正发挥作用的大多还是在与军事有关的航空航天领域。对升空材料有一个要求是重量轻，在这方面纳米材料是有优势的，特别是由轻元素组成的纳米材料在航空隐身材料方面应用十分广泛。有几种纳米微粒 将很可能在隐身材料上进一步发挥作用，例如，纳米Al_2O_3，TiO_2，SiO_2和Fe_2O_3的复合粉体与高分子纤维结合对中红外波段有很强的吸收能力，这种复合体对这个波段的红外探测器有很好的屏蔽作用。纳米磁性材料，特别是类似铁氧体的纳米磁性材料放入涂料中，可使之具有优良的吸波特性，既能吸收较多的雷达波信号，又能良好地吸收和耗散红外线，加之重量轻，在隐身方面的应用有明显的优势。此外，由于纳米微粒的粒径小，可以人工将一种材料包在另一种材料上，拓展出一种新的材料，兼顾二者的性能，从而可以拓展吸收波段。

另外，这种材料还可以与驾驶舱内信号控制装置相配合，通过开关发出干扰，改变雷达波的反射信号，使波形畸变，或者使波形变化不定，能有效地干扰、迷惑雷达操纵员，达到隐身的目的。纳米级的硼化物、碳化物，包括纳米纤维及碳纳米管在隐身材料方面也将大有作为。

思考讨论

武器装备的发展呈现出“精确化、隐身化、信息化”的特点，国内外大力发展隐身技术。从当前研究热点来看，武器装备可能需要更为轻巧便捷，并经受各种高温、核等恶劣环境的考验，有哪些方法可以克服这些困难？

实验探究

设计实验来研究隐身和哪些因素有关。家庭中使用的电视遥控器发射信号会被电视机接收，如果我们站在电视机的位置来发射信号，怎么样才能使电视机接收呢？发射的信号需要哪些材料实现以及可以对电视及其遥控器（模拟雷达）的950纳米

红外线在 n 到（$n+1$）米之间隐身？

另外，对于超声波探测来讲也是相同的原理，发射超声波到被测物体经过反射、回波接收后的时差来测量被测距离。那么有哪些材料可以对某超声波传感器（模拟雷达）在 n 到（$n+1$）米之间隐身？

2. 超轻纳米多孔材料可以用来“抓取彗星的尾巴”

广袤的宇宙如图 4-9 所示[1]，其中存在着大量的宇宙尘埃，它是星系、恒星、行星和宇宙生命体的重要组成部分。大约在 50 亿年前，这个星云在万有引力作用下收缩形成一个星云盘，并从中诞生了太阳、行星、星云等天体。50 亿年过去了，太阳系内许多天体的物质构成都发生了巨大变化，只有彗星是个例外。科学家认为，彗星微粒中包含着太阳系中最原始、最古老的物质，研究它可以帮助人类更清楚地了解太阳和行星的历史。因而，收集宇宙尘埃和彗星尘埃（彗星拖着的长长的尾巴是由无数不同粒径的尘埃组成的）对研究宇宙的构成、起源与演化相当重要。

图 4-9 广袤的宇宙

思考讨论

宇宙尘埃粒子非常小，速度非常大，采用什么样的“捕捉”行动是合理的呢？

为了在捕捉粒子时保持其原始成分，研究人员采用了一种名为气凝胶的物质。气凝胶是一种典型的纳米多孔材料，其孔隙率可达 90%以上，孔径在 1～50 纳米，该材料的密度可以在每立方米数千克至数百千克的很宽范围内严格控制。

目前广泛应用的是二氧化硅（SiO_2）气凝胶，如图 4-10 所示，来源于同济大学沈军课题组，它是一种类似海绵结构的氧化硅非晶固体材料。内部为高通透性的圆筒形多分枝纳米多孔三维网络结构，拥有

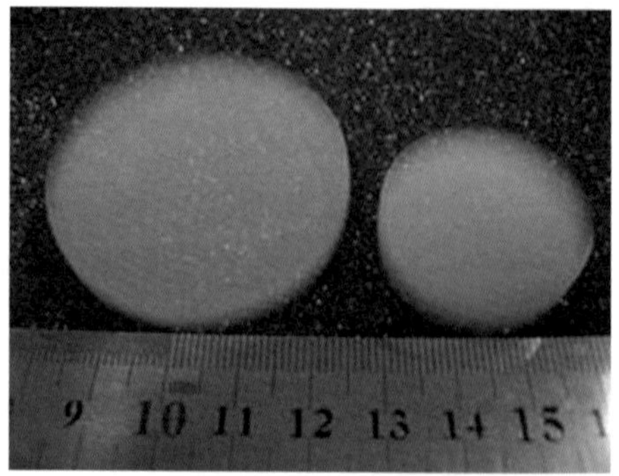

图 4-10 二氧化硅气凝胶

[1] baike. sogou. com/v73462. htm

极高的孔洞率（内部孔洞的体积与整个块体体积之比）、极低的密度、高比表面积（总表面积与质量之比），其体密度在 0.003～0.500 g /cm^{3}范围内可调（空气的密度为 0.001 29 g /cm^3）。这种新型气凝胶已经作为世界上最轻的固体被载入吉尼斯世界纪录。因为超低的密度，气凝胶看起来几乎是透明的，像一个与众不同的蓝色烟雾体。

当宇宙尘埃撞上气凝胶时，它立即将自己“埋”在了里面，并在气凝胶里形成了一个胡萝卜形的轨迹。这一拉伸过程能够让直径 1 微米的颗粒减速并最终在几十微米内的距离上停下来，再通过这些轨迹就能找到“隐藏”在内的粒子。相对于其他任何已知物体，气凝胶能最好地保护这些高速粒子。

图 4-11　美国宇航局“星尘”号（Stardust）探测器上的塞满气凝胶的“棒球手套”——微粒收集器

1999 年，美国宇航局给其“星尘”号（Stardust）探测器装备了塞满气凝胶的“棒球手套”——微粒收集器，如图 4-11 所示（NASA/JPL/Caltech），一面用来收集彗星尘埃，一面用来收集星际尘埃。该微粒收集器即由数十块二氧化硅气凝胶组装而成。2006 年，“星尘”号飞船带着人类获得的第一批彗星星尘样品返回地球。

思考讨论

除了上述的收集尘埃本领，它还有环保的优点。气凝胶被科学家们描述为“终极海绵”。尽管气凝胶属于一种固体，但这种物质 99%是由气体构成。你认为气凝胶还可以在哪些实际应用中发挥作用？

举例说明，图 4-12 为 SiO_2气凝胶的强吸附实验展示与微观形貌，来源于同济大学沈军课题组。左图显示了 SiO_2气凝胶的强吸附本领。三组试管中，每一组左边的试管内未加入 SiO_2气凝胶，右边试管中加有气凝胶，可见，每一组右边的试管内的染料都被位于试管下部的气凝胶吸附。右图为纤维复合气凝胶的扫描电子显微镜形貌。纤维复合气凝胶的力学强度和柔性都有了很大提高，因此可以更方便地使用到各种场合。

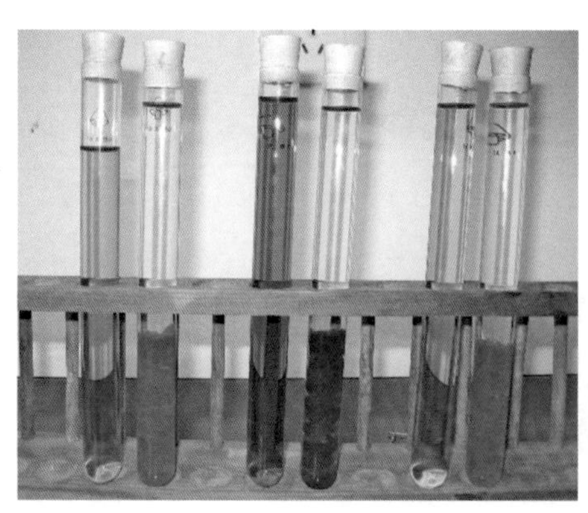

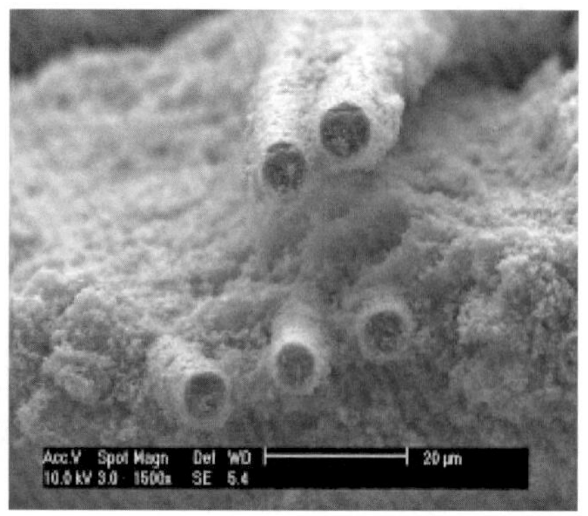

图 4-12 SiO_2 气凝胶的强吸附实验展示与微观形貌

实验探究

气凝胶作为新型的纳米材料，具有密度低、孔隙率高、比表面积大等特点。这些优良的特性不仅表现在吸附性能上，而且气凝胶的导热系数为 0.013W/（m·K），这一数值比空气的导热系数［0.026W/（m·K）］还低。因此，气凝胶在低温、常温和高温领域的保温隔热性能都发挥着不可替代的作用。同学们了解气凝胶的类型吗？那么不同类型的气凝胶分别适用于哪些温度段的保温隔热呢？

先了解导热系数的定义，然后了解物体的导热系数的测定原理和方法，自己搭建装置，测量物体的导热系数；拓展研究与纳米材料相关的导热问题。

课题拓展

由于气凝胶优良的保温隔热性能，可将其制备成轻薄的防寒服，同学们能否设计出“气凝胶防寒服”？请给出具体方案，包括使用的气凝胶类型和厚度。

3. 纳米光催化材料让生活更清洁美好

思考讨论

纳米光催化材料，顾名思义，是一种纳米材料，需要光才能发挥作用，同时又是一种催化剂。那么，同学们可以想象它与普通的催化剂有什么不同呢，又有着怎样的特殊性能和用途呢？

1972 年，日本东京大学的 A. Fujishima 和 K. Honda 在 TiO_2 电极上发现了水的光电催化分解作用，并将此研究结果发表在《自然》杂志上，由此开始了光催化研究的新纪元。

纳米光催化材料是指以 TiO_2 为代表的，在光的照射下自身不起变化，却可以促进化学反应且具有催化功能的半导体材料的总称。这种材料在紫外光线的照射下可产生电子及空穴，因而具有很强的光氧化还原能力，可氧化分解各种有机物和部分无机物，能破坏细菌的细胞膜和固化病毒的蛋白质，从而达到消除环境中的有机和无机污染物，杀灭细菌，以及防雾、自清洁和超亲水等目的。同时也可作为有机合成的催化剂等。有人将纳米光催化技术称为“光清洁革命”。图 4-13 展示纳米光催化材料光媒触作用，来源于维普资讯。

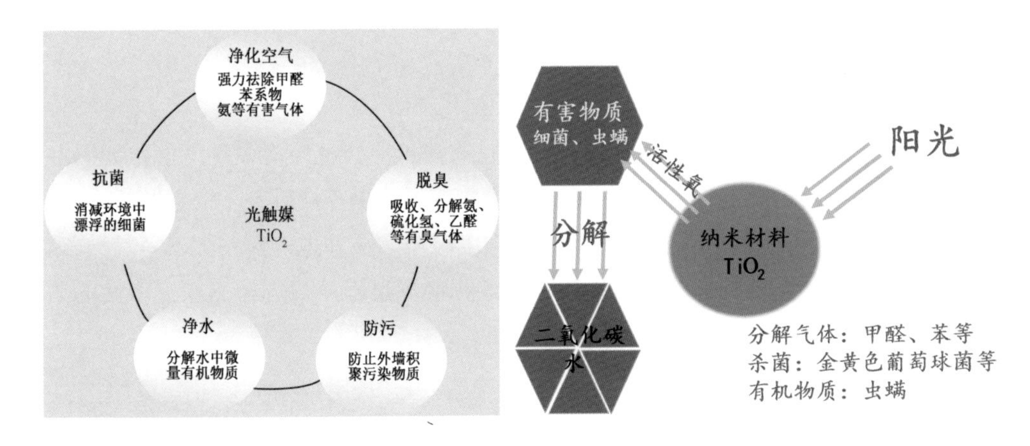

图 4-13　纳米光催化材料光触媒作用示意图

实验探究

以纳米材料为催化剂的空气净化技术，克服了传统的吸附、富集等处理方法的局限性，能够更快捷、彻底地消除空气污染物，用于家庭、办公室、宾馆、酒店和医院等场所，堪称室内空气污染的“终结者”，受到人们的青睐。纳米光催化材料的优点有哪些？你能采用纳米光催化材料设计属于自己的除污装置吗？

纳米空气净化器主要是利用纳米材料的物理吸附和化学催化作用，有效地去除空气中有毒、有害污染物，从而达到净化环境空气的效果。受污染的空气依次经过空气净化器中的除尘层、吸附层、催化反应层、消毒杀菌层等多个单元后，经过纳米材料的吸附、催化反应，将危害巨大的有机污染物完全降解为水和二氧化碳，绝大部分无机污染物也被净化器除去，从而空气得到净化，如图 4-14 所示。

空气净化器在净化过程中，对污染物起着彻底消除作用的就是光催化氧化反应和热催化氧化反应，它们之所以有如此高效的净化能力，得益于新兴的纳米技术产物——纳米材料催化剂。

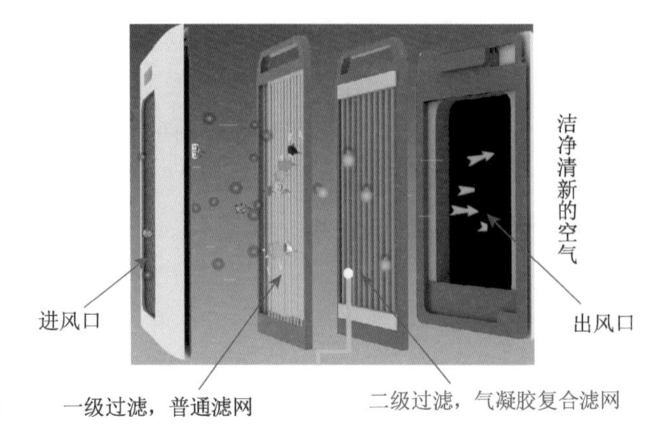

图 4-14　空气杀菌消毒净化过程

4. 可以像金属一样加工的纳米复相陶瓷

陶瓷是人类最早使用的材料之一，伴随着陶器的诞生，揭开了人类发展史上的“新石器时代”。陶瓷材料有着许多其他材料无法比拟的优异性能，如耐磨损、耐腐蚀、耐高温高压、硬度大、不会老化、不易变形等物理特性，而且除电绝缘性、半导体性之外，还具有磁性、介电性等多种功能，能够在其他材料无法承受的恶劣环境条件下正常工作。但是，陶瓷材料有一个主要的缺点，就是脆性，传统陶瓷材料质地较脆，韧性、强度较差。在外力的作用下，容易破碎、断裂毁坏，这一严重的弱点使得陶瓷材料在实际使用过程中很容易造成灾难性的后果，因而使其应用受到了较大的限制。

思考讨论

能否解决陶瓷材料的脆性、使陶瓷具有像金属一样的柔韧性和可加工性？纳米级的陶瓷粉体怎么样起到克服脆性的作用呢？

传统的可加工陶瓷由于弱相晶粒尺寸较大或团聚等行为，易于在陶瓷内部产生大尺寸的缺陷而导致力学性能大幅度下降。如何在保证材料高可加工性的基础上，使材料保持高强度一直是可加工陶瓷的难题。纳米复相陶瓷技术的发展为该问题的解决提供了平衡点。纳米复相陶瓷加入亚微米的陶瓷基体中，也就是说陶瓷晶粒尺寸、第二相分布、缺陷尺寸等都是在纳米量级的水平上。在陶瓷受到外力破坏时，这些晶内的纳米颗粒像一颗颗钉子，抑制裂纹扩散，起到对陶瓷材料的增强和增韧作用。这不仅克服了传统可加工陶瓷强度低的缺点，而且大大提高了材料的可加工性。如图 4-15 所示为陶瓷轴承和陶瓷刀具。[1]

在对纳米复相陶瓷大量研究的基础上，国内的科学家们提出了晶内型纳米增强增韧的新概念，成功制备出了多种高性能晶内型纳米复相陶瓷材料。实现了两种或两种以上陶瓷组分在纳米尺度上均匀复合，制备的 SiC-Al_2O_3 纳米复相陶瓷，其抗弯

[1] news. jc001. cn/detail/546081. html & digi. it. sohu. com/20160225/n438443364. shtml

图 4-15　陶瓷轴承和陶瓷刀具

强度比基体材料提高 180%，达到国际领先水平；TiN-Al_2O_3 纳米复相陶瓷不但具有高的力学性能，而且其电阻率与金属锰相当，实现了陶瓷材料的结构功能一体化；碳纳米管/氧化铝复合材料以碳纳米管为增强相，只添加 0.1%碳纳米管就可以使复合材料的韧性提高 32%，明显高于国际上已报道的研究结果；采用六方氮化硼复合氮化硅（Si_3N_4-BN）加工的纳米复相陶瓷强度高达 700 MPa 以上，并且实现了用硬质合金刀具进行钻孔和复杂形状部件加工。

5. 出淤泥而不染——自清洁纳米涂料

众所周知，水滴落在荷叶上，会变成一个自由滚动的水珠，而且水珠在滚动中能带走荷叶表面尘土，正因为荷叶的这个特性使荷花获得了“出淤泥而不染”的美名。其实，很多叶子都有疏水特性，如图 4-16 所示。

图 4-16　叶子表面具有疏水特性

实验研究

很多动物的某些部分体表也具有疏水性。你能够测定自己皮肤不同状态下的疏水性吗？你能够研究人体皮肤疏水性与什么因素相关吗？

德国波恩大学的科学家研究了荷叶表面的自清洁效应，发现荷叶表层生长着纳米级的蜡晶，使荷叶表面具有超疏水性，同时荷叶表面的微米乳突等形成微观粗糙表面。图 4-17 为超疏水性和微观尺度上的粗糙结构赋予了荷叶“出污泥而不染”的特性，也就是荷叶效应[1]。中科院的研究人员发现荷叶表面乳突（平均直径 5～9 μm）上还存在纳米结构［(124.3±3.2) nm］，这种微米结构与纳米结构相结合的

[1] www.maskp.org.cn/model/kx/ZWGK _ article _ show.aspx? id=5644

阶层结构是产生超疏水和自清洁效应的根本原因。

合适的表面粗糙度对于构建疏水性自清洁表面非常重要。一定的表面微观粗糙度不仅可以增大表面静态接触角，进一步增加表面疏水性，而且更重要的是可以赋予疏水性表面较小的滚动角，从而改变水滴在疏水性表面的动态过程。

图 4-17　水滴在荷叶表面的微观示意图

通过研究荷叶的这一奇特性质，人们现在可以设计人工材料来实现荷叶效应，一种就是加入超强疏水剂如氟硅类表面活性剂，使涂膜表面具有超低表面能，灰尘不易黏附；另外一种就是模拟荷叶表面的凹凸微观结构设计涂膜表面，降低污染物与涂膜的接触面积，使污染物不能黏附在涂膜表面，而只能松散地堆积在表面的凹凸处，从而容易被雨水冲刷干净。

科学家们已经根据荷叶的自清洁原理，运用先进技术使涂料在干燥成膜过程中在涂层表面形成类似荷叶的凹凸形貌。同时又根据涂层的自分层原理，将疏水性物质引入丙烯酸乳液中，使涂料在干燥成膜过程中自动分层，从而在涂层表面富集一层疏水层，进一步保证堆积或吸附的污染性微粒在风雨的冲刷下脱离涂层表面，达到自清洁目的。

思考讨论

传统外墙涂料耐污性差。目前采用纳米技术开发的自清洁涂料来改善粉尘污染、气体污染。同学们还了解哪些自清洁材料吗？

6. 折射率连续可调的光学薄膜

随着信息技术的不断发展，以大屏幕显示器、智能手机、计算机监视屏等为代表的各种玻璃屏幕显示系统得到广泛的应用。常用的光学玻璃显示屏，光学折射率约为 1.50，其表面的反射率近 8%，而防辐射的铅玻璃显示屏表面的反射率则一般超过 10%。显示屏表面较高的反射容易引起表面反射图像与显示图像重叠，影响显示效果。图 4-18 中相机镜头表面有明显的反射光，显示入射光的损失。另外，在白天或较亮的背景下收看电视、查看手机或使用计算机时，显示图像的效果变差就是典型的例子。而对于便携式电脑、手机及各类便携式平板显示器，一般是通过增加显示屏的亮度与图像的显示反差来克服显示屏的表面反射影响，这无疑将增加能耗，也间接阻碍了这些产品的体积进一步减小和重量进一步减轻。此外，在博物馆、展

图 4-18　有明显反射光的相机镜头表面

览馆、画廊、商店橱窗、幕墙玻璃等其他显示系统中存在着相同的问题，玻璃表面的反射导致了强烈的眩光现象，影响了显示效果。

如果我们在玻璃表面涂上一层透明的减反射薄膜，就能够大大减少光的反射损失，增强光的透射强度，从而达到提高成像质量的目的。理想增透膜折射率的数值应该是其基底光学材料折射率开二次方，所以通常需要在 1.2～1.3 左右。而薄膜减反技术是应用物理中非常成熟的技术之一，在玻璃显示系统中已经得到广泛应用。传统的薄膜工艺以物理气相沉积（PVD）为主，即通过蒸发、溅射等技术将一些低折射率材料如氟化镁（MgF_2）、二氧化硅（SiO_2）、冰晶石等沉积在玻璃基片上，形成一层薄膜。由于利用现有材料无法获得折射率低于 1.38 的固态材料，无法获得完美的增透效果，因此限制了该类光学薄膜的广泛应用。如何低成本制备折射率精确可控的光学薄膜，达到 1.3 以下的折射率，成为人们面临的一个重要问题。

思考讨论

同学们了解改善光学薄膜的增透膜吗？它们是采用哪些材料制备的呢？

图 4-19　SiO_2 宽带减反膜的效果图

纳米结构的薄膜由于具有表面效应、小尺寸效应、量子尺寸效应等，通过对纳米颗粒间形成的排列的调整，改变颗粒间的孔隙率大小，进而可改变薄膜折射率的大小。溶胶-凝胶材料制备方法即是一种具有广泛应用前景的新型光学薄膜制备技术。通过改变反应物配比、制备条件等可以制备在一定折射率范围内可调的纳米光学薄膜。目前，纯 SiO_2 薄膜的折射率的连续控制范围可达 1.18～1.45，通过二元或多元复合，折射率的连续可控范围还可大大增加。

图 4-19 为同济大学沈军课题组在玻璃上半部通过溶胶-凝胶法镀的一层 SiO_2 宽带减反膜，下半部分未做处理。可见，镀了减反膜之后，光

的透过率得到很大提高，玻璃后面的影像清晰可见，而未镀膜部分反光强烈，玻璃后面的影像模糊，而且反射的树叶图像叠加上来，更加影响了玻璃后面的影像。

思考讨论

折射率可调的纳米结构光学薄膜具有易于控制的纳米结构、可调的折射率、较高的激光损伤阈值、优异的光学和电学性能等优点，同学们能找到这些增透膜在社会哪些领域的具体应用吗？

7. 神奇的介孔材料

介孔材料是一种中间富含小孔的材料，孔的大小在 2～50 纳米范围内。介孔这个概念就是伴随纳米材料研究的兴起而兴起的，这个"介"字的含义就是介于宏观尺寸与微观尺寸之间，相应地在物理学里还有"介观物理"一说，也就是介于以牛顿力学为代表的"宏观物理"和以量子力学为代表的"微观物理"之间，介观物理研究的对象也就是我们熟知的纳米物理。对于介孔材料，正是由于这些微小的纳米孔洞的存在，大大改观了相同组成的材料的性能。对介孔材料的研究可以追溯到 20 世纪 60 年代，但真正标志性的研究成果是 1992 年美国 Mobil 公司的研究员首次报道的"M41S 硅基系列有序介孔分子筛"，揭开了介孔材料科学的新纪元。如图 4-20 所示[1]是中国科学院大连化学物理研究所合成的介孔有序结晶氧化铝分子筛，成为我国首次成功合成的孔道排列高度有序的分子筛。

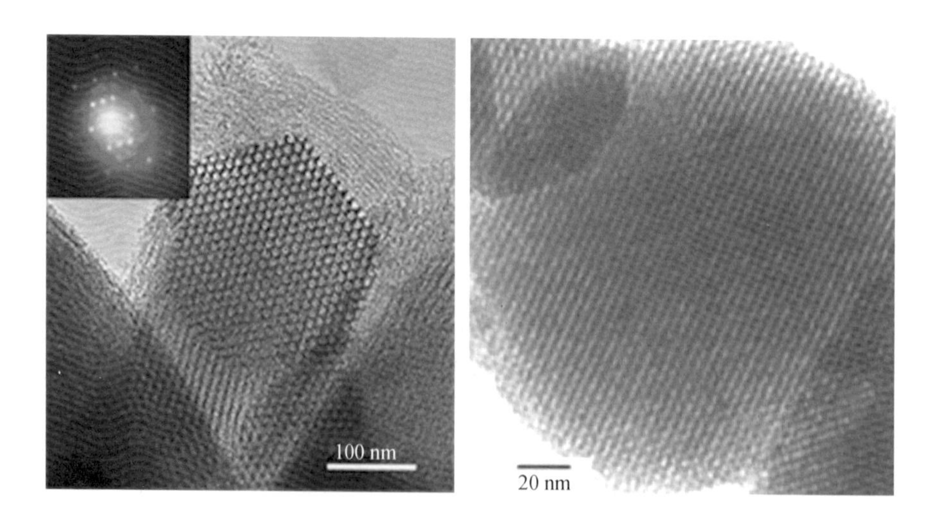

图 4-20　中国科学院大连化学物理研究所合成的介孔有序结晶氧化铝分子筛

[1] www. dicp. ac. cn/

介孔材料可以分为有序和无序两种。对于有序介孔材料，按孔的形状可分为三类：定向排列的柱形孔，平行排列的层状孔，三维规则排列的多面体孔（三维相互连通的孔）。而无序介孔材料中的孔型，形状复杂、不规则并且互为连通。

有序介孔材料是20世纪90年代迅速兴起的新型纳米结构材料，它一诞生就得到国际物理学、化学与材料学界的高度重视，并迅速发展成为跨学科的研究热点之一。介孔材料的应用主要集中在下面一些重要方面：第一是催化领域，有序介孔材料具有相对大的孔径、规整的孔道结构以及较高的比表面积，可以处理大的分子或基团，可在石油加工过程中用作催化剂。第二是纳米反应器，介孔材料具有的规则可调的纳米级孔道结构，是一理想的可控纳米反应器，利用它可以制备金属、氧化物以及聚合物纳米线或纳米棒。第三是生物医药领域，可以用于酶、蛋白质的固定与分离，利用介孔材料组装或缓释生物大分子进行生物传感器以及对药物的直接包埋与控释，使得介孔材料在疾病治疗、生物传感器等方面具有良好的应用前景。第四是超级电容电极材料，介孔材料比表面积大，孔结构规整，利用其孔径内粒子的快速扩散，有望成为超级电容器的极佳电极材料。除此之外，介孔材料在其他领域也有着重要的应用价值。

8. 安全高效的新型锂离子电池

今天，我们的生活已经离不开锂离子电池。小到手机电池，大到电动汽车的动力电池，锂离子电池的身影无处不在。那么锂离子电池是怎样工作的呢？在锂离子电池中，有两个电极，称作阴极、阳极，锂离子可以嵌入到这两种材料当中。阴阳两极之间通过可以传输锂离子的电解液连通。由于使用的材料不同，锂离子嵌入阴极比嵌入阳极要来得容易些，因此锂离子就有从阳极移动到阴极的趋势。充电的时候，锂离子从阴极脱出，储存在阳极中，而使用的时候，锂离子自动从阳极移动到阴极，同时在外电路中形成电流。由于锂离子在充放电的过程中在两极之间来回移动，这种结构被人们形象地称为“摇椅电池”，电池的原理如图4-21所示[1]。

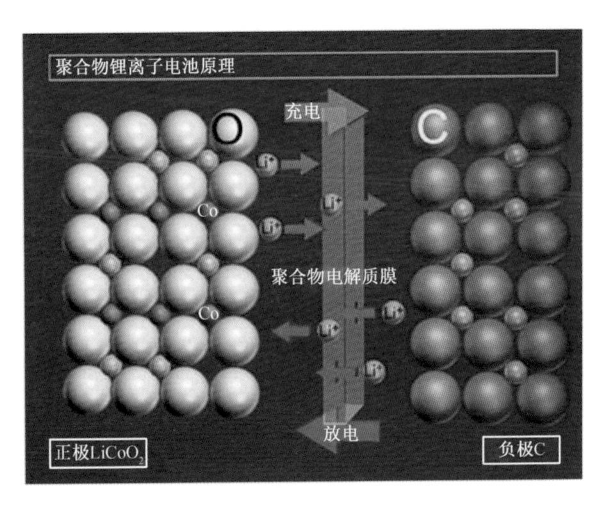

图4-21　“摇椅电池”的原理

[1] www.eccn.com

思考讨论

锂离子电池在生活应用中无处不在，它也被称为“绿色电池”。同学们了解它的优缺点吗？对于目前锂离子电池面临的问题，你有什么合理的建议呢？

为了使锂离子电池安全地工作，人们想出了各种各样的办法。为了防止电池过度地充电，在充电器上安装了充电控制电路，并且设定了安全的充电范围，但这样做使得电池的容量一般只能发挥 50%。为了防止电池内部压力异常升高，人们在电池上安装了用于放气的安全阀。并且，在隔膜上采用了一种自动锁闭材料，这种材料在温度上升时，其上的微孔自动关闭，阻碍了锂离子的移动，从而使电流下降，降低发热量。图 4-22 为手机电池结构示意图[1]。

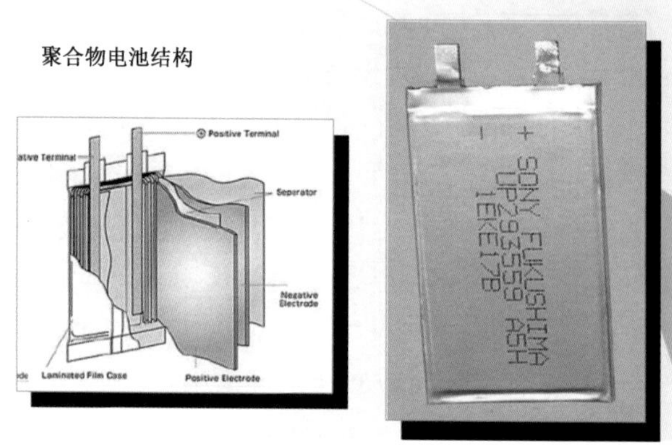

图 4-22　手机电池结构

这些措施很有效地提高了锂离子电池的安全性。但是实践告诉人们，这样做还不够。因为这些措施只是从外部来抑制隐患，而电池材料在“底层”上还是不安全的，彻底解决安全问题必须从材料本身着手。

现在，科学家应用纳米技术，合成了新型的电极材料，这种材料有望大幅度降低电池的安全隐患。与传统的致密的电极材料不同，新材料在其中引入了许多直径在几十到上百纳米之间的微孔。这些微孔在材料中彼此连接，形成了十分复杂的三维“管道”，电解液可以进入到这些“管道”中。如此一来，原本要从材料颗粒的表面逐步进入到材料内部的锂离子，就可以借助三维“管道”直接进入到材料中。这种三维微孔结构大大增加了材料与电解液接触的面积，减小了接触电阻，从而减少了热量的产生。电池内阻的下降，使得电池的外部电压更加稳定，也更有利于大电流工作的场合。

另外，具有三维微孔结构的材料，由于其中的孔相当于为材料的膨胀预留了空间，因此当锂离子进入后，体积膨胀并不明显，从而不会破坏电池的密封外壳。材料的安全性提高了，人们就可以拓宽电池的充电电压范围，进一步挖掘电池容量的潜力。

[1] libattery. ofweek. com/2016-05/ART-36001-11000-29102126 _ 3. html

9. 改变水滴表面流动的纳米涂层

流动性是水乃至所有液体的基本特性。我们知道，固体分子几乎无法自由移动因而可以被加工成各种形状；而对于液体来说却只能形成光滑的、只有一个曲率中心的均匀弧面，这正是由分子自由移动的能力决定的，这种能力使得液滴的均匀性在被任何途径（如自身的运动、外界的扰动）破坏后都可以自行恢复。

当一颗水滴撞到荷叶表面，水滴会先铺展，然后回缩、回弹，脱离表面；而滴到玻璃上的水滴，会直接摊开成一层水膜。这是由于荷叶的叶面具有极强的疏水性，洒在上面的水会自动聚集成水珠；而玻璃表面比较亲水，同时对水具有较大的黏附力。中国科学院化学研究所研究员宋延林等研究人员把这两种效应结合，构筑图案化的亲疏水表面。

水滴在亲水图案黏附力的作用下，形成四角的裂分结构，在空中跳起了“芭蕾”，如图 4-23[1]。通过理论分析与数值模拟，水滴跳舞背后的科学原理揭开了：当液滴碰撞到基底表面后，首先铺展形成圆形液膜，然后液膜在表面张力的作用下开始回缩；此时，由于基底表面不同区域具有差异化的黏附力，导致液滴各部分的回缩速度不同，并在液滴内部形成力矩；力矩的作用效果随着液膜的回缩逐渐累积，

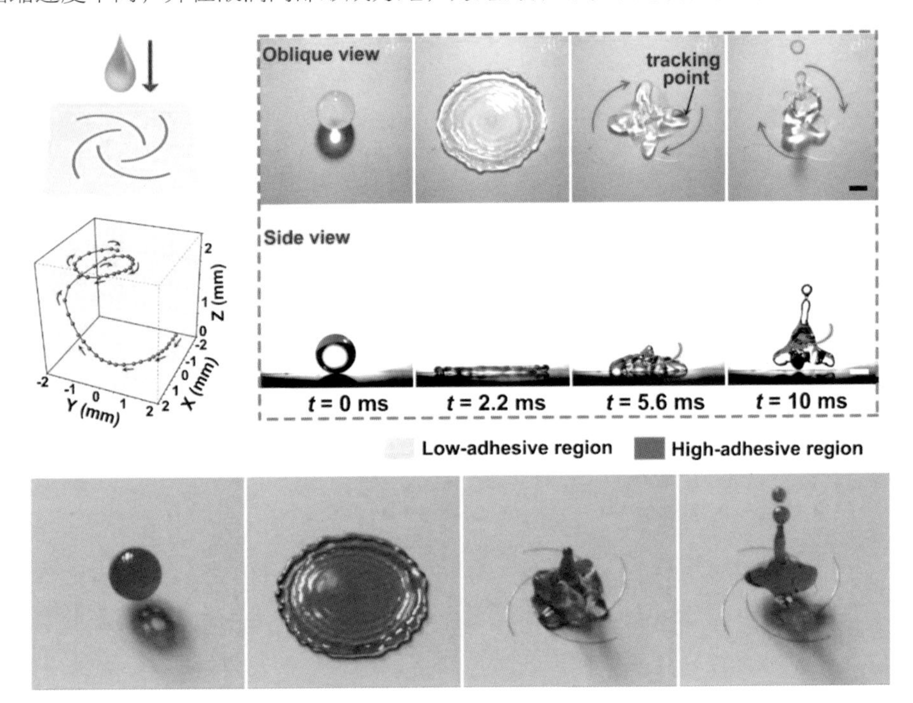

图 4-23　液滴在特殊处理的表面产生旋转行为

[1] doi. org/10. 1038/s41467-019-08919-2

在液膜回缩完成后形成角动量，赋予液滴旋转的能力。这与水力发电过程中，水的动能转化为发电机转子的动能进而产生电能类似，这种水滴的转动能也能够被收集与利用。

基于此原理，研究人员研制了利用单个液滴进行物体驱动的新型液滴驱动器，将图案化处理的基底漂浮在磁悬浮系统中，水滴落在表面后产生旋转运动。在此过程中，基底在液滴驱动下会朝着特定方向旋转。因此，这项技术未来也许可以用来开发自清洁的汽车挡风玻璃，为飞机机翼除霜，甚至回收雨滴的能量。

超疏水膜还可以使洒在上面的水自动聚集成水珠，在利用弱结合力的超疏水表面挤压水相液滴，可以通过挤压和摩擦使超疏水表面上的疏水颗粒转移到液滴表面。最终在机械压力和疏水物质的共同作用下液滴失去了表面流动性，发生了稳定的形变，可以像固体一样塑造成多种形态，如图 4-24 为同济大学沈军课题组研究的超疏水表面以及液体橡皮泥的形成实验。液体橡皮泥不会像正常液滴那样在环境的扰动下（如气流、基座的震动）发生颤动。

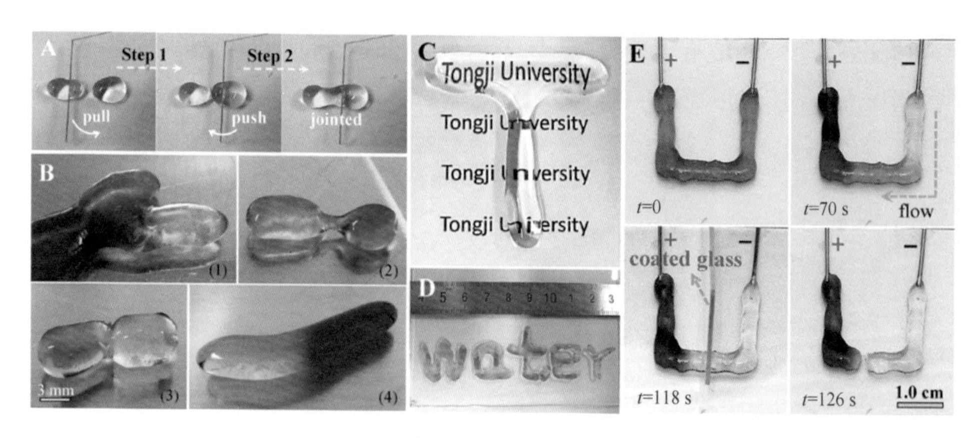

图 4-24　超疏水表面下的液体橡皮泥

对于正常的水滴来说，在被疏水工具切割时很容易移开，而一个失去了表面流动性的变形水滴很难在超疏水表面移动。作用在液滴表面上的超疏水工具的抵抗力很小，因此切割的实现要容易得多。图 4-24 也展示了失去流动性的液滴很容易像固体一样被切割成液体橡皮泥，也展示了形变后的水滴可以被超疏水工具塑造成多种形状，丧失了正常液体的表面张力。此外，由于引入的固体物质含量极低，变形水滴的透明性与正常水珠几乎一样，同时也保持了润湿亲水表面的能力。变形水滴在蒸发结束后会留下非常薄的“水皮”，该固态物质由疏水颗粒和比例大于 90% 的水构成，使其成为已知的第二种“干水”。另外，液体橡皮泥表层可以将液体束缚起来，使扩散受限，可在生物、医学领域等有前沿性进展。

思考讨论

采用纳米涂层制备的疏水膜还可以有哪些研究应用呢？它会对我们的生活有哪些帮助？

三、看一看、做一做——我们身边的纳米现象

在光的传播过程中，光线照射到某一物质表面就会发生反射和透射现象。对于透明度不高的物体，肉眼不容易观察到透射现象，往往将物体表面形态反射入我们眼中。对于表面光滑的物体，入射光可以直接发生反射现象；对于一束光照射到粗糙表面的物体上，光就会向不同的方向无规则地反射，形成漫反射。生活中人眼看到的大部分物质都是由于光在物体表面发生了漫反射现象，将物体呈现在视网膜上，这些物体表面的凹凸不平可以通过放大镜观察到；将物体的表面粒子尺寸进一步减小，使其与入射光波长接近时，光照射在物体上则会使物体呈现白色，发生米氏散射现象；当物体的表面粒子尺寸远小于光波长时，光照射在物体上则会使物体呈现蓝色，发生瑞利散射现象。

清晨，空气中能形成一束束的光洒向大地，这属于光的散射。那是因为光通过非均匀物质时，空气中的杂质微粒和液滴与光波长尺寸接近，它们彼此间的距离比波长大，而且排列毫无规则。因此，当它们在光作用下振动时彼此间无固定的相位关系，从而形成一束束白色的散射光，称为自然界的丁达尔效应，如图 4-25 所示[1]。这是因为云、雾、烟尘也是胶体，只是这些胶体的分散剂是空气，分散质是微小的尘埃或液滴。

图 4-25 空气中的丁达尔效应

丁达尔效应现象是胶体中分散质微粒对可见光（波长为 400～760 纳米）散射而形成的。它在实验室里可用于胶体与溶液的鉴别。在科学实验中，可以通过配置胶体溶液（分散质粒子的直径一般在 1～100 纳米，小于入射光的波长），令一束汇聚的光通过溶胶，则从光束垂直的方向可以看到一个偏白的圆锥体光柱，即发生了丁达尔效应。

---

[1] baike. baidu. com/item/丁达尔效应/5627143？ fr = aladdin

实验探究

图 4-26 胶体溶液中的丁达尔效应

如图 4-26 所示，同学们能否自己配置胶体溶液探究丁达尔现象？

光射到微粒直径小于入射光的波长时，发生光的散射，散射出来的光称为乳光。散射光的强度，还随着微粒浓度增大而增加，因此进行实验时，胶体浓度不要太低。

丁达尔现象属于光的散射，而光的散射与光的波长有关。一般人眼可以感知的可见光是由红、橙、黄、绿、蓝、靛、紫七色光组成。那么，天气晴朗时，天空为什么呈现蓝色？阴雨天气或大气污染时，天空为什么又是灰蒙蒙的呢？这与光的散射有关吗？

图 4-27 给出不同色光对应的波长，红光波长较长，而紫光波长较短。阳光进入大气时，波长较长的色光，如红光，透射力大，能透过大气射向地面；而波长短的紫、蓝、青色光，由于空气比较透彻，空中颗粒物较少，存在空气涨落不均匀性，空气分子尺寸远小于光的波长时，就很容易发生散射现象。被散射了的紫、蓝、青色光布满天空，就使天空呈现出一片蔚蓝了。科学家瑞利解释了这一现象，因此被称为瑞利散射，瑞利也给出了散射强度与波长的 4 次方成反比的关系。

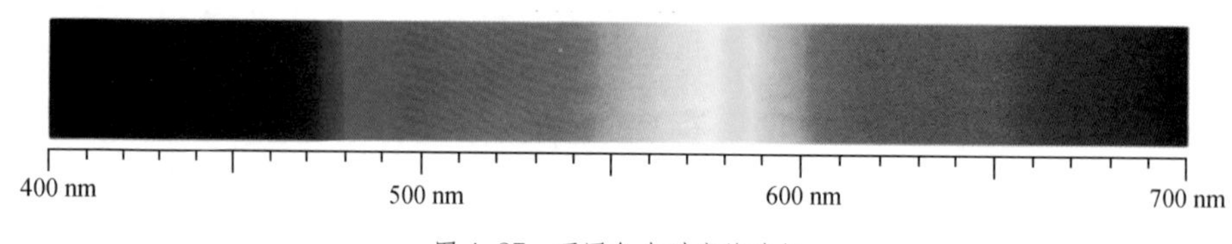

图 4-27 不同色光对应的波长

当遇到阴雨天气或大气污染时，大气中悬浮着颗粒物、水滴或固体污染物，这些颗粒长大到尺寸接近光波波长或者更大的时候，瑞利散射现象就不明显了，空气中主要发生米氏散射，导致整个天空呈现灰白色，如图 4-28 所示。

思考讨论

月球白天的天空为何是黑的？

瑞利散射和米氏散射现象也可以通过进行纳米材料与光相互作用实验进行呈现。图 4-29 描述了同济大学沈军课题组采用溶胶-凝胶法制备的两类不同颗粒尺寸的

图 4-28　瑞利散射和米氏散射

SiO_2气凝胶，通过采用微观形貌的表征来解释光的散射与材料的微观结构有关。实验室制备发蓝光的 SiO_2气凝胶，通常它的内部颗粒尺寸为数十纳米，远小于入射光波长，满足瑞利散射条件，因此它可散射出蓝色的光。当通过调整配比和工艺，使得气凝胶的内部颗粒尺寸长大，长大到与入射光波长接近或更大，瑞利散射现象减弱，导致纳米材料呈现乳白色，即发生米氏散射。如图所示的发蓝的 SiO_2气凝胶和偏白的 SiO_2气凝胶，它们的颗粒尺寸经过微观形貌进行观察对比，发蓝的 SiO_2气凝胶颗粒尺寸更小。

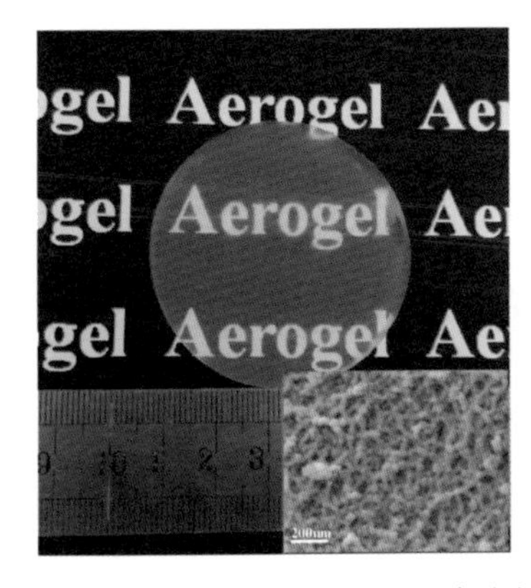

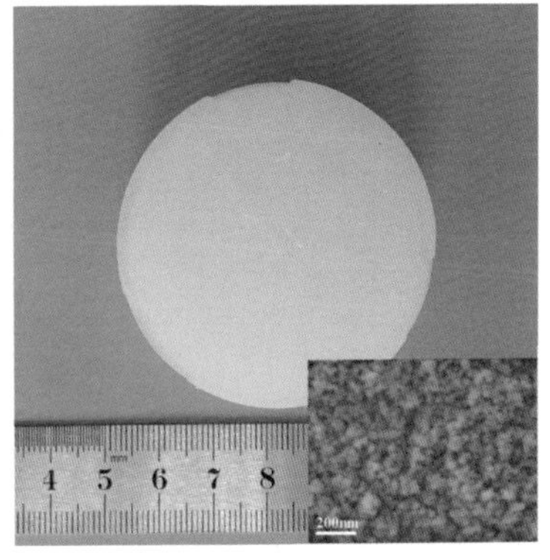

图 4-29　发蓝和偏白的 SiO_2气凝胶

思考讨论

为什么夕阳和旭日均出现红橙色呢？为什么不再散射蓝色的光？

实验室对红橙光和蓝光的出现也可以进行探究。我们取一块透明的纳米材料——SiO_2气凝胶，它的颗粒尺寸远小于入射光波长，当我们选择黑色背景观察气凝胶时，主要看到的是反射光，由于气凝胶表面颗粒尺寸远小于入射光，会发生瑞利散射，人眼看到的气凝胶呈现蓝色，好比天空呈现蓝色一样；然而当外部光线足够强时，大部分的光线来源于透射光，光线需要穿过纳米材料，就像夕阳需要透过更多的云层一样，使得波长较短的蓝光朝侧向发生散射，剩下波长较长的红光到达观察者眼中，如图 4-30 所示，图片来源于同济大学沈军课题组。

图 4-30　不同角度观察 SiO_2 气凝胶与光作用发生散射现象呈现蓝、红色

实验探究

纳米材料与光的相互作用在不同波段均有相关研究。例如，超级黑材料在吸光隐身领域的应用，它所对应的波段主要是可见光和红外波段。那么对于不同波段的电磁波，纳米材料有哪些方面的应用？

第五章　大放异彩的 LED

目前，很多城市大楼、广场、商场等的墙面上安装了可以播放影像的显示屏，越来越多城市的标志性建筑、树木、桥梁、河岸、广场在夜晚被各种颜色的灯光照亮。每逢节假日或其他重要庆典活动，我们还经常看到“灯光秀”，各种颜色的灯光呈现出美轮美奂的画面，让人目不暇接，流连忘返。

此外，我们还看到街道的路灯，商场照明、家庭照明用的灯具也变得越来越亮，但用电量却较之前用的钠灯、白炽灯、荧光灯管等大幅度降低。

以上这些应用都依赖于一种光效高、寿命长、色彩丰富的高科技产品——LED（图 5-1）。

对于“00 后”和“10 后”的青少年，LED 已经司空见惯。只要你用心观察，你会发现，几乎每一个家庭用的电子设备中都有多到数不清的 LED 在为我们提供服务。本章将为大家介绍 LED 的基本知识，带你发现一些关于 LED 的神奇奥秘和它们的成长故事。

图 5-1　美轮美奂的 LED 装饰灯

一、LED 是什么？

LED 英文全名是 Light-Emitting Diode，翻译成中文就是“发光二极管”意思。

1. Light——光

我们知道，光是一种波，一种电磁波。在真空中，光速是常数 $c = 3\times10^{8}$ m/s，光的速度 c、频率 ν 和波长 λ之间的关系为

$$c=\lambda\nu \tag{5-1}$$

$$\nu=c/\lambda \tag{5-2}$$

光有强弱、颜色之分。作为波，强弱和颜色分别对应的是波的振幅和频率。

那么，人眼看到的缤纷世界如果要用 LED 灯光或屏幕显示，怎么展示丰富的色彩呢？

人眼通过视网膜上的视锥细胞感知颜色。视锥细胞有三种，分别感知红、绿、蓝三种颜色的光。图5-2为三种视锥细胞对波长响应敏感性示意图。我们眼前的物体发射的光或反射的光进入眼睛后，三种视锥细胞对光中包含的红、绿、蓝分量产生信号，通过视觉神经传递到大脑，大脑再将这些信号处理形成颜色感知。因而，红（R，Red）、绿（G，Green）、蓝（B，Blue）三种颜色被称为三基色。

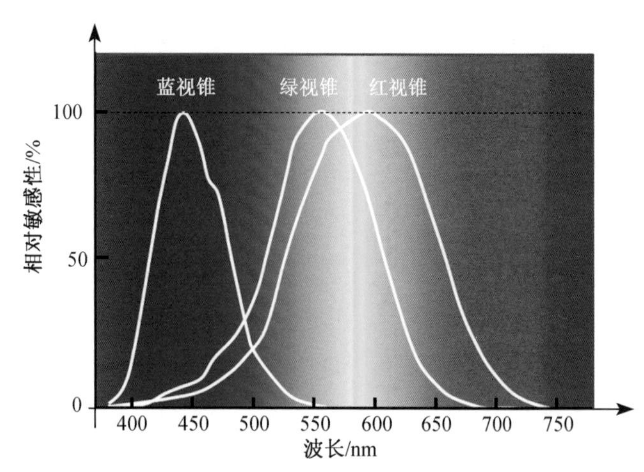

图 5-2 人眼视锥细胞对波长响应敏感性示意图

虽然我们的眼睛只有三种感知颜色的视锥细胞，但我们却能分辨出成千上万种颜色，这是为什么呢？这是因为人眼的三种感知颜色的视锥细胞对红、绿、蓝的感知不仅是 0/1（或者说有/无）判断，还包含不同颜色光的能量大小的信号，因而光刺激三种视锥细胞产生的信息组合就丰富多彩起来了，使人类具有欣赏多彩世界的能力。

颜色是人的大脑对物体发射或反射到人眼内的光的主观感觉，涉及物理学、生物学、心理学和材料学等多门学科。关于色光对人眼的刺激效果究竟如何评价、计量，人的颜色感知和光的频率有何定量关系，这一跨学科综合性研究，主要归属于色度学。

国际照明委员会（法语 Commission Internationale de L'Eclairage，简称 CIE，总部设在奥地利维也纳）制定了一系列色度学标准，著名的 CIE 1931 色彩空间（也叫做 CIE 1931 色彩空间）是在颜色感知的研究中最先采用数学方式来定义的色彩空间。色彩空间的 XYZ 三维坐标值称为颜色的三色刺激值。所以这种标准一直沿用到当下数字视频时代，可以极为方便地在显示器上用 RGB 显示各种颜色，其中包括白光标准（D65）。图 5-3 中 CIE1931 色度图是 CIE 1931 色彩空间的 XY 平面投影。

CIE 1931 色度图的边缘一圈是可见光谱，从左下 380 纳米的紫光，经过最高点 520 纳米的绿光到 700 纳米的红光，什么颜色对应多大的波长值，一目了然。

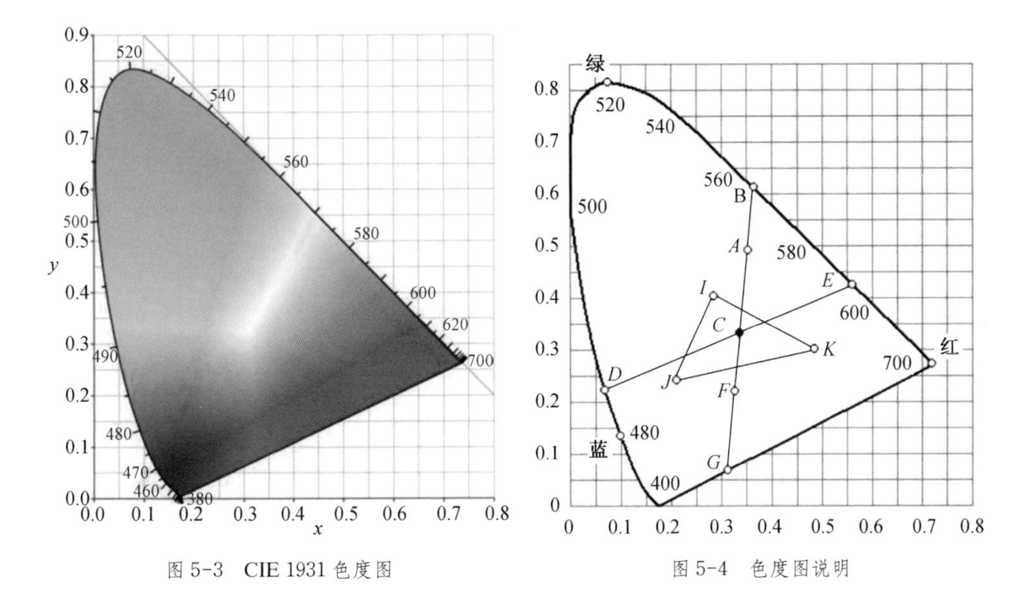

图 5-3 CIE 1931 色度图

图 5-4 色度图说明

图 5-4 告诉我们色度图可以这样使用：

◇ 中央的 *C* 点对应于近似太阳光的标准白光。

◇ 从某光谱色过 *C* 点作一条直线，与对面边缘交点处的颜色即为其互补色。如 *D* 的互补色为 *E*。

◇ 不在边缘的颜色也具有一个主波长。如要找颜色 *A* 的主波长，只需从标准白光点 *C* 过 *A* 作直线与同一侧的边缘相交于 *B*，*B* 就是 *A* 的主波长。*A* 色光是纯色光 *B* 和白光 *C* 的混合。

◇ *I*，*J* 和 *K* 是色度图上任意三点构成的三角形区。其中任意两点，如 *I* 和 *J* 点的色光加在一起，适当调整混合比例，便能够产生它们连线上的任何颜色。*I*，*J* 和 *K* 三点的色光加在一起，适当调整混合比例，便能够产生三角形 *IJK* 内的任何颜色。

思考讨论

1. 红绿蓝三基色能够混合成色度图上的任何颜色吗？

2. 人对颜色的感知是通过到达视网膜的光对视锥细胞产生刺激获得的，如果我们用一束不包含红色的光照射红色的花，我们会感觉它是红色吗？

2. Emitting——光发射

通常，光按两种方式产生，即温度辐射和发光。

(1) 温度辐射

温度辐射又称热辐射。任何物体无时无刻不在进行热辐射。

物体热辐射发射的电磁波如图 1-7 曲线所示，是一个波长范围较广的连续波，其曲线形状与温度有关。较低温时辐射波长成分红外光较多，温度越高辐射包含更短波长的光越多，即向可见光短波方向移。比如，铁在加热时，500℃时能发射暗红色光，1 500℃时能发射暖白光，3 000℃能发射更白的光，温度再高就会发射带蓝色的白光甚至带紫色的光。白炽灯（又称钨丝灯）就是利用电流加热钨丝产生高温辐射形成光发射的。

思考讨论

1. 金属冶炼师傅可以用眼睛大致判断炉内金属的温度，为什么呢？

2. 物体始终在热辐射，热辐射会带走能量，为什么一般物体能够与周围环境处于相同的温度，而不是逐渐变冷？

(2) 发光

发光是物体依靠除温度以外的原因产生可见光的现象。这类光源的发光原理有很多类，常见的有生物发光、化学反应发光、焰色反应发光、光致发光、阴板射线发光和电致发光等。

生物发光 世界上有很多会发光的生物，有空中飞的、地上爬的，但是似乎海中游的居多。是不是因为深海太暗的缘故？萤火虫（图 5-5）就是一种会发光的生物，你见过吗？

化学反应发光 由化学反应直接引起的发光，如燃烧发光——剧烈的氧化反应现象。图 5-6 为硫磺氧气中燃烧发出蓝紫色火焰。

图 5-5 拍摄到的萤火虫

图 5-6 硫磺氧气中燃烧发出的蓝紫色火焰

焰色反应发光　碱金属和碱土金属及其盐类在火中发出特有的光，如钠离子会呈现黄光，铜离子会呈现绿光。图 5-7（a）为在固体酒精蓝色火焰上钠盐产生的黄色焰色，图 5-7（b）为铜盐呈现出的绿色焰色。

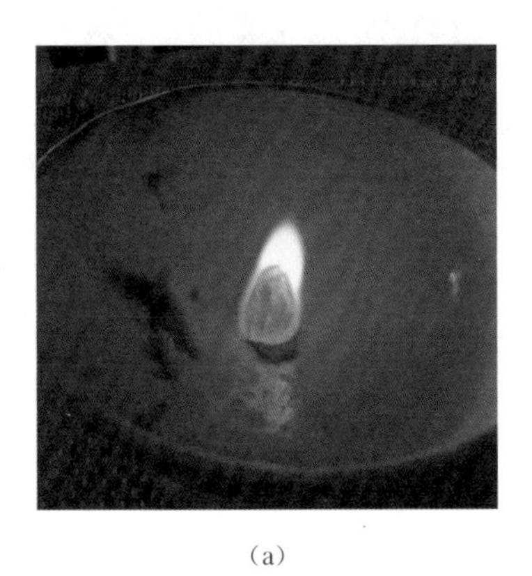

（a）

（b）

图 5-7　钠盐的黄色焰色和铜盐的绿色焰色

光致发光　某些材料由某种光激发而引起的发光。如荧光灯、防伪紫外发光标记等。图 5-8 为人民币上防伪紫外发光油墨在紫外灯照射下的发光印记。

阴极射线发光　由电子束激发荧光物质发光，如阴极射线管中标记电子束轨迹的荧光（图 5-9）。

图 5-8　人民币上防伪紫外发光油墨

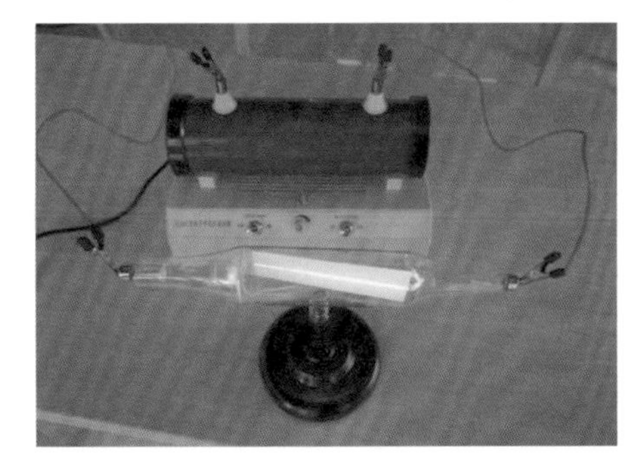

图 5-9　阴极射线管电子激发荧光

电致发光　有以下几种形式：

◇ 高电压使气体电离发光，如霓虹灯、等离子灯（图 5-10）。

◇ 加电场于某些固态材料，如硫化锌参杂铜、锰等粉末，使其发光的场致发光线、板等（图 5-11）。

◇ Ⅲ-Ⅴ族半导体 PN 结注入电子和空穴复合发光，即 LED。

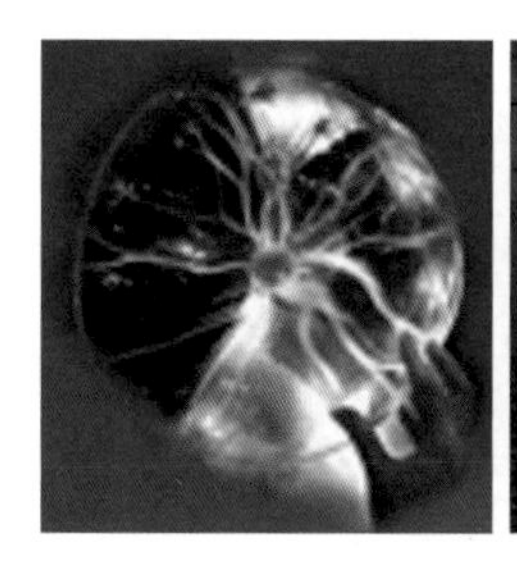
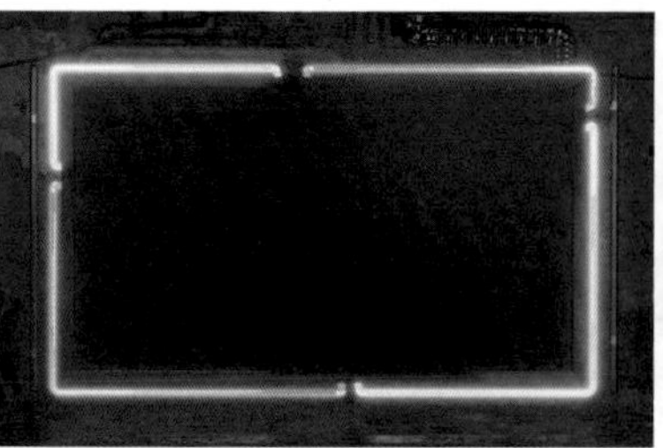

图 5-10　等离子灯和霓虹灯

图 5-11　场致发光软线

◇ 利用小分子或高分子有机物电致发光的器件，具有发光二极管整流与发光的特性，被称为有机发光二极管（Organic Light-Emitting Diode，OLED）。OLED 可制成柔性显示屏，如图 5-12 所示[1]。

图 5-12　柔性屏幕手机

发光是一个其他能量转变为光能的能量转移过程。前面我们已经知道光作为一种电磁波，具有波的性质，但是光具有波粒二象性，对应其粒子性的载体是光子。某一频率的光可视为具有对应能量的光子组成。每一个光子能量 E 为

$$E = h\nu \tag{5-3}$$

其中，h 为普朗克常数，ν 为频率。将式（5-2）代入式（5-3）得

$$E = h\nu = hc/\lambda \tag{5-4}$$

从式（5-4）可以看出，光子能量 E 越大，对应的光的波长越短。

所以，发射光的波长决定于一个个光子所携带的能量。那么，一个个光子是如何获得一份份能量的呢？对于 LED 而言，电子的能量又是如何转移给光子的呢？我们可以通过下面的内容来了解这些问题的答案。

[1] http://www.feiyang.com/details/13946.html

3. Diode——二极管

LED 之所以称为发光二极管，是因为它就是二极管大家庭中的一员。

二极管的两个电极只允许电流单向导通，所以整流是其基本功能。

要理解 LED 工作原理，我们必须首先了解一下半导体和 PN 结的一些基本知识。

制作 LED 需要用半导体材料，所谓半导体即导电能力介于导体（比如金、银、铜、铁、铝等金属材料）和绝缘体（比如金刚石、陶瓷、塑料等）之间的材料。

半导体材料通过掺杂技术，可以获得导电性。所谓掺杂，就是利用离子注入、热扩散、材料生长过程导入等方法，将某些特选的微量元素掺入半导体材料的过程。这些特选的微量元素跟原来的半导体材料中的价电子数不同，被称为“杂质”。我们把掺杂半导体分为两类：P 型半导体和 N 型半导体。

N 型半导体：比原来半导体材料元素价电子数多的元素掺入后，掺杂元素的原子跟周围原来的半导体原子形成共价键时就多出一些电子，如图 5-12（a）所示，图中黑点表示电子。

P 型半导体：将比原来半导体材料中元素价电子数少的元素掺入后，掺杂元素的原子跟周围原来的半导体原子形成共价键时就少一些电子，即出现电子空位，这些空位在物理上被称作为空穴，如图 5-13（b）所示，图中白点表示空穴。

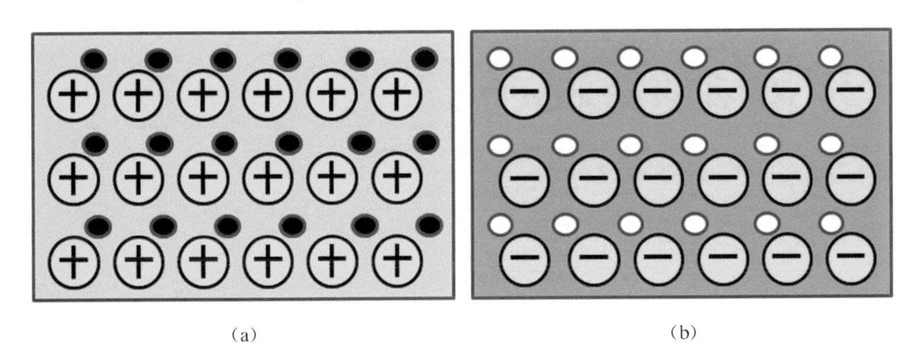

图 5-13　N 型半导体和 P 型半导体

以半导体硅为例。硅是四族元素，往硅中掺杂五族元素（可提供电子）例如磷，可形成 N 型硅半导体；往硅中掺杂三族元素（提供空穴）如硼，可形成 P 型硅半导体。图 5-14 为半导体硅掺杂产生自由电子和空穴的示意图。

如果将 P 型半导体和 N 型半导体材料结合在一起，就会形成所谓的“PN 结”。结区称为空间电荷区，或者称为耗尽区，也即电子和空穴缺失区。该区域只有带正电荷和带负电荷的杂质离子。

PN 结的形成过程如下：

电子和空穴是可以在材料原子间移动的，当 P 型和 N 型半导体材料接触后，N

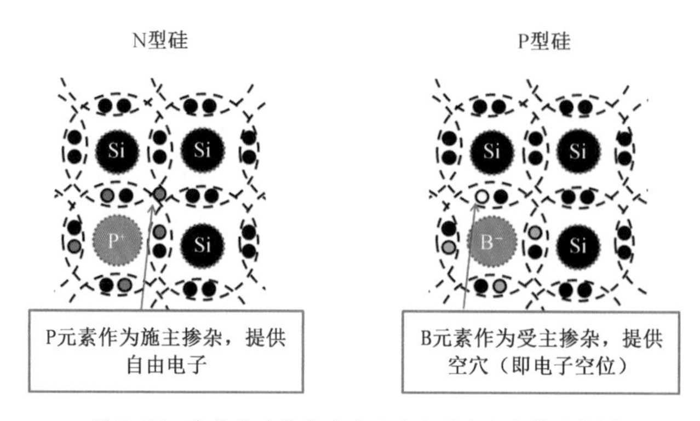

图 5-14　半导体硅掺杂产生自由电子和空穴的示意图

型区存在高浓度的电子和 P 型区存在高浓度的空穴会向低浓度区扩散，两侧产生不能移动的、电性相反的杂质离子，P 型区不能移动的负离子和 N 型区不能移动的正离子之间形成一个指向 P 型区的内建电场，这个电场可以阻止电子和空穴的进一步扩散，最终达到一个稳定、平衡的状态，不再出现电流。图 5-15 为 PN 结的形成原理图。

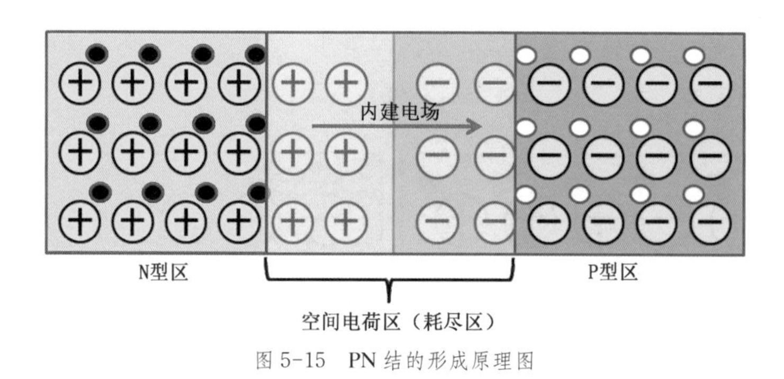

图 5-15　PN 结的形成原理图

当我们在 N 型区加上正电压、P 型区加上负电压时，外加在 PN 结区形成的电场方向跟内建电场方向相同，外加电场使电子和空穴远离 PN 结界面，扩大了空间电荷区的宽度，两侧不能移动的离子数增加对电子空穴的扩散起到阻止作用，从而无法形成稳定的电流。这就是 PN 结的反向截止特性，即 N 型区加负电压、P 型区加正电压时，PN 结不导通。图 5-16 为 PN 结加反向电压时不导通示意图。

4. Light Emitting Diode——发光二极管

当我们在 N 型区加上负电压、P 型区加上正电压时，外加在 PN 结区形成的电场方向跟内建电场方向相反，这促使电子和空穴向 PN 结界面移动，使空间电荷区的宽度变窄，进入到 PN 结空间电荷区的电子和空穴在 PN 结区相遇，具有较高能量的电子就会跟空穴复合（可以理解为高能量的电子跳入低能量的电子空位上）。这种复合可以理解为 N 型区受外界电场驱动获得高能量电子在 PN 结区跳变到低能量状态，

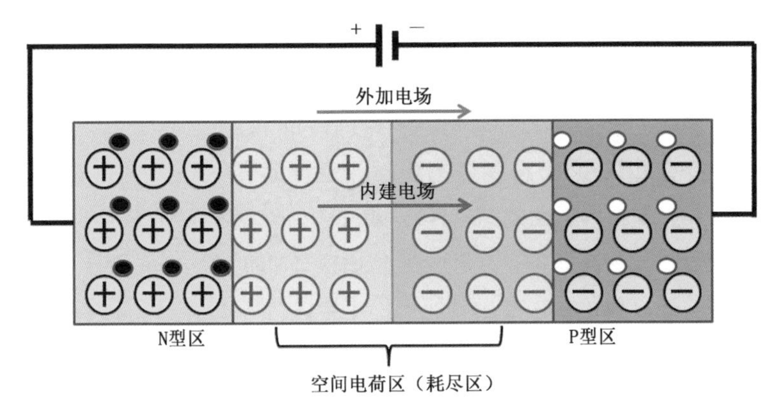

图 5-16　PN 结加反向电压时不导通示意图

多余的能量变为光子能量而释放。这个过程在外界电场的驱动下可持续下去，即 PN 结正向导通，形成了稳定的电流。

在上述过程中，电子释放的光子频率若位于红外区域，能量便以热能释放；光子频率若位于可见光区域，能量便以光能释放。

LED 的 PN 结可以把外部施加电能变为光能，这就是 LED 发光的基本原理（图 5-17）。

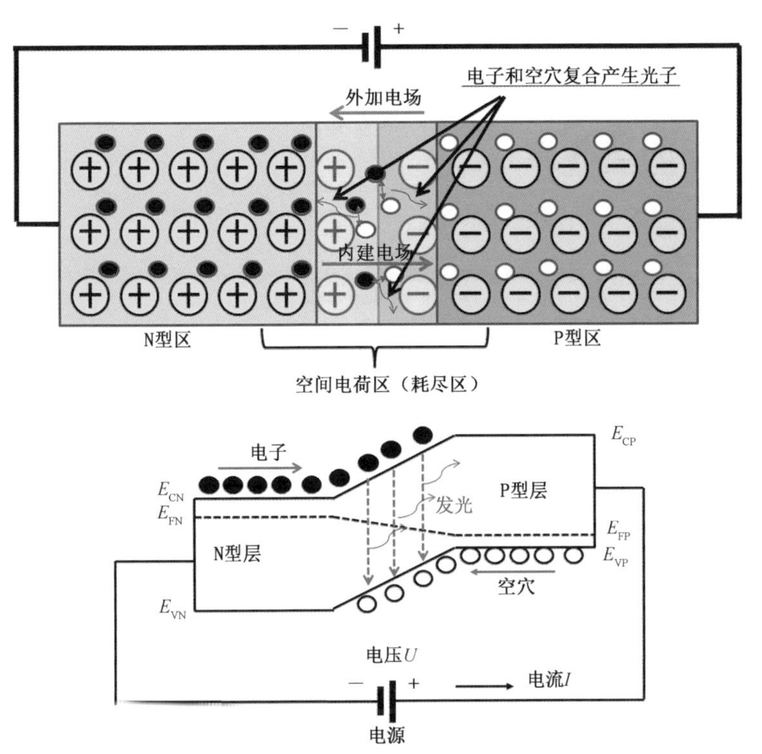

图 5-17　LED 的 PN 结加正向电压时导通发光示意图

其实，并不是所有的半导体材料掺杂形成的 PN 结都可以用来制备 LED，比如传统的硅、锗半导体材料就不适合做 LED。寻找能够将电子跟空穴复合产生的能量有效转换为可见光光能的材料是科学家们一直努力的课题。

目前用于制备 LED 的材料多是用化学元素周期表 IIIA 族里面的铝（Al）、镓（Ga）、铟（In）和 VA 族里面的氮（N）、磷（P）、砷（As）元素形成的化合物半导体材料，掺杂元素一般 N 型用硅（Si）、P 型用镁（Mg）。

LED 发光波长（颜色）主要由其所用的半导体材料决定。

经过科学家几十年的努力，LED 已经可以发出覆盖整个可见光范围不同颜色的光，其中，铝铟镓氮（AlInGaN）适合制造紫色、蓝色、绿色、黄色 LED；铝镓铟磷（AlGaInP）适合制造橙色、红色 LED；铝镓砷（AlGaAs）、铟镓砷（InGaAs）适合制备深红和红外 LED；等等。

课题拓展

有物理教师利用发光二极管的特性，对物理实验进行了改进和创新（图 5-18），你是不是有兴趣尝试为你的老师设计新教具？这两名教师将发光二极管用在了电磁感应教具、楞次定律演示和电容器充放电等实验上，你有什么新创意？

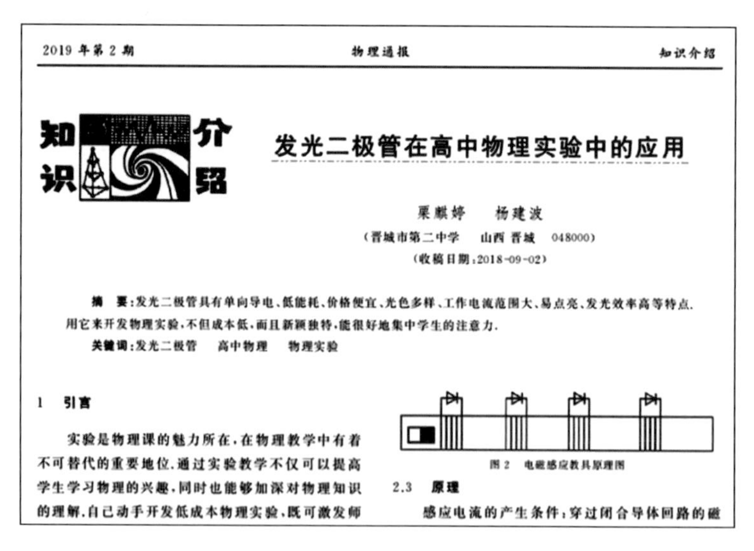
2019 年第 2 期　　物理通报　　知识介绍

知识介绍

发光二极管在高中物理实验中的应用

栗麒婷　　杨建波

（晋城市第二中学　山西 晋城　048000）

（收稿日期：2018-09-02）

摘　要：发光二极管具有单向导电、低能耗、价格便宜、光色多样、工作电流范围大、易点亮、发光效率高等特点．用它来开发物理实验，不但成本低，而且新颖独特，能很好地集中学生的注意力．

关键词：发光二极管　高中物理　物理实验

1　引言

实验是物理课的魅力所在，在物理教学中有着不可替代的重要地位．通过实验教学不仅可以提高学生学习物理的兴趣，同时也能够加深对物理知识的理解，自己动手开发低成本物理实验，既可激发师

图 2　电磁感应教具原理图

2.3　原理

感应电流的产生条件：穿过闭合导体回路的磁

图 5-18　物理教师利用发光二极管设计物理实验

二、LED 发明历程的思考

1. 半导体技术发展的意义

没有半导体理论的发展和相关技术的发明，就没有 LED。当然，半导体技术发

展的意义远不止于新型光源！

1956 年诺贝尔物理学奖授予美国的肖克利（William Shockley，1910—1989）、巴丁（John Bardeen，1908—1991）和布拉坦（Walter Brattain，1902—1987）（图 5-19），以表彰他们对半导体研究中的开创性工作和半导体晶体管的发明。

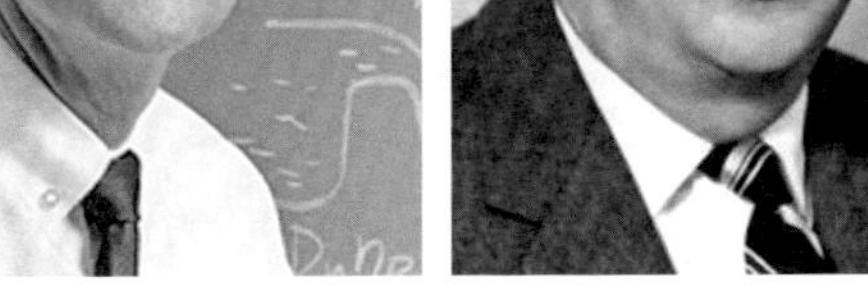

William Shockley　　John Bardeen　　Walter Brattain

图 5-19　1956 年诺贝尔物理学奖获得者

半导体晶体管的发明是 20 世纪具有划时代意义的大事，它的诞生使电子学发生了根本性的变革，以后又研制出了集成电路（IC）。科学家们利用分离半导体器件和集成电路制造出了成千上万的电子设备，我们的生活为此发生了翻天覆地的变化。

特别需要指出的是，计算机、互联网和光纤通信使人类智慧得到更多的集中和快速应用，社会发展速度呈几何级数加速。半导体及其衍生的电子设备对人类社会文明进步具有不可估量的影响。

虽然半导体器件的发明是 19 世纪 50 年代的事情，但半导体相关现象有记载的发现居然早早地始于 1833 年。

1833 年，著名的英国科学家法拉第发现了硫化银的电阻随着温度的上升而降低，这和人们常见的导体的电阻随着温度的上升而上升的现象相反。其实硫化银是一种半导体，电阻具有“负温度系数”是半导体的基本性质之一。但是这一奇怪现象的发现在当时并没有引起特别关注。

1839 年，法国的贝克莱尔发现半导体在光照下会产生电动势。这个现象很久以后被人们称为“光生伏特效应”。

1873 年，英国的史密斯发现硒晶体材料在光照下电导增加。这个现象被称为“光电导效应”。

1874 年，德国的布劳恩观察到某些硫化物的导电有方向性，在它两端加一个电压，如果某一方向可导通，那么反向电压便不导通。半导体的这一特征使之以后被做成整流器件。

可以说，在1880年以前，半导体及其一些特征就先后被发现了，但是“半导体”这个名词大概到1911年才被考尼白格和维斯首次使用。而总结出上述半导体的四个特性一直到1947年12月才由贝尔实验室完成。

思考讨论

1. 半导体有哪些特征？为什么今天离不开半导体？芯片大战和半导体有关系吗？从科技的角度思考，为什么如此关注“芯片”这个问题（图5-20）？

2. 半导体的几大重要特征从发现到大规模应用，历经很长时间，这是为什么？

3. 某些材料之所以成为半导体，其微观机制有何特别？这一问题涉及能带理论，有兴趣了解的话，可从相关固体物理的教材中获取。

实验研究

1. 半导体二极管伏安特性曲线研究。

2. 半导体PN结的物理特性及弱电流测量（参考资料：《基础物理实验》沈元华 陆申龙 高等教育出版社）。

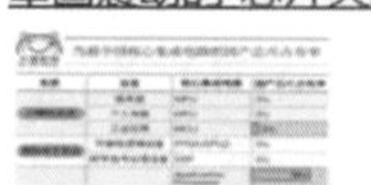

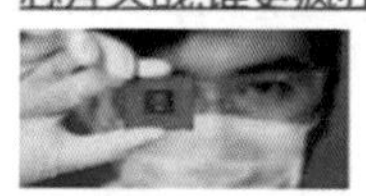

图5-20 “芯片大战”百度截图

2. LED发展历程中的里程碑

LED技术的发展也经历了一个漫长的过程，凝聚了诸多科学家和工程技术人员的智慧和辛勤付出。

1962年，美国通用电气公司尼克·何伦亚克（Nick Holonyak）博士利用气相外延技术在砷化镓材料上生长磷砷化镓（GaAsP）材料制备了世界上第一颗红色LED，但光效很低，只有白炽灯的1/150。如此微弱的光亮似乎用处不大，何伦亚克博士却看到未来，确信LED将大放异彩，也将有白光LED出现，并替代白炽灯。何伦亚克博士的“未来”已来，他的预测果不其然。

19世纪80年代初，日本西泽润一教授利用液相外延在砷化镓材料上生长铝镓砷制备出红色LED，经日本Stanley公司进一步优化后LED光强超过了1坎德拉（cd，光强单位)。虽然这个 LED 的亮度还是很低，但是可以用做指示灯和户内显示屏了。

20 世纪 90 年代初，美国惠普和日本东芝公司利用金属有机物化学气相沉积(MOCVD) 在砷化镓（GaAs）材料上生长铝镓铟磷（AlGaInP）制备出了高亮度红光 LED，光效大幅度提升。

1993 年，日本日亚公司的中村修二利用双束流 MOCVD 在蓝宝石材料上制备出了氮化镓（GaN）蓝色 LED，不久又研制出了氮化镓绿色 LED。蓝色 LED 是 LED 进入照明应用的一个里程碑式的发明。

1996 年，日亚公司通过利用蓝色 LED 芯片上涂覆黄色荧光粉制备出了能发白光的 LED，可以用于照明的 LED 诞生了。此后，经过科学家继续提升芯片性能、荧光粉效率，改进器件封装形式，在 35 A/cm^2 电流密度下，冷白光 LED 的光效在 2017 年达到 167 lm/W，是白炽灯光效（10 lm/W 左右）的近 17 倍。另外，不用荧光粉，直接用不同颜色的 LED 混合也可以制备出发白色光的 LED，2017 年光效达到 100 lm/W，虽然当前该方案光效还比不上蓝色 LED 涂覆荧光粉的方案，但科学家预期在 2035 年以后会超过其他方案，并最终达到 325 lm/W 的光效（表 5-1)。更高的光效意味着可以消耗更少的电能获得同样的照明效果，使 LED 照明节能效果更为明显。

此外，LED 光源设计寿命一般超过 5 万小时，甚至达到 10 万小时，而白炽灯寿命只有 1 000 小时左右，因此 LED 灯的使用可以大大节约资源，被称为“21 世纪的绿色光源”。

表 5-1　LED 涂覆荧光粉白光和多色 LED 混合白光灯珠光效历年变化表[1]

Metric	Type	2016	2017	2025	2035	Final Goal
LED Package Efficacy /（lm/W）	PC Cool White	160	167	241	249	250
	PC Warm White	140	153	237	249	250
	Color Mixed	90	100	196	288	325

2014 年，诺贝尔物理学奖颁给了日本科学家赤崎勇（Isamu Akasaki)、天野浩(Hiroshi Amano) 和美籍日裔科学家中村修二（Shuji Nakamura)，因他们发明了“蓝色发光二极管”，并因此带来了新型节能光源。

这里介绍一下中村修二教授开发蓝色 LED 的故事。

中村修二出生于日本一个小渔村的普通家庭。25 岁毕业于日本一所三流大学，就职于做显示器和日光灯用荧光粉的传统化学企业。这个企业的老板非常重视一线实验和技术创新，积累了很多荧光粉方面的专利，产品在 1990 年市场占有率达到 25%。

[1] 引自：美国能源部 2018 *Solid-State Lighting R&D Opportunities*。

中村修二是研发部门的一个机电工程师，毕业后的10年间，他参与研发的产品多数是跟一些大企业类似的，没有什么竞争力。36岁时，凭借自己在实验室对设备和工艺经验的积累，他决定利用氮化镓（GaN）制备蓝色LED。这个技术路线是被国际上很多大公司和研究单位都放弃的，认为技术难度太大，成功的可能性不大。但他却持不同的看法，认为值得一试，且冷门的技术路线不用担心大公司的竞争。于是他兴冲冲地把他的想法告诉了老板，并说服老板给了300万美元的经费支持。

氮化镓（GaN）材料制备难度很大，现有的设备条件无法实现。他就从设备开始研究，开发了双束流MOCVD，并在材料生长和芯片制备工艺上做了大量实验。终于在1993年开发出世界第一个高亮度的氮化镓发光二极管，填补了LED产业的空白。此后，蓝光LED性能逐渐提高，并通过涂覆荧光粉制备出了白光LED，引起了照明产业的一场革命。期间，他在这个世界冷门产品开发中肯定遇到过很多问题，但他从来没有放弃。

中村修二发明蓝光LED的过程具有非常传奇的色彩，他是一个从“技术工人”成长为“国际顶尖专家”的典范。他敢于从事冷门技术研究，并专心专注、持之以恒地开展工作，这是他获得成功的关键。

中村修二在他的自传《我生命里的光》[1]中说：

> “只要相信自己，不丧失前进的勇气，成功就会变成现实。巨大的成功最终会找上门来。能否抓住它，要看你自己是否有不达目的决不罢休的执念，能否实现思维的转变，在于你思考的力量、坚持的力量。一切都从现在开始吧，深挖水井，直到挖出泉水。”

目前，世界上制备蓝色LED用于照明的技术路线主要有三条：

第一条技术路线是在蓝宝石材料上生长氮化镓制备蓝色LED。主要贡献者美籍日裔科学家中村修二教授等人获得2014年诺贝尔物理学奖。

第二条技术路线是在碳化硅材料上生长氮化镓制备蓝色LED。主要贡献者美国CREE公司的Carter等人获得2004年美国总统技术发明奖。

第三条技术路线是在硅材料上生长氮化镓制备蓝色LED。主要贡献者南昌大学江风益教授等人获得2015年度中国国家技术发明一等奖。

思考讨论

江风益教授基于自己科研选题和实施过程的心得，为团队树立了“多发光、少发热”的理念。“多发光、少发热”包含了发光二极管技术创新的终极追求，也对为

[1] 中村修二著，安素译，《我生命里的光》，四川文艺出版社，2016：17。

科研人员树立正确的治学态度具有很好的指导意义。结合 LED 工作原理和自己的生活经历，你对这个六字箴言有什么感想？

3. LED 照明技术是人类社会文明的又一大步

在黑夜和无光场所如何照明是人类文明发展的重要标志，光源发展的历史与人类文明发展的各阶段同步。

第一代光源——“篝火”（原始文明）

人类靠自然界产生的火源及“钻木取火”进行取暖和驱赶危险动物的侵袭。作为最早的光源，火光照亮了原始人类前进的方向。

第二代光源——“油灯（烛光）”（农业社会）

人类学会了饲养动物和种植植物，人们利用从动物和植物中压榨出的油脂作为灯具燃料。烛光为漫长的农业社会提供了光明。

第三代光源——“煤油灯”（工业社会）

煤炭和石油开采给人类社会提供了能量来源，照明光源用上了“煤油灯”——一种比较经济实用的照明光源，为工业革命带来了曙光。

第四代光源——“白炽灯”（电气时代）

1879 年，爱迪生发明了白炽灯，人类开始了用电照明的新时代，从此白天与黑夜的界限不再像从前那么分明。但灯具的光效低、寿命短。

第五代光源——“荧光灯”（信息时代）

1938 年，美国通用电气伊曼发明了荧光灯，满足了一般工业与商业照明需求。

第六代光源——“LED”（智能时代）

LED 灯具光效是白炽灯的十倍以上，消耗同样的电能可以获得更多的光能，且具有寿命长、开关速度快、亮度连续可调、色彩丰富等优点。另外，当我们把 LED 灯跟通信技术相结合，还可以让灯光具备信息传输功能，即 LiFi（LiFi 为 Light Fidelity 的简写，翻译为“可见光无线通信”或“光保真技术”，是利用可见光进行无线数据传输的技术）。

三、LED 的性能指标

1. 功率转换效率

LED 是将电能转换为光能的器件，衡量这个能力大小的指标为功率转换效率，其定义为

$$\eta_{\mathrm{p}}=\frac{P_{\mathrm{O}}}{P_{\mathrm{E}}}$$

其中，η_p为功率转换效率，简称功率效率；P_O为光功率，P_E为输入电功率。输入电功率等于输入电流和工作电压的乘积。

功率转换效率越大，说明 LED 的性能越好，这个需要高质量的材料制备设备、方法，同时要优化 LED 器件结构设计和制备工艺。

2. 光功率

LED 在输入一定电流下输出的光功率，用 P_O表示，单位为毫瓦（mW）。

3. 峰值波长

LED 发出的光并不是单一波长，而是有一定的波长范围。

光功率最高点对应的波长称为 LED 的峰值波长λ_P，单位为纳米（nm）。此外，为了表征光谱的形状，我们将一半光功率对应的长波长和短波长之间的差值定义为光谱半宽，也叫光谱半高宽或半峰全宽（Full Width at Half Maxima，FWHM）。不同颜色的 LED 光谱半高宽不同，通常为 10～40 纳米。

举例：峰值波长为 550 纳米的绿光 LED 发光光谱如图 5-21。

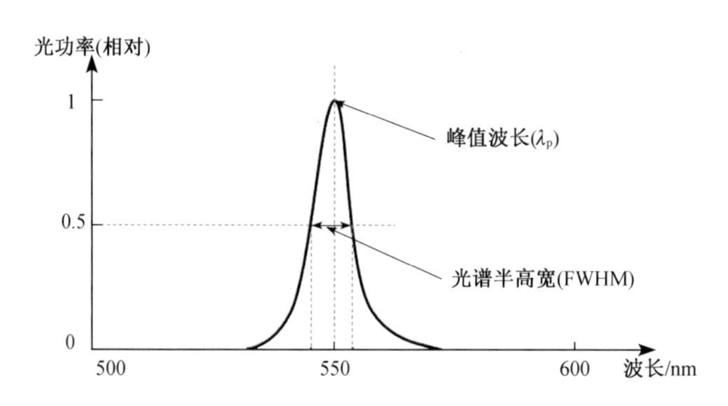

图 5-21　峰值波长为 550 纳米的 LED 光谱示意图

4. 寿命

LED 跟其他电子器件一样，在长时间工作后，其性能会下降，一个主要的体现就是功率转换效率的降低，即在一定电流下，LED 经过长时间工作，其输出光功率会下降。

业界一般用给定电流和温度下，LED 输出光功率降低到初始工作时输出光功率的 70%时经历的时间表征 LED 的可靠性，即寿命。比如说一个 LED 的寿命为 5 万小时，是指在驱动电流不变时连续工作 5 万小时，LED 的光输出功率降低到初始工作时的 70%。

根据科学家对电子器件工作寿命跟温度之间关系的统计分析，电子器件工作温度每升高 10 ℃，寿命减少 1 倍。因此，我们谈 LED 寿命，应关注其工作温度是多少。

以上是表征 LED 物理性能的几个主要指标，当 LED 用于照明和显示时，人们还结合人眼对不同波长的敏感度和生理感觉引入了很多其他指标，比如亮度、照度、光强、显色指数、色温等。

5. 色温

人对光有冷暖感觉，这是人类长期进化形成的。我们对包含红色、橙色、黄色比例较大的光有温暖的感觉，对青色、蓝色、紫色比例较大的光有清凉的感觉。为了表征包含不同光谱的白光对人体的这种影响，引入了色温的概念。

色温是表示光源光谱特征最通用的指标之一，一般用 T_c表示，单位为 K。色温是按绝对黑体来定义的，光源的辐射在可见区和绝对黑体的辐射相近时，对应的黑体温度就称为此光源的色温。

低色温光源的特征是能量在靠近红色波长范围分量较多，人对这种光会产生“温暖”的心理感受，因此通常称为“暖光”；色温提高后，能量分布向蓝色波长方向偏移，人对这种光会产生“凉爽”的心理感受，因此通常称为“冷光”。

图 5-22 是不同阳光下的向日葵，对比蓝天下和霞光下的画面，我们可以从中体会到不同色温给人的心理感觉有什么不同。

图 5-22　不同阳光下的向日葵

表 5-2、表 5-3 分别是不同色温照明时的光色及人体感觉及各类光源的色温表。

表 5-2　不同色温照明时的光色及人体感觉

色温/K	光色	感觉
＜3 300	温暖（带红的白色）	稳重、温暖
3 000～5 000	中间（白色）	爽快
＞5 000	清凉型（带蓝的白色）	冷

因为可以选择不同半导体材料制备不同波长的 LED，我们利用多种颜色的 LED 混光来制备白光照明灯具时，可以方便地调整灯具的色温，以满足人们不同的生产、生活需求。

表 5-3 各种光源的色温表[1]

光源	色温/K
钨丝灯泡	2 600～3 500
日光灯	4 000
晴朗天阳光	5 100～5 500
闪光灯	5 500～5 800
阴天光	6 000～6 300

6. 显色指数

一种光源发射的光对被照射物颜色的还原能力称为显色性。

不同光源发出的光谱组成不同，因此照射到物体上后我们看到的颜色会有差异。人的视觉是在太阳光环境下长期进化形成的，因此太阳光照射物体我们看到的颜色最为“真实”。为了表征光源照射事物时我们看到其颜色的“真实”程度，人们定义了一个指标——显色指数，用 Ra 表示。太阳光对各种颜色的显色指数定义为 100。

国际照明委员会（CIE）选择了 14 种颜色样品作为衡量光源显色指数的标准样品，1984 年我国制定光源显色性评价方法的国家标准时，增加了我国女性面部的色样，列为第 15 号。图 5-23 为用于评价光源显色指标的标准色样。

标准色样					
代码	颜色	图示	代码	颜色	图示
R1	淡灰红色		R9	饱和红色	
R2	暗灰黄色		R10	饱和黄色	
R3	饱和黄绿色		R11	饱和绿色	
R4	中等黄绿色		R12	饱和蓝色	
R5	淡蓝绿色		R13	白种人肤色	
R6	淡蓝色		R14	树叶绿色	
R7	深紫蓝色		R15	黄种人肤色	
R8	淡红紫色				

图 5-23 用于评价显色指标的标准色样示意图

[1] 图片源自《数码单反摄影圣经》，雷依里编著，中国青年出版社。

当被评价光源光谱中很少或缺乏物体在基准光源下所反射的光谱时，会使物体的颜色产生明显的色差，色差程度越大，证明光源对该色的显色性越差。在线搜索“光源显色指数”的图片，可以看到物体在不同显色指数光源照射下的色彩失真情况。图5-24是2013年之前人们测试的不同灯光源显色指数对比图。可以看到，LED距离太阳光的显色指数100，还存在很大差距。

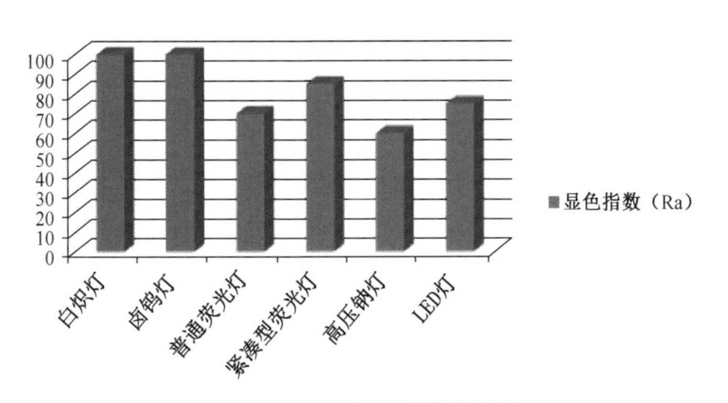

图 5-24 不同灯光源显色指数对比图

近年来，全光谱 LED 概念被提出，并且很快成为关注和研究的热点。人们期待 LED 光谱能够和太阳光谱相似度高，显色指数接近 100，使物体色彩饱和度和保真度高。当前的 LED 全光谱技术已大大提升，其显色指数已经可以达到 95 以上。

图 5-25 是可见光范围太阳光谱图。图 5-26 是采用蓝光 LED 芯片激发荧光粉获得的白光光谱图，图 5-27 是紫光 LED 芯片激发荧光粉获得的白光光谱图[1]。这两个光谱图与太阳光谱图对比，已经比较接近了，但是蓝光和紫光对人眼健康有潜在风险，蓝光还会抑制大脑中松果体的褪黑素的分泌，睡觉前若照明灯中蓝光成分较大，会使人进入睡眠状态的时间延长，降低人的睡眠质量。通过改进白光 LED 光源的荧光粉配方或者利用多种颜色 LED 混光调配出利于人体健康的高品质光源和灯具是科学家们不懈的追求。

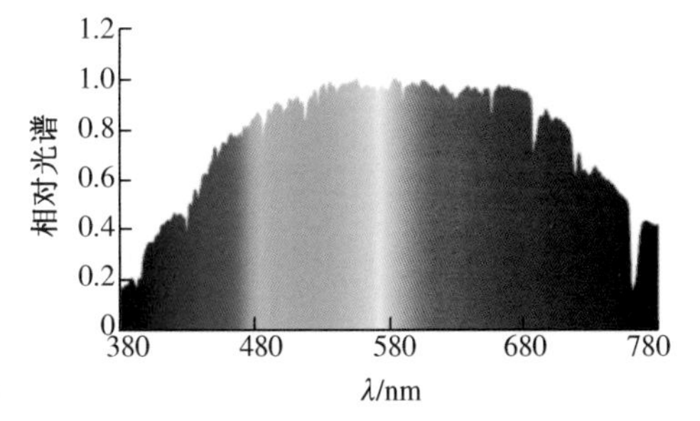

图 5-25 可见光范围太阳光谱图

[1] 图 5-25、图 5-26、图 5-27 源自：全光谱 LED 技术研究进展，裘金阳等，《发光学报》，2020 第 2 期。

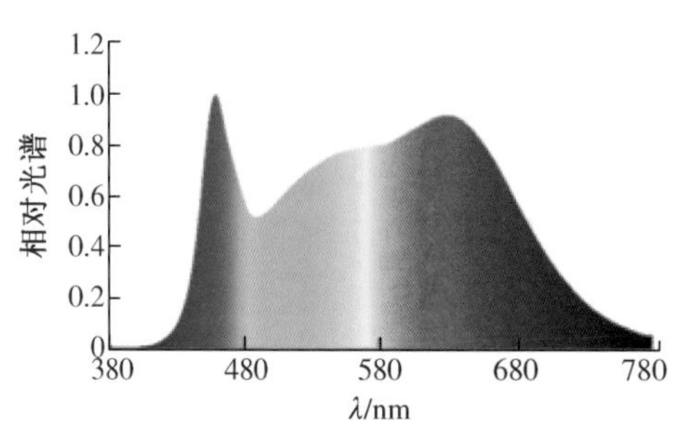

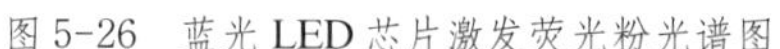
图 5-26　蓝光 LED 芯片激发荧光粉光谱图

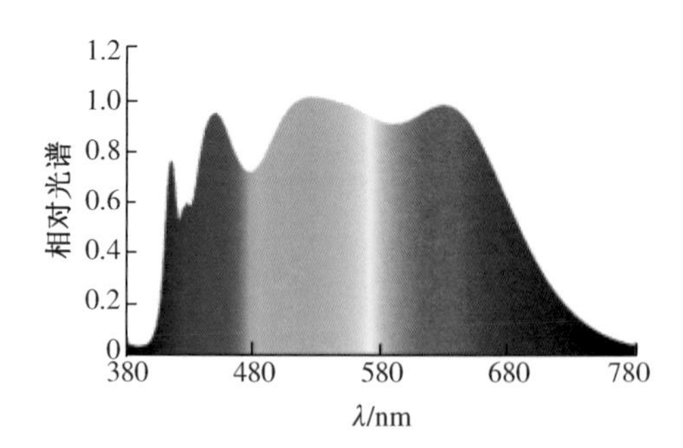

图 5-27　紫光 LED 芯片激发荧光粉光谱图

LED 是一个电子器件，其开关速度很快，且亮度可以使用工作电流大小进行0～100%范围的调节。因此，采用多种颜色 LED 混光制备的 LED 灯具可以根据不同应用场景需求动态调整光谱组成和亮度，实现按需照明、智慧照明。采用多种颜色 LED 混光方案制备的 LED 照明灯具会更多进入我们生活，未来的 LED 照明一定会更节能、更舒适、更健康。

四、LED 的进一步研究与应用

LED 目前在可见光谱段都已实现商业化，但各个波长段的 LED 都还有提高效率、降低成本、延长寿命的空间。这些研究包括 LED 专用装备制作、LED 材料生长、LED 芯片制造、LED 灯珠封装、LED 灯具制造等，涉及物理、机械、材料、化学等多个学科。

在可见光范围内，用 AlInGaN 材料制备 380～555 纳米波长范围（包括紫色、蓝色、青色、绿色等）的 LED 效率较高，用 AlGaInP 材料制备 585～660 纳米波长范围（包含橙色、红色等）的 LED 效率较高，而可见光谱中间谱段的黄色、黄绿色 LED 制备难度较大，是该领域研究的难点。南昌大学利用自主设计的 MOCVD 设备，努力研究在硅衬底上的“高光效黄光 LED”。2019 年，该团队研制的黄光 LED 功率效率超过 26%，指标世界领先。诺贝尔奖获得者中村修二教授对该产品评测后称赞道：“硅基黄光 LED 的技术水平国际领先，这是中国人的一项非常大的发明，它有非常大的价值。”

在应用方面，目前热点主要是开发能显示更精细图像的所谓 Mini LED，Micro LED 显示屏，LED 汽车大灯，动植物生长调控照明（也称为设施农业照明），光医疗，可见光通信，紫外 LED 杀菌消毒灯等。

LED 的诞生和发展为人类文明进步已经做出了巨大贡献。日后，科学家们将继续努力拓展其发光光谱范围并提升其性能，同时会探索出更多照明以外的应用，为我们的生产、生活提供更多的服务。

第六章　圆我造日之梦

太阳是生命之源（图 6-1）！太阳几十亿年源源不断地散发着光和热，是全人类的崇拜。人造太阳——人工可控热核聚变，被视为人类终极能源的解决方案。

图 6-1　太阳——生命之源

一、太阳——地球能量的来源与秩序的缔造者

太阳是太阳系的主宰，我们地球上的气候、环境、生命、活动等均主要受到太阳影响。地球的周围笼罩着“太空”，从物质上看是一个较为孤立的系统。如图 6-2 所示，太空输入地球的能量或物质主要有太阳光（不仅仅包括可见光）、流星、小行星、其他物质如宇宙射线等，而地球向太空输出的能量或物质主要包括大气窗口的 8～13 μm（波长）红外辐射和大气散逸层中的气体或颗粒。

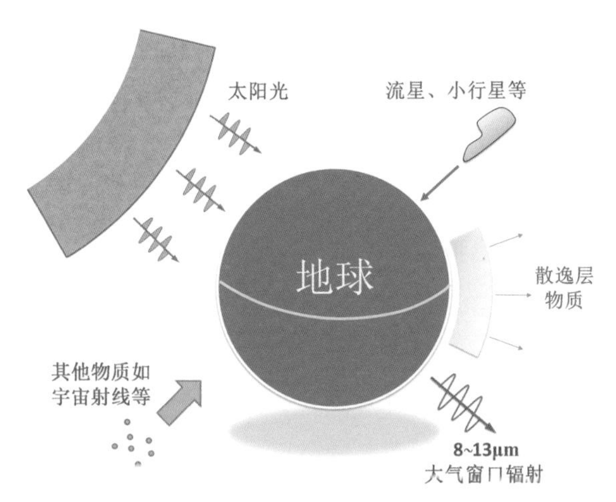

图 6-2　地球与太空之间的物质或能量交换示意图

地球与太空之间的物质或能量交换中，太阳光，即来自太阳的电磁辐射，占据了主导作用，决定了地球的过去、现

在和未来。

1. 地球能量的来源

太阳是地球能量的来源。在第一章中我们已提及，恒星辐射可视作黑体辐射，太阳辐射也不例外。太阳表面从内向外可以分为光球层、色球层和日冕层。地球上“看到”的辐射主要来自光球层，其温度一般在 4 500～6 000 K（开尔文，热力学温度单位），其谱线和黑体辐射谱线极为相似。若将太阳辐射视为 5 760 K 的黑体辐射，根据维恩位移定律

$$\lambda_m T = b \tag{6-1}$$

式中，λ_m为黑体辐射能谱峰值所对应的辐射波长；T 为黑体的热力学温度；$b = 0.002\ 897\ \mathrm{m \cdot K}$ 为维恩常数。可推知，太阳辐射的中心波长 λ_m 约为 500 nm（纳米）。主要辐射包括紫外线、可见光和近红外线。图 6-3 为作为黑体的太阳辐射随波长分布示意图。可见光是地球生物们观测外界环境的光源，而红外线具有较强的热作用。太阳就像是我们地球的超级“浴霸”，既能照明，又能保温。

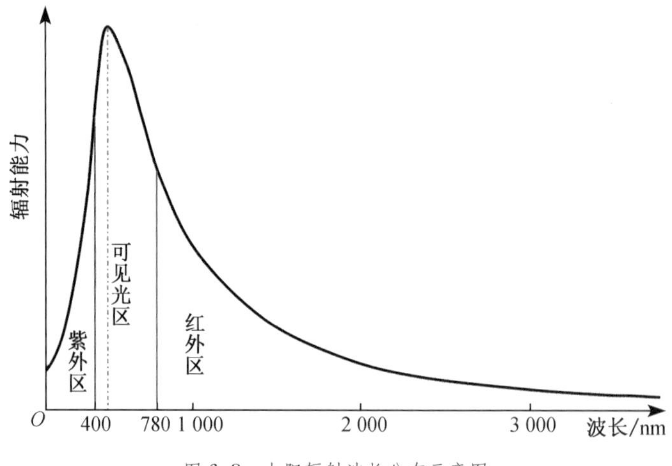

图 6-3　太阳辐射波长分布示意图

课题拓展

1. 用浴霸比拟太阳还是有一定道理的。真有一些教师和同学在实验室研究太阳能电池时，用浴霸灯泡做光源。请研究浴霸光谱和太阳光谱的相似度。

2. 研究太阳能电池发电主要使用了哪些波段的光。

3. 有人认为太阳光经过聚焦后照射到太阳能电池上，可提高发电效率，这一方法是否可行，有哪些弊端？

太阳将能量以电磁辐射的形式传输到地球后，地球上的植物通过光合作用将太阳的能量以化学能的形式固定在地球上，养活了地球上的所有生物。远古时期光合作用的产物还形成了石化资源，支撑着人类的现代社会。光合作用还将二氧化碳转化为氧气，提供给动物们呼吸，使地球氧含量处于适合动物（包括人类）生存的水平，也为现代工业与交通提供了氧化剂。

那么，地球上所受到的太阳恩惠到底有多少？我们可以通过斯忒藩-玻耳兹曼定律估算地球上单位面积所受到的太阳辐射功率究竟有多大。

根据斯忒藩-玻耳兹曼定律

$$E = \sigma T^4 \tag{6-2}$$

其中，E 为黑体辐射的总辐出度，意义为单位面积上的辐射功率，其单位为 $W \cdot m^{-2}$；σ 为斯忒藩-玻耳兹曼常数，其值为 $5.67 \times 10^{-8}\ W \cdot m^{-2} \cdot K^{-4}$；$T$ 为热力学温度。

已知太阳表面温度 T 约为 5 760 K，太阳半径 $r_{\odot}$ 为 6.96×10^8 m（⊙表示太阳），地球到太阳的距离 $R_{\odot\text{-earth}}$ 为 1.50×10^{11} m，太阳表面辐射的总功率 $P_{\odot}$ 应为总辐出度与太阳表面面积的乘积：

$$P_{\odot} = 4\pi r_{\odot}^2 \sigma T^4 = 3.80 \times 10^{26}(W)$$

太阳光以球面波的形式辐射到地球，因此，假定不考虑大气层的吸收，单位地球表面所受辐射功率应为太阳表面辐射的总功率除以以地球到太阳距离为半径的球面面积：

$$P_{\text{earth}} = \frac{P_{\odot}}{4\pi R_{\odot\text{-earth}}^2} = 1.34 \times 10^3 (W \cdot m^{-2})$$

思考讨论

1. 整个地球可接收到的太阳辐射可达每秒多少焦耳？
2. 太阳表面温度几乎超过了地球上所有物质的沸点，那么它是如何测得的呢？

实验研究

设计实验方案，搭建实验装置，测量太阳辐射强度。你可以设计多少方案？

2. 地球秩序的缔造者

较少被人们想到的是，太阳还是地球秩序的缔造者。物理上一般采用“熵”这个概念作为系统无序程度的一种量度，最早由德国物理学家克劳修斯于 1865 年所提

出。1877 年玻耳兹曼则提出熵的统计物理学解释，如公式（6-3）所示，熵值 S

$$S = k \ln \Omega \tag{6-3}$$

其中，k 为玻耳兹曼常数；Ω 则为系统宏观状态中所包含的微观状态总数。微观状态总数越多，系统越混乱无序，熵就越高。

按照热力学第二定律，自然过程如糖的溶解或热扩散等会自发地由有序变为无序，整齐变得混乱，即熵会不断增加，这就是著名的熵增加原理。在一个孤立的热力学系统中，系统状态演化的方向总是朝着熵增大或者不变的方向进行。一个孤立系统不可能自发朝低熵的状态发展，即不会自发变得有序。

1944 年，那位曾经在量子理论争论中提出了“猫悖论”的著名物理学家薛定谔，关心起生命的真谛。在《生命是什么》（图 6-4）一书中薛定谔提出了负熵的概念，并认为“生物赖负熵而生”。可见，生物系统是一个开放的热力学系统。生物生长和生活过程中从环境中吸收“负熵”，从而减少自身的熵，变得更加有序。生物的代谢过程和城市中高楼的建设，从个体角度而言，熵降低了，有序度均得到了提高，这是从环境中吸纳负熵的结果。从某种角度来看，地球上熵降低的活动，归根结底均是由于吸收来自太阳负熵的结果。而太阳表面约 6 000 K 温度的黑体辐射照射到地球上，转化为 300 K 左右的室温辐射，其自身的熵大幅增加。

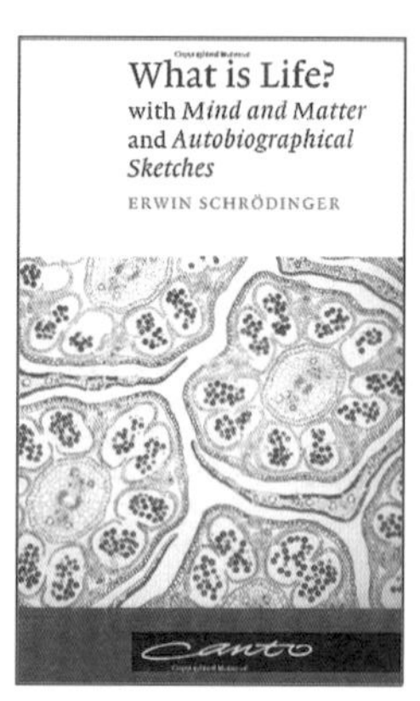

图 6-4 薛定谔（Erwin Schrödinger，1887—1961），奥地利理论物理学家，1933 年因薛定谔方程获诺贝尔物理学奖

植物除了吸收太阳光中的能量，还利用来自太阳光的负熵，将相对无序的小分子（CO_2和 H_2O）转化为有序的糖类甚至是更高度有序的淀粉、纤维素或木质素。阳光使植物降低了自身的熵，提高了有序度。总体而言，植物和太阳系统的总熵值还是增加的，太阳将自己核聚变所产生的高度“有序性”部分转移给地球，使得地球

上展现出生机勃勃的景象。

有兴趣的同学可以计算一下太阳辐射到地球的熵流和地球辐射到太空的熵流之和，看看地球在太阳的惠及下是否真是获得了负熵。做这个计算，不能用玻耳兹曼熵的公式，而需要使用克劳修斯熵公式。玻耳兹曼是从微观的角度分析熵的本质，提出了熵公式（6-3），而克劳修斯从宏观角度提出了如下的熵计算公式。

$$\mathrm{d}S=\frac{\mathrm{d}Q}{T} \tag{6-4}$$

式（6-4）表示，在可逆过程中，系统熵的微小变化等于这一系统所吸收的热量除以热源温度所得的商。

地球接收到阳光的总辐射功率约为 1.79×10^{17} W，其中约 66%被地球吸收。然而，地球几乎把这些能量全部又通过低温辐射的方式辐射到太空，从能量上看好像没有意义，但是从熵降低的角度来看意义重大。如果太阳的辐射温度为 6 000 K，地球的辐射温度为 253 K，熵流公式如下。

$$\frac{\mathrm{d}S}{\mathrm{d}t}=\frac{\mathrm{d}Q}{T}\cdot\frac{1}{\mathrm{d}t}=\frac{P}{T}$$

其中，S 为熵；t 为时间；T 为热力学温度；Q 为吸放热；P 为辐射功率，即单位时间吸收的热量 $\frac{\mathrm{d}Q}{\mathrm{d}t}$。若想计算地球在接收太阳辐射并释放低温辐射过程中获得的净熵流，可以分别计算出太阳辐射到地球的熵流和地球辐射到太空的熵流（这一熵流是放热，Q 和 P 均为负值，所以熵流为负值），再相加即可得到总净熵流。

$$\begin{aligned}\sum S&=\frac{P}{T_1}-\frac{P}{T_2}=1.79\times10^{17}\times66\%\times\left(\frac{1}{6\,000}-\frac{1}{253}\right)\\&=-4.47\times10^{14}\,(\mathrm{W/K})\end{aligned}$$

综上所述，如图 6-5 所示，“万物生长靠太阳”，太阳既是地球上能量的来源，也是地球秩序的缔造者。

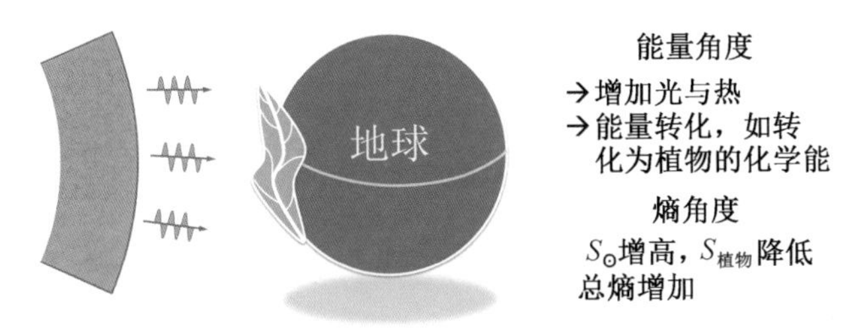

图 6-5　从能量和熵的角度理解太阳对地球的作用

思考讨论

地球能否从太阳获得更多的负熵，从而使地球更加生机勃勃？

课题拓展

了解目前太阳能的应用状况，分析太阳能应用前景，发明你自己的太阳能应用技术。

二、太阳的内在驱动力——引力约束热核聚变

如前所述，太阳从能量和熵的角度都对太阳系起到支配性的影响。这样巨大影响的驱动力是什么呢？太阳的内在驱动力就在于其热核聚变。现代天体物理学认为，太阳内部发生的热核聚变方式有两种，质子循环和碳氮循环。其主要反应如下：

(1) 质子循环

$$p + p \longrightarrow D + \beta^+ + \nu_e$$

$$D + p \longrightarrow {}_2^3He + \gamma$$

$${}_2^3He + {}_2^3He \longrightarrow {}_2^4He + 2p$$

其中，p为质子；D为氢的同位素氘${}_1^2H$；β^+为正电子；ν_e为电子中微子；γ为γ射线。总反应如下：

$$4p \longrightarrow {}_2^4He + 2\beta^+ + 2\gamma + 2\nu_e$$

在质子循环中，4个质子聚变合成1个${}_2^4He$约释放出26 MeV（兆电子伏特，能量单位）的能量。

(2) 碳氮循环

$${}_6^{12}C + p \longrightarrow {}_7^{13}N + \gamma$$

$${}_7^{13}N \longrightarrow {}_6^{13}C + \beta^+ + \nu_e$$

$${}_6^{13}C + p \longrightarrow {}_7^{14}N + \gamma$$

$${}_7^{14}N + p \longrightarrow {}_8^{15}O + \gamma$$

$${}_8^{15}O \longrightarrow {}_7^{15}N + \beta^+ + \nu_e$$

$${}_7^{15}N + p \longrightarrow {}_6^{12}C + {}_2^4He$$

总反应为：

$$4p \longrightarrow {}_2^4He + 2\beta^+ + 3\gamma + 2\nu_e$$

在碳氮循环中，4 个质子生成 1 个$^{4}_{2}$He 将释放约 25 MeV 的能量。

在上述两种反应循环中，可以看出，参与反应的各种原子核（C，N，He，H 的同位素）的量在整个循环中不发生变化。换而言之，它们像是热核反应的“催化剂”。这种由质子（也可以看做是电离了的氕原子——氢原子最常见的形式）聚变成氦核的反应将释放出巨大的能量，维持着太阳的能量释放。这些反应不仅是太阳能量的来源，也是其他恒星能量的来源。太阳表面虽然温度高达 6 000 K，但太阳在宇宙的恒星“家族”中也只能算是低亮度级别，太阳及其他较低亮度的恒星温度相对较低，反应以质子循环为主；而碳氮循环的反应速率随温度升高的上升比质子循环要快得多，因此，在亮度高、温度高的恒星中，以碳氮循环为主导。通过测量恒星中氢和氦的元素比例，可以估算出恒星的年龄。例如太阳目前经估算的年龄是大约 45.7 亿岁。

像太阳这样的恒星质量很大，通过万有引力就可以把聚变约束起来，持续释放出光和热。目前太阳正处于稳定的主序星阶段（图 6-6），因而地球可稳定地获取太阳的能量。

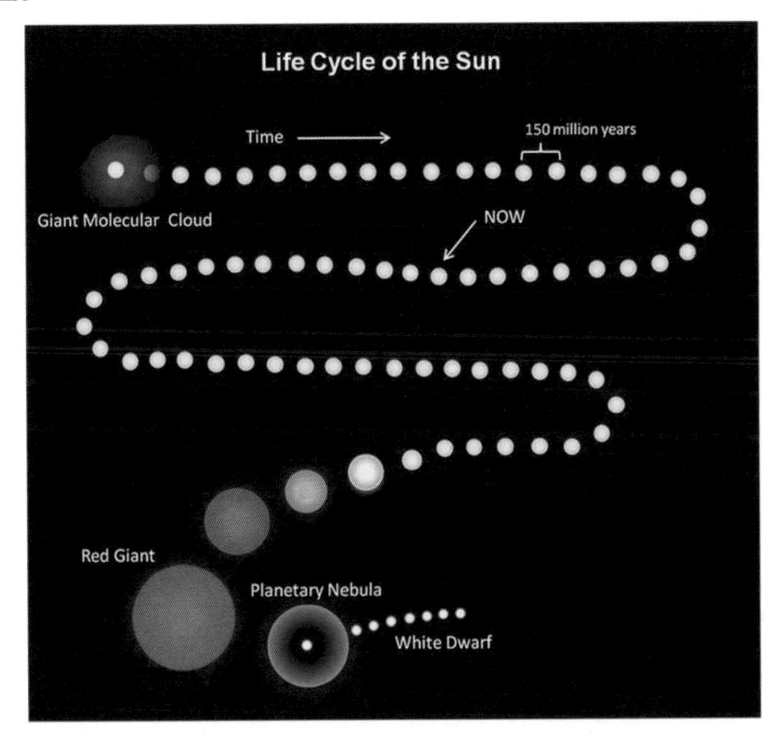

图 6-6　太阳的生命循环，目前正处于主序星阶段[1]

[1] 图片来源：https://baijiahao.baidu.com/s?id=1613222926567670464&wfr=spider&for=pc

三、造日梦起

通过普朗克定律可以估算出太阳的辐射功率，进而可以根据上文的核反应推测出质子消耗的速率，再结合太阳中发生核聚变的区域大小，便可以推测出太阳的寿命还将有约50亿年（图6-5）。这对人类历史而言是一段长得可以被认为是“永恒”的时间。可以说，太阳的能量是取之不尽、用之不竭的。

太阳辐射到地球的总功率很高，但是单位面积的功率密度却不太高。在不考虑大气吸收和倾斜入射的理想情况下，根据普朗克定律可以计算出太阳辐射到地球单位面积的功率约为 $1.34\ \mathrm{kW \cdot m^{-2}}$。以上汽集团生产的2017款荣威Ei6混合动力汽车为例，其最大功率为168 kW，即使太阳辐射的能量能够100%转化为汽车的动力，也需要约125 $\mathrm{m^2}$面积的太阳辐射能量来维持。因此，直接靠太阳辐射来维持现代的人类活动显然是入不敷出的。

如前所述，石化能源本质上还是来自太阳的能量，只不过是古代生物通过大面积、长时间以化学能的方式转化和存储了阳光的能量，进而大幅提高了能量密度和功率密度而已。人类早已意识到仅仅利用石化能源作为能量来源的做法是难以为继的，因此一直在开发高品质的新能源。太阳能、水能、风能、地热能等能源的利用已经成为石化能源的重要补充。

阳光的功率密度不高并非是由于太阳的辐射功率低，而是因为太阳距离地球太远。事实上，太阳的辐射功率高达 3.80×10^{26} W，是品质极高的能源。因此，物理学家们想到，如果把“太阳”搬到地球上，不就可以一劳永逸地解决人类的能源危机和负熵需求了吗？这便是物理学家们研究受控热核聚变的初衷。

思考讨论

何谓高品质能源，谈谈你的看法。

受控热核聚变的研究可以追溯到20世纪初期，起源于人们对恒星能量来源的思索和研究。20世纪40年代，泰勒（Teller）等人提出了热核聚变的基本原理，并认为热核聚变是有可能在地球上实现的。但是在1950年之前，人们没有投入很多精力来研究聚变反应能源的利用。根据这一原理，1952年11月美国首先实现了地球上的不可控热核聚变——氢弹（Mike）爆炸。同一时期内，美国、苏联、英国等国家都开展了受控核聚变的研究，并在1955年左右实现了国际交流与合作，首先实现了磁约束可控核聚变。1963年巴索夫（Basov）和道森（Dawson）首先提出用激光将等离子体加热引发核聚变的思路。值得我们骄傲的是，1964年我国聚变先驱王淦昌（图

6-7）也独立提出了用“光激射与含氘物质发生作用，使之产生中子”的建议，开启了国际上惯性约束热核聚变的研究热潮。虽然直到今天几类主要的受控热核聚变还没有实现“增益”（输出能量高于触发核聚变的输入能量），但是研究取得了很多突破性的进展，在人类利用聚变能源的道路上打下了坚实基础。

图 6-7　王淦昌（1907—1998），核物理学家，中国核科学奠基人

同学们可能了解到，人类已经成功利用核裂变反应提供能源。那为什么还需要费这么大的力气来研究聚变能源呢?

从物理本质上，两种能源的产生原理是一样的，均是由于核反应过程中的“质量亏损”导致的。根据爱因斯坦狭义相对论中的质能关系可以知道，如公式（6-5）所示，由于要乘上光速平方，微小的质量亏损便可释放出巨大的能量。

$$\Delta E = \Delta mc^2 \quad (6\text{-}5)$$

若只有数个核的反应，总能量绝对数值并不大，但是如果每个核反应均释放出这样的能量，放大到宏观（阿伏伽德罗常数 6.022×10^{23} 的量级），能量释放就会极为巨大。原子弹和氢弹等爆炸就是由于不受控宏观核反应造成的，其破坏力难以想象。

根据不同原子核平均结合能曲线（图 6-8）可以知道，Fe 原子核在结合能曲线的最高点。因此，以 Fe 原子核为界，小于 56 个核子的原子核聚变成较大的核将产生质量亏损，大于 56 个核子的原子核裂变成较小的核也会发生质量亏损。但是，因为聚变的结合能曲线很陡，聚变产生的平均质量亏损远远高于裂变的，导致单位质量的物质释放的聚变能要比裂变能高 3～4 倍。因此，聚变能是更为强大的能源。

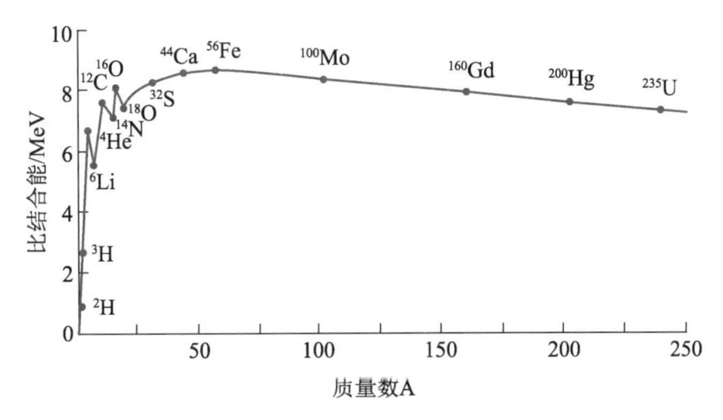

图 6-8　不同原子核平均结合能曲线

此外，乌克兰切尔诺贝利核电站和日本福岛核电站的可怕事故也说明，裂变技术存在着巨大的环境风险。除了意外泄露，原料提纯、运输、废料处理及接触材料的处理等过程中均存在着环境风险。聚变采用的氘没有放射性或毒害作用，而氚的放射性也相对较弱（仅释放出电子），是环境风险较低的核反应。

最后，氘的丰度很高、易于分离且成本低廉，有利于人类持续使用。因此，把“太阳”引到地球，控制住热核聚变并用之发电，是人类的梦想与孜孜不倦的追求，也是解决能源危机的“终极途径”。

四、人工可控热核聚变的基本原理与分类

1. 人工可控热核聚变反应类型选择——人造小太阳使用什么燃料？

如果要在地球上设计一个人造小太阳，要面对什么样的难题呢？首先，在地球上进行热核聚变，我们需要选择什么样的核反应呢？是和太阳上的核反应一样吗？下面列举了人们最感兴趣的几种聚变反应：

$$\mathrm{D}+\mathrm{T}\longrightarrow {}_{2}^{4}\mathrm{He}+\mathrm{n} \qquad (17.62\ \mathrm{MeV})$$

$$\mathrm{D}+\mathrm{D}\longrightarrow {}_{2}^{3}\mathrm{He}+\mathrm{n} \qquad (3.27\ \mathrm{MeV})$$

$$\mathrm{D}+\mathrm{D}\longrightarrow \mathrm{T}+\mathrm{p} \qquad (4.03\ \mathrm{MeV})$$

$$\mathrm{D}+{}_{2}^{3}\mathrm{He}\longrightarrow {}_{2}^{4}\mathrm{He}+\mathrm{p} \qquad (18.30\ \mathrm{MeV})$$

$$\mathrm{T}+\mathrm{T}\longrightarrow {}_{2}^{4}\mathrm{He}+2\mathrm{n} \qquad (11.30\ \mathrm{MeV})$$

$$\mathrm{p}+{}_{3}^{6}\mathrm{Li}\longrightarrow {}_{2}^{4}\mathrm{He}+{}_{2}^{3}\mathrm{He} \qquad (4.02\ \mathrm{MeV})$$

$$\mathrm{p}+{}_{5}^{11}\mathrm{B}\longrightarrow 3{}_{2}^{4}\mathrm{He} \qquad (8.68\ \mathrm{MeV})$$

$$\mathrm{n}+{}_{3}^{6}\mathrm{Li}\longrightarrow {}_{2}^{4}\mathrm{He}+\mathrm{T} \qquad (4.78\ \mathrm{MeV})$$

其中，T 为氢的同位素${}_{1}^{3}\mathrm{H}$，中文名为氚，n 代表中子。

目前，D-T 反应还是人们最感兴趣的热核聚变反应（如图 6-9 所示，D 和 T 反应后释放出中子、He 和大量的能量），主要的原因在于，相同的温度下，D-T 反应的速率比其他反应要快，反应释放的能量也更高。最为重要的是，它能在相对较低能量下（约10 keV，$1\ \mathrm{eV}=1.6\times10^{-19}\mathrm{J}$）进行，1 eV 对应的温度为

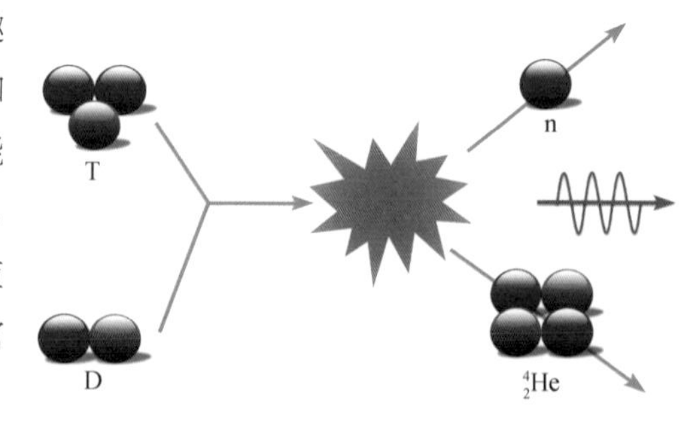

图 6-9 D-T 核聚变反应示意图

1.16×10⁴ K，10 keV 相当于 1.16 亿 K，而很多其他核聚变的温度比这个温度还要高约 1 个数量级，因此 D-T 反应是人类受控核聚变研究的第一个目标。当然，这个反应不是人类的最终目标，因为它也有显而易见的缺点，比如 T 只能人工通过 n-T 反应来合成，并且 T 具有放射性；反应将产生高能的中子，既会引起周边材料的辐射损伤，又很难将其动能转化为电能。所以，为了早日完成人工可控聚变的验证，反应条件不太苛刻的 D-T 反应还是人类的首选。

如果联立前四个核反应，我们可以发现如下的反应：

$$6D \longrightarrow 2\,{}^{4}_{2}He + 2n + 2p \qquad (43.22\ MeV)$$

反应中的 T 和 ${}^{3}_{2}He$ 起到了催化剂的作用，这个反应只需要地球上“取之不尽”的氘作为燃料，同时不会产生放射性问题，是“理想”的热核反应。当然，这个反应中 D-D 反应需要更高的温度，能量产额也相对较低，实现该反应的控制需要更先进的设备，因此它只能放在未来进行研究。其他反应也各有特点和用途，此处不作详述。

其次，聚变是很难发生的，实现核聚变需要什么样的条件呢？我们知道，几个氢原子核若想“融合”在一起形成一个大一点的原子核，首先要克服的是核间巨大的电磁斥力。在两个原子核相距约 1×10^{-15} m 量级以上时，作用的库仑势与距离成反比；到达这个距离以内时，由于核力的吸引作用，势阱变成了数十兆电子伏特。哪怕考虑了隧穿效应，要克服这样的势垒，还是需要极端的高温条件。在高温下，D 和 T 的电子和原子核分离，形成了高温等离子体。由于温度特别高，等离子体的热运动速度非常快，在离子碰撞的过程中就可能具有足够的动能克服库仑势垒而实现聚变。经过长时间的科学探索，人们已经发明了很多加热超高温等离子体的有效方法，包括欧姆加热、绝热压缩、中性粒子注入、激光束和高能粒子束等方法，为实现人工可控热核聚变打下了坚实的基础。

2. 热核聚变的约束与分类——用什么来装下人造小太阳？

人们最早想到实现人工聚变的方法就是用原子弹来诱发聚变所需要的极端条件，这就是氢弹。但是氢弹可不是人类最需要的结果，它并没有给我们提供源源不断的能源和负熵，相反，它瞬间释放出巨大的能量，能摧毁人们花费很长时间才建设好的秩序。另一种方法则是通过高速粒子对撞的方法，但是由于碰撞概率极低，这种方法只能做科学研究，想用来发电是不太可能的。

因此，我们需要的不仅仅是人工核聚变，而是人工可控的核聚变。

要想人工可控，我们首先要能控制住核反应的空间，不让它像氢弹一样不讲道理地膨胀和爆炸。可是，核反应的中心温度动辄高于[illegible]万摄氏度（刚才提到过，D-T 反应一般需要 1 亿摄氏度左右），远远高于地球上物质的熔点和沸点。以太阳为例，其中心温度高达 1 500 万 K，表面温度也约为 6 000 K。因此，可以说，没有什么容器能够装下太阳，哪怕是人造的。

热核聚变没有办法利用容器装起来，因此，人们只能控制住热核聚变的空间，这种控制就叫做“约束”。如图 6-10 所示，图中 n 表示参加反应的粒子数密度，τ 为稳定反应时间，即人工可控核聚变中的约束时间。图中的劳森判据告诉我们的信息是：要维持核聚变，$n\tau$ 乘积不得小于某个值（劳森判据解释详见下文）。人工可控热核聚变如果按照约束方式来分类可以分为磁约束和惯性约束，从产生能源的角度，这二者也通常被称为磁聚变能和惯性聚变能。磁约束聚变主要想通过磁场约束获得稳定的等离子体，而惯性约束聚变则本质上是一种脉冲的形式，通过频率为几赫兹的脉冲点燃一个个 D-T 燃料小球。两种聚变方式的聚变反应本质完全相同，所需的等离子体温度也相似，但是等离子体的密度和压力相差 10 个数量级以上。表 6-1 给出了二者的一些典型参数[1]。

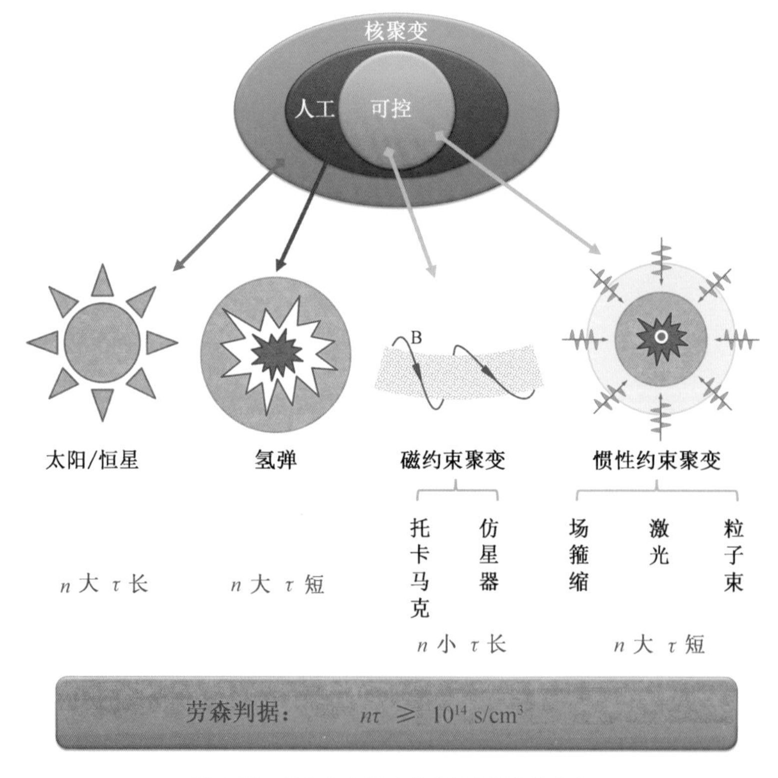

图 6-10 聚变的分类及其劳森判据参数特点

[1] 参考 S. Atzeni 的《惯性聚变物理》一书。

表 6-1 磁约束和惯性约束聚变的等离子体温度、密度和压强等基本参数值

参数	磁约束聚变	惯性约束聚变
温度 T/keV	10	10
密度 n/cm^{-3}	10^{14}	10^{25}
压强 p/bar *	10	10^{12}

* 注：bar 是压强单位，代表一个标准大气压，其值为 1.01×10^5 Pa。

早在20世纪50年代核聚变的研究初期，科学家们就开始利用磁场约束高温等离子体的方法研究聚变。磁约束充分利用了等离子体是带电粒子气体的这个特点。在足够强的磁场中，带电粒子只能在洛伦兹力（$\boldsymbol{F}=q\boldsymbol{v}\times\boldsymbol{B}$）作用下，垂直磁感线方向运动，而不能逃逸出磁场（图6-11）。如果将等离子体放置于一定位形的磁场之中，带电粒子将会被磁感线所约束，被装在“磁瓶”之中（图6-12）。由于高温等离子体被磁场约束后，并未与容器壁直接接触，因此避免了容器的热损伤。磁约束的典型例子有托卡马克、仿星器等，其中托卡马克被认为是最先进的磁约束聚变方式。一些大型托卡马克装置的聚变性能已经达到能量得失相当的水平，让人们看到了解决“能源危机”的曙光。

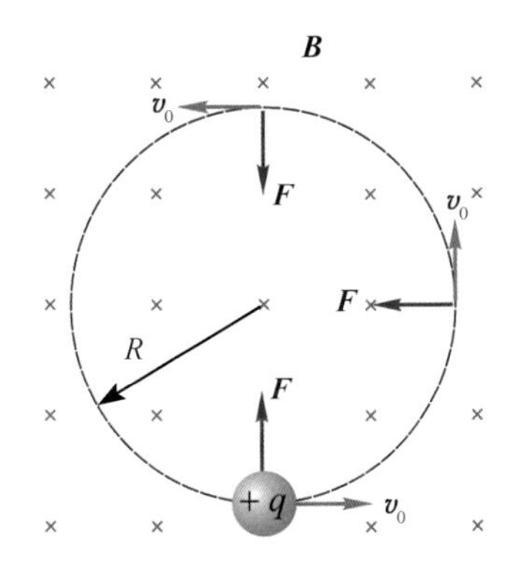

图 6-11 带电粒子被磁场约束做圆周运动

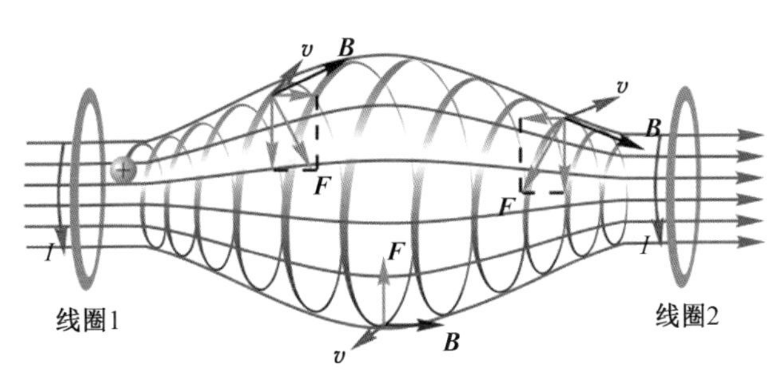

图 6-12 磁场构成“磁瓶”约束了带电粒子运动范围

1952年，美国发明氢弹的基本思路是采用高功率能源来点燃少量的热核燃料。氢弹是利用原子弹（核裂变）爆炸的百万分之一秒量级的时间内将热核燃料迅速加热和压缩到高温高密度，引发聚变。这个过程进行得非常快，以致于在等离子体惯性的作用下，大量的聚变反应完全发生时，燃料还没有来得及膨胀飞散，这就是惯性约束聚变概念的来源。等到大量的聚变能释放以后，等离子体才膨胀和飞散，短时间内释放出巨大的能量，从而造成极大的破坏。但是，即使利用小型原子弹引爆聚变，其破坏性也很大，难以实现可控的效果。因此，在很长一段时间内，人们找

不到其他小型高功率能源来点燃少量的热核燃料。

激光技术的出现和发展，给人类可控惯性约束聚变带来了希望。1963 年巴索夫和道森，1964 年王淦昌分别独立提出了惯性约束热核聚变的思路，引起了国际研究热潮。后续又扩展到用带电粒子束来引发核聚变的方案，这些都属于惯性约束聚变。这类方案都是通过高功率的束流撞击 D-T 燃料组成的靶丸（小球），使得表面材料消融和电离产生如火箭推进一般的反向推力，将靶丸压缩、加热直到引发聚变。这种方案相当于爆炸了一颗微型氢弹，只不过其释放能量比真正的氢弹小了 7 个数量级以上，从而具有可控性。

3. 劳森判据——通过聚变获得能量输出需要什么条件？

思考讨论

在阅读下文前，是否考验一下自己的推理能力。解释一下，为什么要维持核聚变，$n\tau$ 乘积不得小于某个值？

人工可控热核聚变的最终目标是为了获得可利用的能源。更本质地来说，一个核聚变系统要能够自我维持，至少需要什么样的条件呢？热核聚变反应中，一方面可以通过等离子体聚变释放出能量，另一方面还会由于等离子体加热和约束，需要消耗能量。释放的能量至少要等于消耗的能量，聚变反应才能持续下去。对于磁约束聚变而言，如果不考虑约束磁场的能耗，只要实现点火燃烧，燃料连续注入，就不用持续加热等离子体，这种聚变是连续而稳态的。对于惯性约束聚变而言，驱动器以高能短脉冲的形式提供能量给聚变靶，聚变靶经过超短爆炸来释放聚变能，这种过程是间断的、非稳态的。考虑到加热、压缩等离子体所需要的能量输入和转化，单个聚变靶的能量增益要达到 30～100 倍，才具有能源生产的价值。

首先思考聚变自我维持条件的科学家是劳森（Lawson）。1957 年，劳森基于反应释能和消耗能量之间需要得失相当，推导出了人工可控核聚变能量增益的最小判据，也即著名的劳森判据。

消耗的能量分为两个部分：①等离子体加热到核反应温度所需的能量；②等离子体的辐射能量。如果认为等离子体辐射的方式主要为轫致辐射（带电粒子直线加减速产生的电磁辐射）损失，由于实际热核燃烧温度可以高达 20～100 keV，那么与加热能量相比，辐射能量损失可以忽略不计。因此，对于一个自持的聚变系统来说，我们首要关注的是能量输出应该不小于输入，则有

$$E_{\mathrm{fus}} \geqslant E_{\mathrm{th}} \tag{6-6}$$

其中，E_{fus} 表示单位体积等离子体释放的能量；即能量输出；E_{th} 表示单位体积等离子

体的热能损耗，即所需要的能量输入。以 D-T 反应为例，聚变释放的能量由以下公式来决定：

$$E_{fus} = n_D n_T \langle \sigma v \rangle Q \tau \tag{6-7}$$

其中，n_D和n_T分别为 D 和 T 的体积数密度；$\langle \sigma v \rangle$ 为麦克斯韦平均反应率参数；Q 为每次聚变反应释放的能量；τ 是等离子体的约束时间。如果设定 D 和 T 各占总数密度 n 的一半，则有

$$E_{fus} = \frac{1}{4} n^2 \langle \sigma v \rangle Q \tau \tag{6-8}$$

再考虑等离子体的热能损失。假设等离子体为理想气体，将离子和电子加热所需要的能量为两者的内能之和，则有

$$E_{th} = \frac{3}{2} n_i kT + \frac{3}{2} n_e kT \tag{6-9}$$

其中，n_i 和n_e 分别为离子和电子的数密度，在等离子体中二者相等，都等于 D 和 T 的总数密度 n（每个氢原子会电离成 1 个离子和 1 个电子），因此

$$E_{th} = 3nkT \tag{6-10}$$

联立上述公式（6-6）、公式（6-8）和公式（6-10）可以推得，

$$n\tau \geqslant \frac{12kT}{\langle \sigma v \rangle Q} \tag{6-11}$$

该公式描述热核反应的等离子体所需的密度和约束时间的乘积应该不小于一个最小估值，这就是劳森判据。

如果设定 D-T 反应的反应温度为 10 keV，$\langle \sigma v \rangle \approx 10^{-16}$ cm^3/s，$Q = 17.6$ MeV，可以计算得到

$$n\tau \geqslant 10^{14} \text{ s/ cm}^3 \tag{6-12}$$

不同的聚变反应对应的劳森判据都不一样。对 D-D 反应而言，由于温度需要 100 keV，$\langle \sigma v \rangle$ 也要低一些，其密度与约束时间的乘积要高近百倍。这也说明 D-D 反应更加难以自持。

式（6-9）涉及的基本知识和分子动理论中能量均分理论有关；和麦克斯韦平均反应率参数和分子动理论中的麦克斯韦分子速率分布律有关。有兴趣深入了解的同学可以自学大学物理中的相关章节。

如图 6-9 所示，以劳森判据为标准，我们可以看出，磁约束聚变由于约束和压缩能力有限，密度较低，但是它通过增长约束时间，可以较为容易地实现自持；惯

性约束聚变则以爆炸的形式释放能量，约束时间很短，所以只能通过压缩燃料获得极高密度的方法实现自持。对于惯性约束聚变而言，通过劳森判据和自加热修正，还能推导出燃料质量密度 ρ 和靶丸半径 R 之间乘积的判据，也叫做 ρR 判据。这个判据的参数更加直观，可以方便地测量和计算。

$$\rho R \geqslant 0.3\ \mathrm{g/cm^2} \tag{6-13}$$

事实上，这只是最低要求，考虑到充分反应的需求，$\rho R \geqslant 3\ \mathrm{g/cm^2}$ 才是最佳条件。

五、主流的人工可控热核聚变介绍

1. 托卡马克磁约束聚变

托卡马克（Tokamak）是一种利用磁约束来实现受控核聚变的环形容器，是国际上主流的磁约束人工可控核聚变系统，被认为是未来聚变能利用的基础设计之一。它有些古怪的名字来源于 Tokamak 装置的主要特征，即环形、真空腔体、磁场等，俄罗斯语“to（roidál'naya）kám（era s）ak（siál'nym magnitnym pólem）”，意思为有磁场的环形腔体（toroidal chamber with magnetic field）[1]。最初是由苏联的库尔恰托夫研究所的阿齐莫维齐等人在20世纪60年代发明，很快就被全世界的研究者所应用。托卡马克的中央是一个环形的真空室，外面缠绕着线圈。在通电的时候托卡马克的内部会产生巨大的螺旋型磁场，将其中的等离子体加热到很高的温度，以达到核聚变的目的。

图 6-13 阿齐莫维齐纪念邮票

为纪念对核聚变做出杰出贡献的阿齐莫维齐，苏联发行了纪念邮票（图 6-13）。

一个托卡马克装置的主要组件如图 6-14 所示[2]，功能如下：

(1) 首先向该装置的环形真空腔体（类似轮胎或者甜甜圈的形状）中充入一些气体，这些气体被电流加热后形成等离子体。等离子体被装在真空腔体中。

(2) 热等离子体被外加磁场限制在真空腔体的中央，避免其损伤腔体的内壁。两套组合的电磁线圈：环形极向场线圈和纵向场线圈（图 6-15）[3] 在垂直和水平方向上均产生磁场，像“磁瓶”一样将等离子体装住并定型。

---

[1] 摘自：科林斯英语词典 2014 年第 12 版。

[2] 图片来源：http://k.sina.com.cn/article_6787577732_19492378400100ls6j.html?from=science

[3] 图片来源：中科院等离子体物理研究所科普园地。

图 6-14　托卡马克装置结构模型示意图

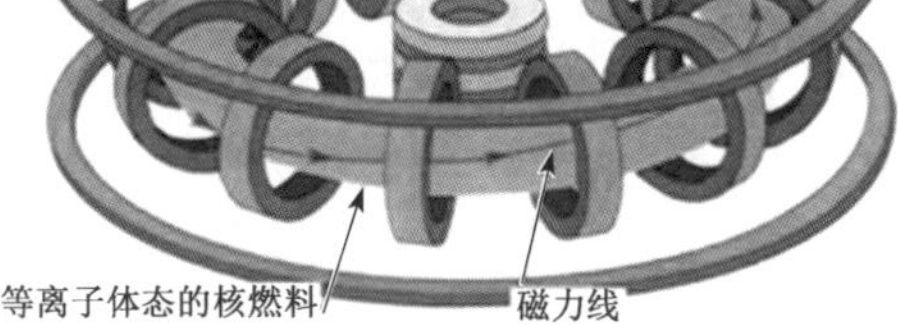

图 6-15　约束等离子体的磁场线圈示意

(3) 装置输入巨大的能量来产生强磁场和用于加热等离子体的电流。其中等离子体电流通过变压器原理来加载，中心电磁线圈外接电源作为原绕组，而等离子体由于自身导电可以看作是次级绕组，通过欧姆加热的方式将等离子体加热到 10 keV，达到聚变条件。

(4) 其他的加热方式还包括中性束注入（neutral beam injection）和高频加热（radiofrequency heating）等。前者通过将高速氢原子束注入等离子体，其动能转化为内能的同时，自身也等离子体化，随后被约束在磁场中。这种方式除了能够加热等离子体，还能补充聚变燃料。后者则通过外接线圈或波导激发等离子体的高频振荡电流，利用共振的方式将能量高效地转移到等离子体上进行加热。

相比其他方式的受控核聚变，托卡马克在设备和经济性上具有优点，是最可能用于供能的磁约束聚变方式。自 1968 年 8 月第三届等离子体物理和受控核聚变研究国际会议上阿齐莫维奇宣布在苏联的 T-3 托卡马克上实现了受控核聚变以来，各国相继建造或改建了一批大型托卡马克装置，这里面包括印度等离子体研究所的 ADITYA（意为“太阳”，位于古吉拉特邦）和 SST-1（Steady State Superconducting Tokamak）、美国 MIT 等离子体科学与聚变中心的 Alcator C-Mod、美国普林斯顿大学等离子体物理研究室的 NSTX（National Spherical Torus Experiment）、美国通用原子公司（圣地亚哥）的 DⅢ-D、德国马克思普朗克等离子体物理研究所的 ASDEX（Axially Symmetric Divertor Experiment）、捷克科学院等离子体物理研究所（布拉格）的 COMPASS、意大利弗拉斯卡蒂的 DTT（Divertor Tokamak Test facility）、英国卡勒姆聚变能源中心的 JET（Joint European Torus）、英国卡勒姆聚变能源中心的 MAST、日本纳卡（Naka）聚变研究所的 JT-60SA、韩国大田（Daejon）聚变研究所的 KSTAR、哈萨克斯坦库尔恰托夫国家原子能中心的 KTM、俄罗斯莫斯科库尔切托夫研究所的 T-15、瑞士洛桑联邦理工学院等离子体中心的 TCV 和法国卡达拉舍磁聚变研究所的 Tore Supra 超导托卡马克装置等。我国经过多年的研发，也在中科院等离子体物理研究所（合肥）建设了 EAST（Experimental Advanced Superconducting Tokamak）装置，在核工业西南物理研究院（成都）建设了 HL-2M 装置。这些装置中大多数已经升级为超导线圈，能够产生更强大的磁场来约束等离子体，而部分装置如 KTM 还是利用非超导线圈。托卡马克经过发展，也不一定都是环形腔体，比如 MAST 和 NSTX 都是球形的腔体。Tore Supra 则是第一个采用超导线圈设计的装置，在长时间稳态等离子体约束上具有优势（2003 年曾经获得约束时间 6.5 min），而 JET 是目前世界上在运转的最大且最强的托卡马克装置。中国的 EAST 上实现了 100 s 长时间约束，并且采用的高频电磁波加热等离子体的方式具有创新性。有趣的是，Tore Supra 开展了一个 WEST（W Environment in Steady-state Tokamak）（表面意思为西方）计划，利用钨元素合金来稳定装置内壳，这与中国 EAST（表面意思为东方）装置交相辉映，颇有意思如图 6-16 所示。

(a) 中国的东方超环 EAST[1]

(b) WEST 装置内部照片[2]

图 6-16 EAST 和 WEST 装置

提到聚变能，我们不得不提到一个人类历史上最“野心勃勃”的计划之一——国际热核聚变实验堆计划（International Thermonuclear Experimental Reactor, ITER)。这个计划自 1985 年倡议，2005 年正式确定 ITER 装置将在法国建设，2006 年七方（中国、欧盟、印度、日本、韩国、俄罗斯和美国）正式签署国际联合实施协定开始实施。除了七方以外，澳大利亚、哈萨克斯坦、泰国等 35 个国家，以及 60 多个国际组织、国家实验室以及高等院校均以非会员的形式参与了建设。上述的大装置绝大多数都是分工为 ITER 做预研，可以说 ITER 体现了地球上人类最高的智慧、最先进的科学技术与最强的合作共赢决心。ITER 目前正在建设，计划将于 2025 年实现首次点火，到 2035 年将实现 D-T 聚变能输出。建成以后 ITER 将成为世界上

---

[1] 图片来源：中科院等离子体物理研究所科普园地。

[2] 图片来源：http://irfm.cea.fr/en/west/#

最大最强的托卡马克装置，将为人类和平利用聚变能奠定基础。图 6-17 为 ITER 设计图[1]。

请同学们打开以下网页：http：//www. ccfe. ac. uk/Tokamak. aspx 尝试网页下方的动画（图 6-18），感受磁约束在托卡马克装置中的重要性。

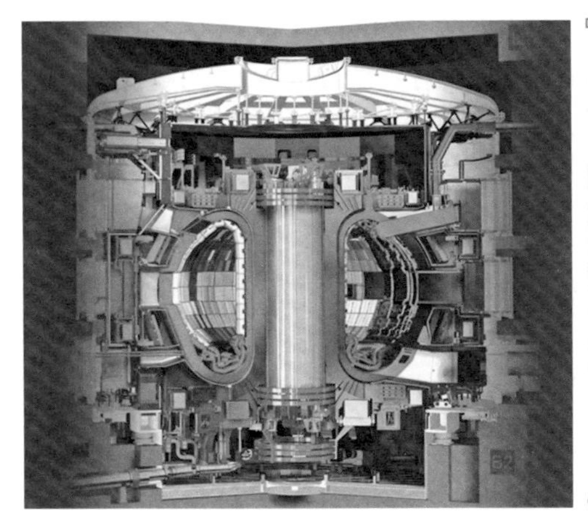

图 6-17 ITER 设计图

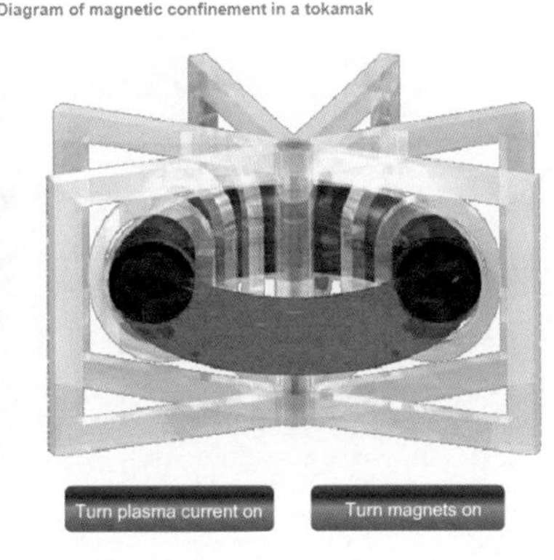

图 6-18 交互式动画感受托卡马克磁约束

2. 激光惯性约束聚变

激光惯性约束聚变（inertial confinement fusion，ICF）是研究最早、技术最成熟和最有希望获得聚变能的一种惯性约束聚变方式。激光惯性约束聚变需要高功率激光系统、精密靶材料制备加工与装配技术、高时空分辨的诊断技术、高超的实验设计以及扎实的理论功底（理论、实验、诊断、制靶和驱动器“五位一体”），是一个国家综合国力的体现，能代表一个国家在高技术领域的水平。

如前所述，我国一直以来走在激光惯性约束聚变领域的前列。早在 1964 年，王淦昌先生就独立提出了激光惯性约束聚变的思想。中国科学院上海光学精密机械研究所高功率激光专家邓锡铭在次年便开始了高功率钕玻璃激光驱动器的研究，为我国 ICF 研究打下基础。

激光惯性约束聚变的基本原理如图 6-19 所示，主要过程如下：

（1）通过多组半透半反镜获得同一激光器发射出来的多束相干光。

（2）采用直接驱动或间接驱动的方式压缩靶丸。所谓直接驱动就是采用多束激光直接辐照到含有氘氚燃料的靶丸上，靶丸外壳材料（塑料、玻璃、金属等）表面被烧蚀（气化和等离子体化），体积快速膨胀向外喷射，从而产生向内的反冲力，将燃

[1] 图片来源：https：//www. iter. org/mach

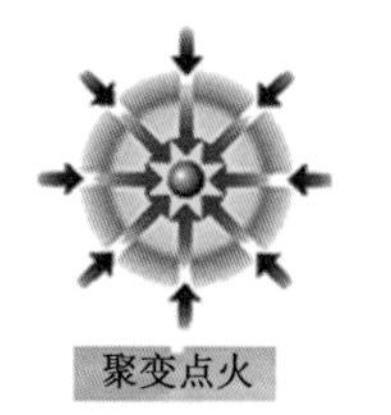

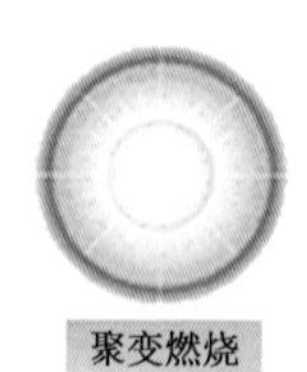

图 6-19 激光核聚变示意图[1]

料以极高的速度压缩到高密度和聚变所需的高温。所谓间接驱动则是采用多束激光辐照到黑腔（一般为金或其他高原子序数元素制成的管状物）上，激光加热高原子序数元素的等离子体产生 X 射线，再由 X 射线辐照、烧蚀并压缩靶丸，实现高密度和高温条件。

(3) 当燃料达到聚变所需的温度时，完成核聚变。燃料由于自身的惯性来不及马上飞散，将维持一段时间（满足劳森判据），释放出大量的聚变能。

其中，直接驱动由于减少了能量转化的过程，理应具有更高的效率。但是目前国际上还是以间接驱动作为主流方案，因为直接驱动过程对对称性和流体力学不稳定性的控制要求高得多。打个比方，直接驱动就像是利用有限的针将一个气球压缩到原来体积的 500～1 000 分之一，破损的可能极高。

激光惯性约束聚变将通过一次次小型的脉冲式核爆来获取大量的能量，密度极高，增益大，是人类通过聚变解决能源危机的另一条主要途径。ICF 中由于主要涉及高密度等离子体，还能在地球上开展天体物理学实验，为人类了解宇宙提供数据。比如，科学家们利用强激光辐照产生 km/s 速度的梯度飞片，再撞击到另一个材料（如 Al）上，可以通过准等熵稀疏压缩过程测试材料的高压低温（相对低温）状态方程，为了解白矮星上物质状态打下基础。同时，ICF 由于涉及很多高技术领域，其主体研究还会带动物理学、材料学、加工技术、检测技术、工程技术等方面的飞速发展，其高难度和高要求对人类的科学技术发展起到引领作用。

正是因为 ICF 的难度极高，有实力进行研究的国家并不多。美国在该领域具有领先地位。美国早期主要装置为 20 世纪 80 年代建设在劳伦兹利弗莫尔国家实验室（Lawrence Livermore National Laboratory，LLNL）的 NOVA 装置，其致力于利用间接驱动的方法研究惯性约束聚变。NOVA 的激光总共分为 10 束，在 1984—1999 年是世界上输出能量最高的激光系统，它是世界上第一个拍瓦（10^{15} W）激光器。NOVA 上采用 20 kJ，0.35 μm 的三倍频激光在爆聚燃料条件上取得重大进展，验证

[1] 图片来源 http://www.siom.cas.cn/kxcbnew/kpgl/

了光束/靶的耦合效率、光束辐照对称性、光束脉冲形状、靶预热和高增益所要求的流体力学稳定性等多种分解实验。采用三倍频而不是基频 1.05 μm 的激光来进行驱动是为了减少有害的高能电子，NOVA 的思路和数据为其他装置设计提供了参考。NOVA 在国家点火装置（National Ignition Facility，NIF）建造后被拆除，靶室于 1999 年被运往法国，成为法国兆焦耳装置（The Laser Mégajoule，LMJ）的临时组成部分，其他大量组件于 2002 年被运往德国达姆施塔特附近的亥姆霍兹重离子研究中心（GSI），用于 PHELIX（Petawatt High Energy Laser for Heavy-Ion Experiments）激光器上。此外，1979 年建设于美国罗切斯特大学 NRL 的 Omega 激光器在 1990 年升级为 60 束，可以实现三倍频 30 kJ 的输出，也为 ICF 分解实验提供了大量参考数据。到 21 世纪初，美国能源部投资建设了 NIF 装置（如图 6-20 所示，NIF 巨大的靶室比人都大很多），并资助了国家点火攻关计划（National Ignition Campaign，NIC）用于聚变能研究。NIF 装置于 2009 年 3 月建成运行，它是一个拥有 192 束激光的大型装置，可以实现 1.8 MJ 和 500 TW 的 351 纳米三倍频激光的输出，直接将大型激光系统的能量记录提高了数十倍。NIF 主要采用间接驱动和中心热斑点火方式，整体采用 U 形设计。最终 NIC 计划由于多种技术原因没有实现预期增益，但是在科学和技术上取得了非常瞩目的成果。美国没有对 ICF 技术丧失信心，正好相反，他们进一步启动了 LIFE（Laser Inertial Fusion Energy）计划，希望在 2100 年通过 ICF 技术为美国提供大部分的能源电网。

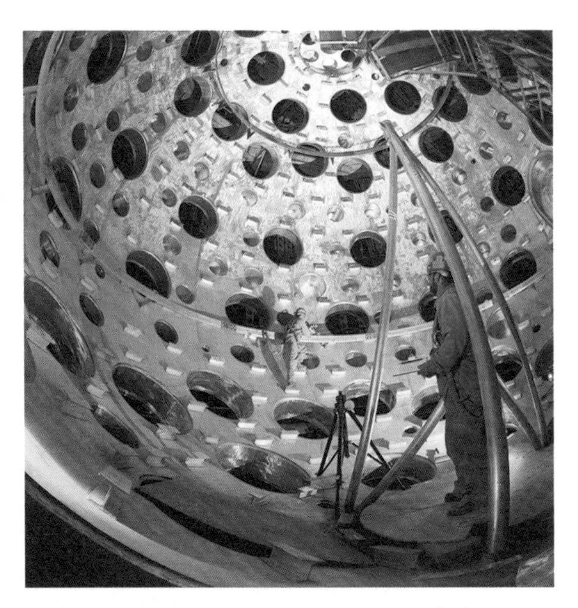

图 6-20 美国 NIF 装置巨大的靶室[1]

其他多个国家都采用美国提出的设计建设了自己的激光惯性约束聚变装置，比较有代表性的有：英国 VULCAN（意为“火神”，10 路基频，复制 NOVA），ASTRA、Gemini、ARTEMIS、ULTRA 和 OCTOPUS 五大激光装置，捷克物理所和英国合建的最高百焦耳级 HiLASE 计划，捷克 PALS 装置，法国 PETAL 装置（7 PW

[1] 图片来源 https://lasers.llnl.gov/content/assets/images/news/nifps_news/2019/tc7.jpg

功率、0.5～10 ps超短脉冲激光系统）及日本大阪大学激光核聚变研究中心Gekko Ⅻ激光装置等。欧洲在英国科学装置委员会（STFC）和英国科研委员中心实验室理事会（CCLRC）的联合发起下，以英国卢瑟福阿普尔顿实验室（Rutherford Appleton Laboratory，RAL）为主导，开启了HiPER计划。通过多国的相互合作，进行不同构型的验证试验，计划在2030年建设首个聚变电站。加入HiPER计划的团队包括英国RAL、法国科学院的LULI（Laboratoire pour L'Utilisation des Lasers Intenses）、德国耶拿大学的IOQ（Institute of Optics and Quantum Electronics）等26个国际团队，上述3个团队分别在100J原测试平台上探索高平均功率的方案，还提出了两种千焦耳级激光器概念。第一个是RAL的DiPOLE激光，第二个是LULI的LUCIA计划。法国巴黎理工大学应用光学实验室的ELI装置和德国汉堡的欧洲X射线自由电子激光器计划也共同支持HiPER计划。

此外，法国的LML装置与NIF相仿，采用240束激光，总能量可达1.8 MJ，功率高达550 TW，整体为"in-line"布局。日本则于2002年开启了FIREX（Fast Ignition Realization Experiment）计划，并于2003—2007年建设了拍瓦级激光器LFEX（Laser for Fusion Experiment）系统，Ⅰ号系统已经实现10 kJ的10 ps超短脉冲基频输出，焦斑直径可小于30 μm。俄罗斯则开展了UFL-2M计划，采用类似NIF的192路设计，总输出能量将达2 MJ。

中国的激光系统则为神光系列。早在1980年王淦昌先生就提议建设了激光12号装置，1985年在于敏先生的支持下，中国工程物理研究院（图6-21）和中国科学院

图6-21 中国工程物理研究院官网

上海光学精密机械研究所（图 6-22）建设了高功率激光物理联合实验室，1986 年王爱萍将军题词“神光”后，神光就成为我国 ICF 用强激光系统的名称。神光 I 采用 2 束激光设计，功率为 10^{12} W，焦斑直径为 50 μm，在 1994 年正式退役。神光Ⅱ在 2000 年试运行，采用 8 束 10^{12} W 激光设计；在 2006 年建设了第 9 束激光，其输出提高了 5.8 倍；随后神光Ⅱ达到 4×10^{17} W/cm^2 的峰值通量密度，并建设了 2 倍频和 3 倍频输出能力；神光Ⅱ与日本 Gekko Ⅻ合作开展研究，取得了丰硕的成果，也为我国参与国际合作增长了经验。神光Ⅲ于 1995 年开始研制，2015 年主机建设完成，采用 64 束激光和 L 形构型设计，具备 180 kJ、峰值功率 60 TW 的三倍频输出能力，是世界上第二大激光驱动器，也是亚洲最大的高功率激光系统。神光Ⅳ（我国的国家点火计划）也于 2010 年启动，预计在 2020 年左右建成，总体设计将采用 288 路激光，输出能量将高达 2 MJ。总体而言，我国的 ICF 研究从理论提出到装置建设上都走在世界前列，将为人类彻底解决“能源危机”贡献力量。图 6-23 为两套中国激光核聚变装置外形[1]。

图 6-22　中国科学院上海光学精密机械研究所

图 6-23　两套中国激光核聚变装置外形

[1] 张小民，魏晓峰. 中国新一代巨型高峰值功率激光装置发展回顾[J]. 中国激光，2019，46（1）.

实验研究

利用收集的废弃眼镜片或其他生活中的元件，设计一个装置，在一个晴朗的天气，和同学们比一比，谁最快点燃同样的餐巾纸或其他纸张。实验中不允许手操控跟踪太阳。

3. Z箍缩技术

天体物理学家发现，太阳光谱中除了有约6 000 K的黑体辐射光谱（光球层）以外，还存在着反常的短波长辐射。后来发现这些短波长辐射部分来自太阳表面高温的日冕。日冕在太阳大气的最外层，在光球层和色球层以外，厚度达到几百万千米以上，温度则约为100万开，远高于太阳表面温度。虽然天文学家们尚未完全确定为什么太阳离核聚变反应最远的日冕层具有这么高的温度，但是很多学者认为箍缩效应起到了关键作用。

箍缩效应是指等离子体电流与其自身产生的磁场相互作用，使等离子体电流通道收缩、变细的效应，从而可以对等离子体进行压缩，是获得高温高压等离子体的一种方式。从方向来分类，箍缩可以分为角向箍缩和Z箍缩两种，其中Z箍缩是主要的研究方向。原本Z箍缩主要用于开展高能物理实验，但是随着大电流技术的发展，其压缩密度和温度越来越高，使得在其中进行聚变成为可能。

Z箍缩虽然是通过Z方向金属丝阵传导强电流被等离子体化后，用自身产生的磁场对等离子体自身进行箍缩，但是对于聚变而言，它不是一种磁约束聚变，而属于惯性约束聚变。磁场产生的向内压缩只是驱动过程，点火过程的维系还是通过自身惯性来约束，可以称为电磁驱动惯性约束聚变。

Z箍缩的原理如图6-24所示，主要过程如下：

① 在Z轴方向上的金属丝阵中通入电流，电流的热效应将使得金属丝等离子体化；

② 等离子体的迁移率将远高于原来的金属丝，将产生强大的电流；

③ 电流将产生强大的环形磁场B，其法向方向为Z轴，等离子体中运动的正离子和电子将受到洛伦兹力的作用，均向内压缩；

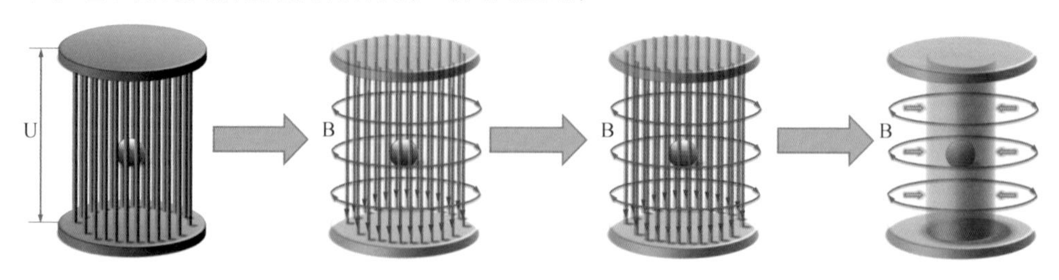

图6-24 Z箍缩过程示意图

④ 向内压缩产生高温和高压条件，产生 X 射线，进一步辐照和压缩中心放置的燃料，如果达到聚变条件，将引发金属丝阵内燃料的聚变，并被燃料自身惯性约束一段时间。

Z 箍缩目前的等离子体温度条件已经接近聚变条件，而其环境要求低、效率较高等特点使得人们对其获得聚变能充满期待。

目前，国际上 Z 箍缩的主要设备包括美国圣地亚国家实验室（Sandia National Laboratories，SNL）的 Z 装置（如图 6-25 所示，峰值电流可达 20 MA，后同）与 ZR 装置（Z Refurbished，26 MA）、美国 Saturn 装置（8 MA）、美国物理国际公司的 Decade Quad 装置（6 MA）、俄罗斯新能源研究所的 Angara-5-1 装置（4 MA）与 Baikal 装置（在建，50 MA）、俄罗斯库恰托夫原子能所的 S-300 装置（2.5 MA）及英国帝国理工大学的 MAGPIE 装置（1.4 MA）等。中国目前也具有两个大型 Z 箍缩装置，一个是中国工程物理研究院的"聚龙一号"装置（10 MA），另外一个是西北核技术研究所的"强光一号"装置（1.7 MA）。美国在 Z 箍缩领域处于领先水平，SNL 的 ZR 装置是已运行的峰值电流最大的脉冲功率装置和 X 射线产生器。

图 6-25　圣地亚国家实验室的 Z 装置[1]

随着电子束驱动聚变实验的失败，20 世纪 80 年代开始，美国的思路转为轻离子束驱动，而苏联则利用 Z 箍缩将能量转变为软 X 射线。其中，1989—1992 年之间，在 Angara-5-1 装置上采用双层丝阵实现了 40 kJ 的软 X 射线辐射，为聚变实验研究

---

[1] 图片来源 https://www.sandia.gov/media/images/jpg/Z02.jpg

打下了基础。而美国的轻离子束聚变实验则一直没有成功，于是，美国的主要研究精力也放在了丝阵 Z 箍缩方向上。1995 年，美国在 Saturn 装置上实现了功率高达 85 TW、总能量达到 500 kJ 的 X 射线输出。次年 SNL 改造并建成 Z 装置，获得了创纪录的辐射能约为 2 MJ 的脉冲 X 射线输出，使得 Z 箍缩研究迅速升温。ZR 装置的出现大大增强了实验的可重复性与稳定性，但是目前仍不能满足用户高涨的需求。美国计划建设 Neptune 装置，将具有 28 TW 峰值电功率的输出能力，可以输出 20 MA 任意形状波前的电流脉冲，满足多种研究的需要。而 SNL 针对聚变和 X 射线辐射效应研究，正在研制电功率高达 300 TW 的 Z300 装置，其核心目标是实现聚变点火。Z300 装置设计产生 2 倍于 ZR 装置的电流、4 倍于 ZR 装置的功率，压缩能力也将是 ZR 装置的 4 倍。SNL 甚至提出了 800TW 的 Z800 装置建议。Z 箍缩设备具备相对简单、稳定性和重复性好、对环境要求不高等优点，成为人类获得聚变能的可靠方案之一。

思考讨论

Z 箍缩中传导电流的正离子和电子的运动方向正好相反，而磁场驱动下其运动方向均向内部，请试着利用高中物理知识分析二者洛伦兹力的方向，理解 Z 箍缩的电磁驱动原理。

实验研究

搭建装置，用通电导线替代 Z 箍缩中的离子流，进行箍缩研究。尽可能有定量研究。

六、小结

聚变能是目前人类已知能量密度最高的能源，其原料来源极为广泛，理论上可以做到绝对安全（无放射性），是解决人类“能源危机”的绝佳方案，引起了世界各国广泛的关注和研究。但是，由于要克服氢原子核之间巨大的静电势垒，需要集中的高能量输入才能实现聚变。目前可以通过欧姆加热、高功率激光或粒子束的加热和压缩、磁驱动加热和压缩等方式达到聚变条件。劳森判据告诉我们，要想使得聚变反应自持（输出能量不低于输入能量），必须提高等离子体密度和约束时间的乘积。通过长时间约束的磁约束聚变和采用压缩等离子体提高密度的惯性约束聚变成为获得聚变能的两条基本路线。考虑到诸多科学、技术和效率等问题，托卡马克磁约束聚变、激光惯性约束聚变和 Z 箍缩聚变成为各国科学家们主要研究的方向，但是目前均未成功达到实际应用的程度。

托卡马克磁约束聚变由于等离子体浓度低而增益较低，同时 D-T 反应中中子对容器损伤和超导线圈维持过程的损耗等问题限制了其应用，目前的国际合作计划将举各国优势，从材料（钨合金）和规模化等方面进行该思路的点火验证。

激光惯性约束聚变由于等离子体密度和温度都很高，理论增益极高，但是主流的中心点火方式、多次能量转化中的效率损耗、流体力学不稳定性等问题都制约了其聚变能的获得，但是目前新的点火方式如将压缩和加热点火过程分开的快点火设计、基于高效率的新型靶材料与制靶设计等方面的研究，更加明确了方向。

Z 箍缩作为一个获得聚变能方式的“后来者”，不需要真空环境，装置简单且稳定，效率高（能量转换过程简单），但是在压缩密度和等离子体温度上相比激光惯性约束聚变还需要继续提高。

总而言之，虽然目前聚变条件最低的 D-T 点火还未实现，但是人类已经在托卡马克磁约束聚变和激光惯性约束聚变上获得了丰富的结果。我们相信，更大型的设备将大幅提高效率，实现点火和聚变能利用的演示。Z 箍缩也将从物理实验步入实质性论证阶段，成为极具前景的聚变方式。毫不夸张地说，在聚变能方面，人类已经走到了黎明前夕。“人造小太阳”将在地球上冉冉升起，为人类带来永久的能量和秩序，必将指引我们到达一个更加光明的未来！

古有夸父追日，精神可嘉可叹，结局悲壮。今有众勇士努力造日，依托科学，坚持信念，接力追梦，造日梦圆之日可期。

第二篇

研学物理之激情

第七章　关于汽车的爱恨情愁

汽车，可谓人人知晓，但是你到底对它了解多少呢？可能你关心小轿车的牌子、型号和价格；可能你关注与之相关的交通安全、交通堵塞问题；你有可能在讨厌雾霾的同时将雾霾成因指向了汽车尾气排放过量；也有可能对上海街头公交站上安装的车辆到站自动播报时间表十分青睐；甚至你还可能希望在紧急需要的时候，有辆轿车连带司机能够突然出现在你面前。

有爱就有恨，有希望就有烦恼。汽车给我们带来便捷、享受和效率，也给我们带来问题、痛苦和思考（图 7-1）。

图 7-1　这些图能够引发你多少思考

很多同学关心关注社会热点问题，积极开展研究性学习，“在研究中学习，在学习中研究”，不断提升自身的创新精神和实践能力。汽车，对于现代人类，可谓是充满爱恨情愁的生活必需；而对于关注社会、热爱生活的青少年学生，汽车可以成为我们探索科学应用、体会技术发明、尝试创意研究的好“教科书”。

一、关于汽车轮子的讨论

1. 车轮为什么是圆的

众所周知，汽车、卡车、摩托车等交通工具的车轮都是圆的，但若哪天有人问你“车轮为什么是圆的”，面对这个看似不是问题的问题，你会如何回答呢？“不是圆的还叫轮子吗？”“如果不是圆的，是正方形或某个多边形，车上人会颠死。”若再被追问：“圆的车轮使车子平稳，但是只有这一个理由吗？”你可能还会想到“圆的省力”“圆的节能”“车轴装在车轮的圆心处，车辆前进时只要克服摩擦力就行，如果不是圆形车轮，车辆前进时还要不断提高重心，于是一部分能量要消耗于克服重力做功，不值得”……

上述这些想法确实都有道理。除此以外，车轮的滚动摩擦力值得深入探讨。我们可以从下面这个情景问题中，通过定量计算获得更为直观的感受。

有一个载货木箱，总质量为 500 kg，一个成人的最大推力 300 N，请问，需要多少人才能在地面上直接推动木箱？又，如果木箱在 20 kg 的平板推车上，需要多少人才能推动平板车？（轮胎在干燥的水泥路面的滚动摩擦系数 $k_r=0.02$，木箱在水泥路面的滑动摩擦系数 $k_s=0.6$）

同学们进行了分析：

用平板推车需要克服地面与车轮间的滚动摩擦力，于是

$$F_1=k_rN=0.02\times(500+20)\times9.8=101.92(\mathrm{N})$$

一个成人就够了。

直接推此木箱则需要克服地面的滑动摩擦力

$$F_2=k_sN=0.6\times500\times9.8=2\,940(\mathrm{N})$$

需要 10 个成人。

思考讨论

1. 生活中还有哪些例子是通过滚动来达到省力目的的？

2. 尝试用玩具小车（模拟利用滚动摩擦的运输工具），纸箱的纸板（模拟利用滑动摩擦运输工具），注水的矿泉水瓶若干（模拟运输的重物），橡皮筋（测量力的大小），在水泥路面上进行摩擦力对比实验，相同重物下，纸板的拉力是玩具小车拉力的几倍（先猜猜）？

3. 考考大家的想象力。被称为 cradle 的器具（图 7-2）是古代的物件，现代人看到后想不明白，这个像巨大摇篮一样的东西干什么用的。你猜猜看。[1]

图 7-2　被称为 cradle 的器具

实验研究

1. 上述思考讨论 2 的实验研究如果只用那些规定的日常物品进行的话，如何更为准确地测量，是有挑战的！有勇气挑战一下这一开放的“趣味实验”吗？得出结

[1] 图源自台湾佐峰科学实验视频之趣味科学实验集——滚动的科学。

论后可以比比，看之前谁猜得准。

2. 实验测量轮胎在几种不同路面上的滑动摩擦系数和滚动摩擦系数，研究轮胎的滚动摩擦系数大小跟哪些因素有关。

课题拓展

据说有机构研究出变形轮胎，在行驶中就可以从圆形变成圆角三角形，随之而变的是行驶模式从车轮滚动变成履带式行驶，优点是什么？在车轮上，你有什么奇思妙想吗？

2. 滚动摩擦力是摩擦力吗

你可能已经知道滚动摩擦力远比滑动摩擦力小，故日常生活中我们应该尽量借助于滚动摩擦力来移动物体。但你真的对滚动摩擦力了解透彻了吗？“滚动摩擦力是怎么产生的？”“滚动摩擦力是摩擦力吗？”这些问题你可能只知道结论，没有深入思考过原因；你也可能连结论也不知道。这里向大家介绍一本书《汽车理论》（清华大学余志生主编，机械工业出版社出版），书中告诉我们，滚动阻力主要是因为车轮或地面的微小变形产生的。

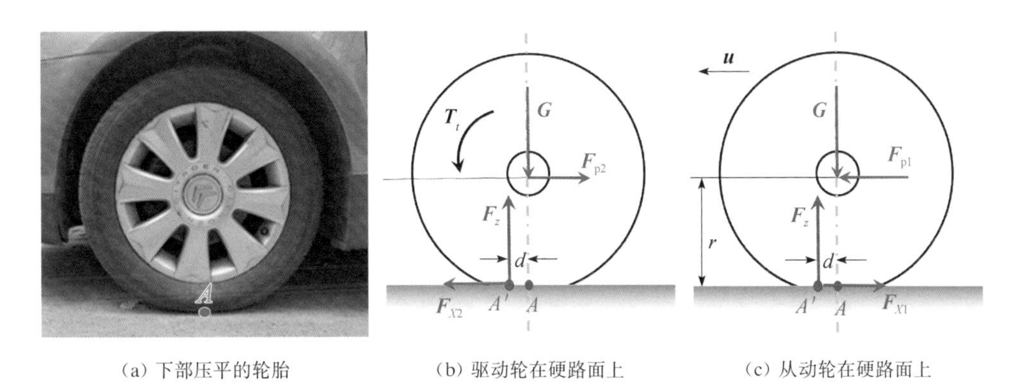

(a) 下部压平的轮胎　　(b) 驱动轮在硬路面上　　(c) 从动轮在硬路面上

图 7-3　滚动摩擦力产生原因说明

由于汽车轮是充气橡胶轮胎，与地面接触处变形成一个面，如图 7-3（a）所示。G 表示轮子负重，r 为轮子半径。轮子静止时，地面对轮子的支撑力的合力位于 A 点，即接触面的中心点。但当驱动轮在发动机的带动下如图作逆时针滚动时，在车架结构的带动下，从动轮的轴上会受到如图 7-3（c）F_{p1} 的作用，致使从动轮有前倾及向前的运动趋势；又由于车身的自重，使车胎发生形变，其与地面是面接触，最终使地面对从动轮的支撑力的合力 F_z（大小等于 G）移向图中 A 点的前侧的 A'点。这叫因为轮胎在变形的过程中由于内部的摩擦消耗了部分能量，在 A 点后方的轮胎逐渐向上抬起时，并不能完全恢复原来的形状和弹性状态，从而轮胎后部对地面的压力小于前部对地面的压力，所以整个接触面的合力由 A 点移到 A' 点。这种对弹性材料施力，使材料形变后，突然撤销外力，应变不会与外力同时完全消失，即外力撤销应变不会恢复到零的现象叫弹性迟滞损失。

从图7-3（c）可知，车轮的变形产生的滚动阻力矩 T_f 为

$$T_f = F_z \cdot d \tag{7-1}$$

从图7-3（c）也可看出，如果轮子在硬路面上匀速滚动，合外力矩为零，则从动轮轮子中心受到的推力 $\boldsymbol{F}_{p1}$ 对 $\boldsymbol{A}$ 点所产生的力矩为

$$F_{p1} \cdot r = T_f$$

相当于匀速运动的轮子受力平衡，有

$$F_{p1} = \frac{T_f}{r} = F_f \tag{7-2}$$

于是

$$F_{p1} = \frac{T_f}{r} = F_z \frac{d}{r} = G \frac{d}{r}$$

若令 $\mu_r = d/r$，则 $F_{p1} = \mu_r G$。显然，由式（7-2）可知，μ_r 扮演了滚动摩擦系数的角色。

$$F_f = \frac{T_f}{r} = \mu_r G \tag{7-3}$$

图7-3（b）为驱动轮在硬路面上匀速滚动时的受力分析图。由于驱动力矩 T_t 的存在，轮子与地面的接触面相对地面有一个向后运动的趋势，所以地面给轮子一个向前的静摩擦力 F_{X2}。F_{p2} 为驱动轴作用于轮子的水平力，相对于轮心没有转矩。由于轮子匀速滚动，所以各个方向受力平衡，逆时针力矩和顺时针力矩相互抵消，所以有

$$T_t = F_{X2} r + T_f \tag{7-4}$$

其中，T_f 由式（7-1）定义。于是

$$F_{X2} = \frac{T_t}{r} - \frac{T_f}{r} = F_t - F_f \tag{7-5}$$

上面式（7-4）表示发动机的驱动力矩是用于克服静摩擦力矩和滚动摩擦力矩；图7-3（b）和式（7-5）反映一个现象，真正向前的驱动力是地面上的静摩擦力，其

数值是作用于轮轴的驱动力 F_t 减去地面作用于轮胎的滚动阻力 F_f。但是驱动力 F_t 是“定义上的”，滚动摩擦阻力 F_f 也是“定义上的”，无法在受力图上画出。

思考讨论

1. 生活中是否存在很多弹性迟滞损失的现象？

2. 有人说滚动摩擦力不是摩擦产生的，你觉得有道理吗？

3. 为什么称驱动力和滚动摩擦力为“定义上的”驱动力和“定义上的”滚动摩擦力？

4. 定义上的滚动摩擦阻力的大小和什么因素相关？

5. 在硬路面上从动轮所受的 F_{X1} 是什么力？

滚动摩擦系数可由实验测出。

表 7-1 为汽车以中、低速行进在一些路面上时的滚动摩擦系数。

表 7-1　滚动阻力系数 f 的数值[1]

路面类型	滚动阻力系数 f	路面类型	滚动阻力系数 f
良好的沥青或混凝土路面	0.010～0.018	泥泞土路	0.100～0.250
一般的沥青或混凝土路面	0.018～0.020	干砂	0.100～0.300
良好的卵石路面	0.025～0.030	湿砂	0.060～0.150
坑洼的卵石路面	0.035～0.050	结冰路面	0.015～0.030
干燥的压紧土路	0.025～0.035	压紧的雪道	0.030～0.050
雨后的压紧土路	0.050～0.150	碎石路面	0.020～0.025

思考讨论

为什么强调表中数据为汽车以中、低速行进时测定的值？

实验研究

如何测定自行车在不同条件下的滚动摩擦系数。

3. 摩擦力有益还是有害

思考讨论

是不是滚动摩擦系数越小越好？

[1] 数据来源，《汽车理论》，清华大学余志生主编，机械工业出版社。

地面摩擦力越小汽车跑得越快吗？可能很多人会说，这是一个显而易见的问题，当然摩擦力越小，汽车提速越快。那么接下来请思考这个问题：为什么在摩擦力很小的冰面上汽车跑不快（图7-4）？显然，这段话里面涉及的矛盾是因为混淆了两种不同的摩擦力：滚动摩擦力和静摩擦力。

图7-4　冰面上的汽车

我们先区分两种不同的摩擦，滚动摩擦和静摩擦。

滚动摩擦的来源已经提及，滚动摩擦力越小，汽车滚动的阻力越小，汽车提速越快，这一点是肯定的。

那车轮的静摩擦力从何而来呢？

对于做纯滚动（即没有打滑）的驱动轮来说，它与地面的接触，始终保持没有相对滑动，但有相对向后运动的趋势，因此产生的是如图7-3（b）中的 F_{X2} 静摩擦力。我们在教科书上常用 f_s 表示静摩擦力。静摩擦力 f_s 的方向与相对运动趋势相反，所以静摩擦力 f_s 是向着前行方向的。而驱动轮的轮轴上有一个发动机转递过来的力矩，也叫做扭矩T_t。f_s 对驱动轮的转动效果与汽车输出在车轮轴上的动力扭矩 T_t 的转动效果相反，故是阻碍其逆时针转动的，是有害的。但地面产生静摩擦力 f_s 方向与汽车的运动方向相同，又有益于车辆前进！

而对于做纯滚动（即没有打滑）的从动轮来说，由于车架联动的作用，使从动轮轴中心受到向前的拉力，致使从动轮跟地面接触的点相对于地面有向前运动的趋势，故受到地面的如图 F_{X1} 的静摩擦力，这个摩擦力加速了从动轮的逆时针转动，从转动效果看是有益的。但它的方向与车辆的前进方向相反，又是阻碍车辆的前进。

另外，对于整个车身来看，车辆水平方向上除空气阻力外，受到的主要外力是地面对驱动轮向前的静摩擦力和对从动轮向后的静摩擦力，二者的合力即是提供车辆水平方向的加速度（图7-5）。从这个角度说这两个静摩擦力还是否都有益呢？

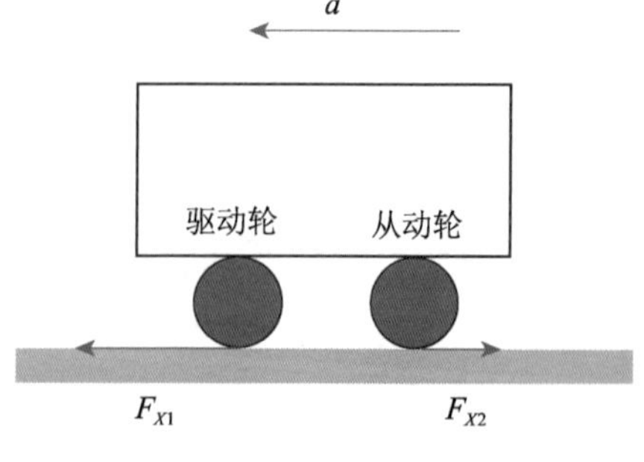

图7-5　车轮静摩擦力效果示意

思考讨论

1. 汽车输出在车轮轴上的动力扭矩 T_t，和地面产生静摩擦力 f_s，二者是什么关系？

2. 请详细分析说明摩擦力有益还是有害的？

由图 7-3（b）和式（7-5）$F_{X2}=\frac{T_t}{r}-\frac{T_f}{r}=F_t-F_f$ 及式（7-3）$F_f=\frac{T_f}{r}=\mu_r G$ 知，当滚动摩擦系数不变或变小时，随着驱动轮上受到的驱动力矩 T_t 增大，静摩擦力 $f_s(F_{X2})$ 会相应增大，当 f_s 达到最大路面可提供的静摩擦力 f_{smax} 时，车辆加速度达最大。若再提高 T_t，车轮将打滑。所以在任何情况下，f_s 都不会大于路面最大静摩擦力 f_{smax}（即最大附着力）。而这个力的大小与正压力和接触条件都有关系，公式表示为

$$f_{smax}=\mu_r N \tag{7-6}$$

式中，f_{smax} 是最大附着力；N 是正压力；μ_r 是附着系数（即静摩擦系数），它由轮胎和路面等情况决定。

轮胎在冰面上的附着系数是水泥路面的 1/10，所以汽车在冰面上易打滑，开不快。人们有时候会在车轮上缠上防滑链，以应对冰雪路面。这相当于提高车轮的粗糙程度，提高附着系数 μ_r，增加附着力 f_{smax}。

前后两个轮子受到的静摩擦力实际都是在轮胎和路面间产生，其最大静摩擦力是路面可以“抓住”轮胎的极限力，所以也叫做路面附着力。

课题拓展

增加汽车的防滑性能即是提高汽车的附着力，汽车轮胎防滑链从材质选择到花样设计都有讲究，有兴趣的同学可以从中发掘课题。课题可以和汽车轮胎的防滑相关，也可以和其他防滑问题相关。毕竟生活中需要防滑的问题还是很多的。

对于北方冬天，汽车也可以更换针对低附着情况的冬季轮胎（图 7-6），冬季轮胎比普通轮胎更加柔软，胎面纹路更深更多，因此有着更高的附着系数 μ_r，从而可以获得更大的路面附着力 f_{smax}。

图 7-6　冰雪路上冬季轮胎安全

现在我们明白了，路面的滚动阻力（滚动摩擦力）对车辆行驶中的车轮转动起到阻碍作用，但是路面附着力（静摩擦力）则是车辆行驶不可或缺的必要条件！

思考讨论

北方冬季气温低、时间长，开车人往往将轮胎换成冬季轮胎。在某些国家，冬季规定一定要用冬季轮胎，以保证安全。甚至有国家在冬季发生车祸时，未使用冬季轮胎的一方很有可能负主要责任。到了春天冰雪融化了，开车人总是及时又把轮胎换成四季轮胎。为什么要换呢？一年四季用冬季轮胎不行么？

实验研究

一台玩具四驱车的轮胎已遗失，只剩下塑料的轮毂，把它放到光滑的大理石地面上行驶，发生打滑，请用实验研究几种替代材料的改造方案（要求不更换正式轮胎，用日常易得的材料）。

二、汽车制动的烦恼

1. 下雨天为什么刹车慢

汽车制动当然通过踩制动踏板（俗称“刹车板”）停下来啦！大家一定知道，下雨天应放慢车速，因为下雨天踩制动踏板后，汽车的制动效果比晴天差，即汽车从开始减速到完全停下，需要的时间更长。你觉得奇怪了吗？靠脚踩的制动，只要脚踩的力量一样，制动效果应该也一样才对，为什么晴天制动更快呢？

我们来分析一下车轮纯滚动时的受力情况（忽略滚动阻力），见图 7-7，当制动踏板被踩下时，车轮受到制动器的阻力矩 T_μ，方向与车轮滚动方向相反。在 T_μ的作用下，驱动车轮减速，在接触面有相对地面向前的运动趋势，因此静摩擦力 f_s向后。

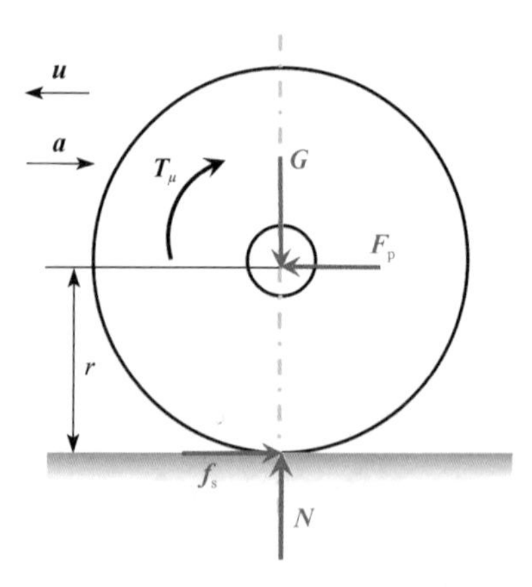

图 7-7　车轮被制动时受力分析

而对于整个车身来看，车辆水平方向上除空气阻力外，受到的主要外力是地面对所有车轮向后的静摩擦力的合力 $\sum f_s$，其提供车辆水平方向向后的加速度，使车辆尽快减速，因此它也叫做制动力。

可见，若忽略空气阻力等因素，汽车的驱动力和制动力，都与地面的静摩擦力f_s相关！因此在汽车的运动中，静摩擦力的极限值f_{smax}——路面附着力起着至关重要的作用。

下雨天地滑，路面附着力小，所以踩制动踏板后，车子需经过较长的路段才会停下。这就是为什么下雨天开车要都很小心，不敢开快车。因为一旦车速较高，发生情况即使急刹车，也可能导致事故。

2. 了解制动器

图7-8为汽车的制动系统布局示意图。图中各部分数字对应的元部件名称如下：

1—右前车轮制动器；

2—右后车轮制动器；

3—左后车轮制动器；

4—传感器电子控制单元；

5—制动总泵；

6—左前车轮制动器；

7—ESP控制单元（ESP为Electronic Stability Program的缩写，意为车身电子稳定系统。下文涉及的ABS系统属于ESP系统中的一部分）。

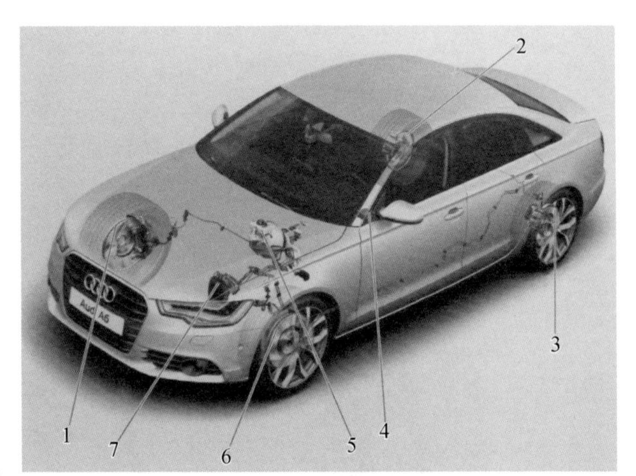

图7-8　汽车制动系统布局示意图

图7-9为汽车的两种制动器：盘式制动器和鼓式制动器结构图（数字标注略）。[1] 盘式制动器与鼓式制动器各自的优缺点也较为明显。盘式制动器的散热性能很好，制动系统的反应也比较快速，可做高频率的刹车动作。与鼓式制动器相比较，盘式制动的构造简单，且容易维修。但在同等尺寸下，由于鼓式制动的刹车片与制动鼓的接触面积相比盘式制动要大，因此鼓式的制动力也要大，在获得相同刹车力矩的情况下，鼓式制动装置的刹车鼓的直径比盘式要小很多，因此许多重型车至今仍使用四轮鼓式制动的设计。

在不同条件的路段，交通部门会对汽车有相应的限速规定，目的是保证安全。因为刹车是有时间上的延续的，而这延续的时间和很多因素相关。

---

[1] 图7-8、7-9来源：《透视图解 汽车构造原理与拆装》，于海东主编，化学工业出版社。

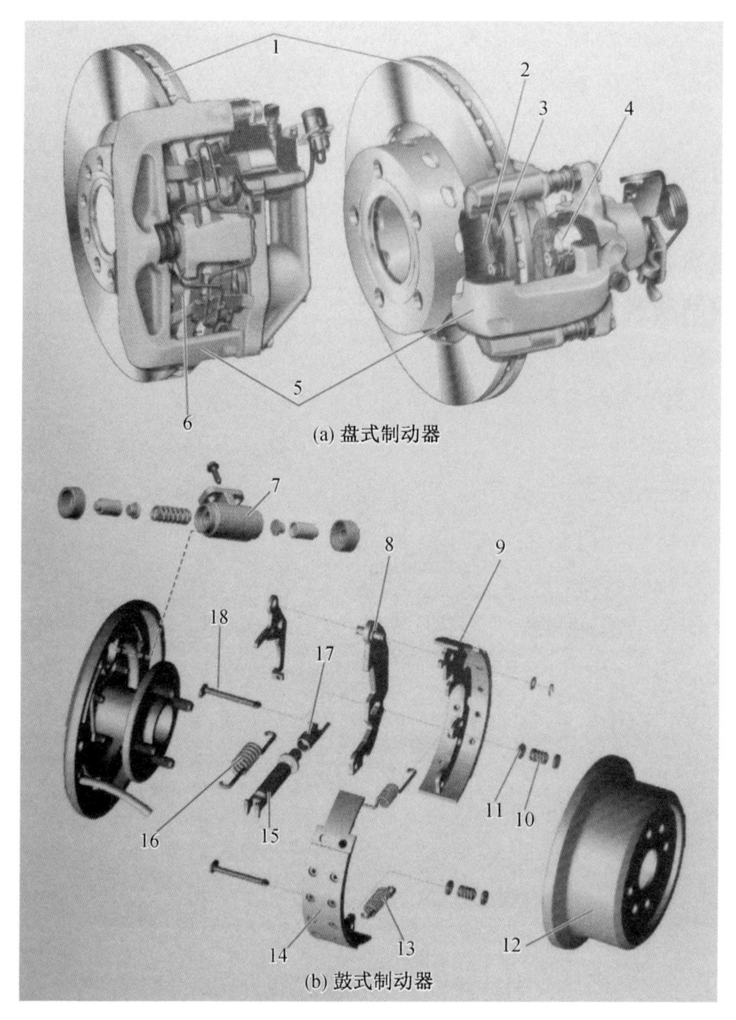

图 7-9　盘式制动器和鼓式制动器

思考讨论

1. 关于“老王”开车的物理题网上可以看到很多。研究下面几道与刹车相关的物理题目中老王的遭遇。先解题，再根据上文介绍的知识，分析题目所反映的交通安全问题做了哪些理想化假设，是否合理。

题目 1

老王开车进入某市区街道，习惯性地注意找限速标志，看到如图所示的牌子。老王按照规定的最大速度行驶。突然，前方距车头 20 m 处一个皮球滚到街中心，“皮球后面很可能有孩

子追过来”，老王很清楚急踏刹车。果然一个孩子出现了。若老王的反应时间为 1 s，此车的平均制动加速度是 $a=-7\ \mathrm{m/s^2}$，老王是否能避免一场车祸？

若老王原来只超速 1 km/h，情况怎样？

题目 2

汽车刹车的最后阶段，轮胎不再滚动，只在地面上滑动。轮胎滑动的痕迹就是我们常说的刹车线。由刹车线的长短可以得知汽车刹车前的速度大小，因此刹车线的长度是分析交通事故的一个重要依据。

老王又来事了。在一个限速为 50 km/h 的路段上，老王开的汽车 A 和汽车 B 发生交通事故。事故后，交通警察在现场测得 A 车的刹车距离约 12 m，B 车的刹车距离约 13 m；又知 A，B 两车刹车过程中减速度分别为 $a_B=-9\ \mathrm{m/s^2}$ 和 $a_A=-7\ \mathrm{m/s^2}$。如果仅仅考虑汽车的车速因素，哪辆车应对这起事故负责任？

你认为这样判决，老王有意见吗？

3. 防抱死制动的危险

制动性能是汽车主要性能之一，它关系到行车安全性。评价一辆汽车的制动性能最基本的指标是制动加速度、制动距离、制动时间及制动时方向的稳定性。

制动时方向的稳定性，是指汽车制动时仍能按指定的方向行驶。如果因为汽车的紧急制动中（尤其是高速行驶时），制动的扭矩过大，路面给予的制动力 f_s 达到路面最大附着力 f_{smax} 时，会使车轮停止转动，完全抱死，车轮将做纯滑动，那是非常危险的。这种情况的发生往往是在突发路况，司机极力猛踩刹车；或是在突然路面附着力大幅下降，比如经过湿滑路段。

车轮一旦抱死，车轮相对车身便丝毫不能动。如果是转向轮抱死，那么汽车将失去转向能力；如果只是后轮抱死，那么汽车稍微受到扰动，比如侧风或者路面颠簸，就会绕其中心旋转（俗称“甩尾”）。失去转向能力和甩尾都极易造成交通事故。

为了避免车轮抱死的发生，现代大多数汽车都配备了防抱死系统 ABS（Antilock Brake System）。这种先进制动机构，可保证车轮在制动时不是完全抱死滑行，而是让车轮仍有一定的滚动，使制动有效且安全。ABS 系统有一个自动检测车轮转速的传感装置（图 7-10）。ABS 的工作原理是，通过车速传感器和车轮传感器实时测算车轮滑移比率，当滑移比率超过一定范围，比如 35%时，控制器自动减小汽车制动片的制动力，使得车辆既不抱死，又尽可能以最大

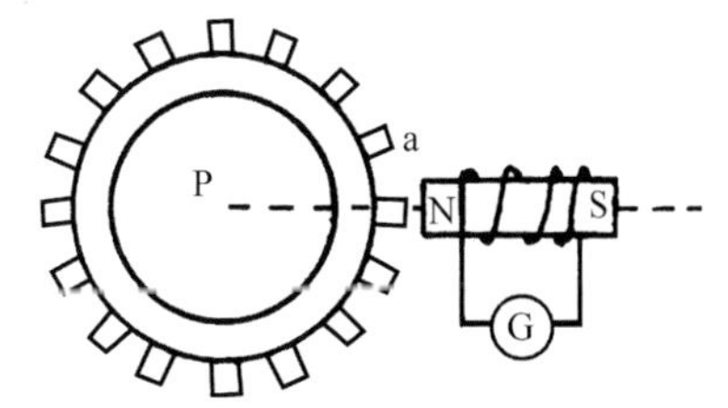

图 7-10　ABS 轮速传感器原理图

制动力制动。通俗来说，就是当汽车的车速与车轮的轮速之间出现明显的不匹配现象时，ABS 就会对制动力进行重新分配，以改善这种不匹配现象，让车身处于更为稳定的状态。

思考讨论

1. 请想象转向轮抱死和后轮抱死的各种危险场景，并用画图加注释的形式表示。

2. ABS 中的磁感式车轮转速工作原理如图 7-10 所示。铁质齿轮 P 与车轮同步转动，右端有一个绕有线圈的磁体，G 是一个电流检测器。请详细分析当车轮带动铁质齿轮转动时，齿 a 靠近线圈和离开线圈两个阶段电流表 G 中的电流方向怎样？为什么铁质齿轮能够影响线圈的电流大小和方向？

图 7-11 显示了装备 ABS 的汽车相比未装备 ABS 的汽车，具有三个优点。

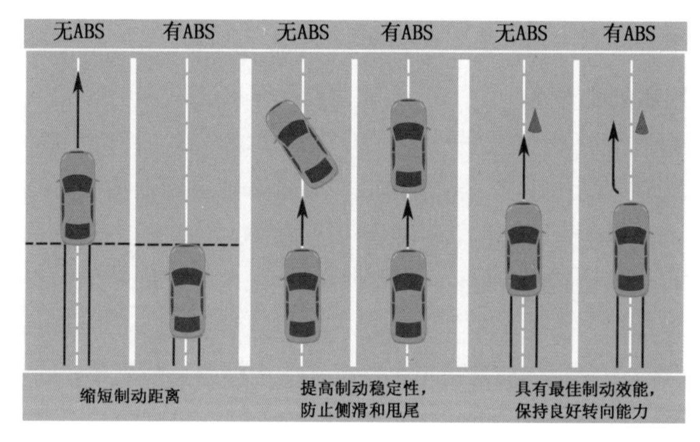

图 7-11　ABS 的制动作用

图 7-12 显示了装备 ABS 和未装备 ABS 汽车遇见需转弯状况时的对比。

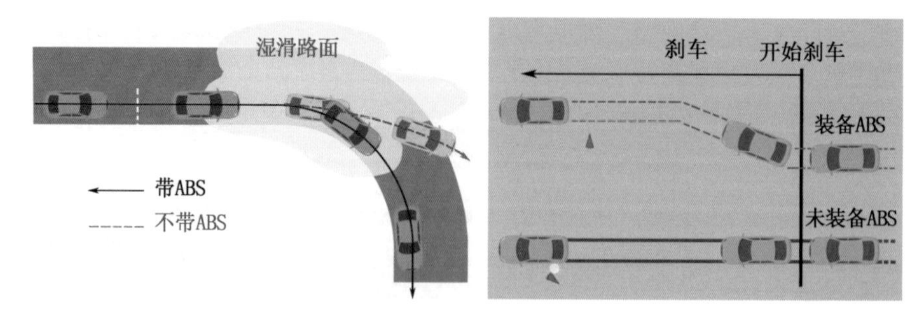

图 7-12　装备 ABS 和未装备 ABS 汽车状况对比

未装备 ABS 的汽车在制动抱死时轮胎处于纵向滑动状态。由于滑动摩擦力小于最大静摩擦力，所以滑动摩擦系数（滑动附着系数）小于静摩擦系数（峰值附着系数）。因而，装备 ABS 的汽车在即将制动抱死时调节制动力矩，使附着系数十分接近峰值的话，就能够缩短制动距离。

思考讨论

1. 图 7-12 中两图是车轮抱死后发生的情况，请分辨哪个是甩尾，哪个是转向失控？
2. 了解一下，现代汽车设计在保证汽车稳定性方面，还有哪些措施？

三、汽车外形与空气阻力

看车，第一眼看到的一般是车的颜色和外形。满大街的小轿车，外形有很多不同，但也有共性。你能说出现代轿车的外形共性吗？

1. 现代车和早期车为什么长得大不一样

我们先来看看汽车在发展的初期长什么样。

百度百科查“福特 T 型车”可以查到图 7-13 这种样子。T 型车的“T”是 tin（锡）的首字母，因为车身是用锡做的。如果用铁或钢，成本高，硬度强，当时的技术不方便大规模生产。福特 T 型车价格便宜，是 20 世纪初产量最高的一款汽车，被称为国民汽车。现在大街上基本不见踪影，只能在一些老电影中见到。图 7-14 是 100 多年后，福特汽车推出的蒙迪欧 2017 款[1]。比较一下，车辆的造型发生了怎样的变化？

图 7-13　福特 T 型车

图 7-14　福特蒙迪欧 2017 款

T 型车看上去是一个方方的车厢装在四个轮子上，这种车型我们叫做厢型车，这是当时车辆外形的典型代表，从马车的车厢演变而来。但现代的轿车很少出现如此棱角分明、方方正正的造型，而是采用圆润的流线型外观。这其中的变化，与减小空气阻力大小有关系哩！

[1] 图片来源 http：//www. xiaozhu2. com/news/tt1554423. html

根据空气动力学原理，汽车行驶方向上单位投影面积上的空气阻力，与空气相对速度的动压力 $\frac{1}{2}\rho v^2$ 成正比，其中 ρ（单位：kg/m^3）为空气密度，v（单位：m/s）为汽车与空气的相对速度，无风时就是汽车行驶速度。若 F（单位：N）表示空气阻力，则这个汽车行驶时的空气阻力与车辆投影面积即迎风面积 A（单位：m^2）、行驶速度和车辆造型都有密切关系，有公式

$$F=\frac{C_D A\rho v^2}{2} \tag{7-7}$$

式中，比例系数 C_D是与造型有关的空气阻力系数。若车辆行驶速度 v 单位为 km/h，取空气密度 $\rho=1.2258$ kg/m^3，则有

$$F=\frac{C_D A v^2}{21.15} \tag{7-8}$$

由公式（7-8）可知，随着车速的提升，空气阻力呈平方关系大幅增加，这大大影响了汽车的加速和燃油经济性能。为了减小高速情况下的风阻，只有减小迎风面积 A 和空气阻力系数 C_D两种途径，然而，车辆迎风面积一味减小将影响车辆乘坐的舒适度，因此减小 C_D值是汽车工程师一直不懈努力的追求。

具体的空气阻力系数往往通过风洞试验测得。风洞是一个以人工方式产生气流，来模拟实体（此处的对象是汽车）周围气体流动情况，并测量气流作用效果的试验设备。

经过这些年的不断研究与实践，我们发现拥有以下特性的造型具有更低的 C_D值：更大的弧面、低矮下倾的引擎舱、倾斜的挡风玻璃、光滑平缓的表面。作为对比，图 7-13 “T 型车” 的 C_D值约为 0.7，而图 7-14 蒙迪欧只有 0.27。

图 7-15 为梅赛德斯-奔驰（Mercedes-Benz）新开的 165 英里/小时空气声学测试中心风洞试验介绍图[1]。

图 7-15　奔驰汽车的风洞试验

[1] 图片来源 https：//www. car-revs-daily. com/2014/04/07/wind-tunnels-part-1-mercedes-benz-opens-aeroacoustics-test-center/

至今为止，世界上最低 C_D 值的汽车，是1985年福特汽车推出的概念车 Probe V（图7-16），它的 C_D 值只有0.137。[1] 而量产车中最低 C_D 值的是2013年大众汽车发布的XL1（图7-17），其 C_D 达到0.189，加上整车的轻量化设计和混合动力技术，其百公里油耗只有0.9升[2]。

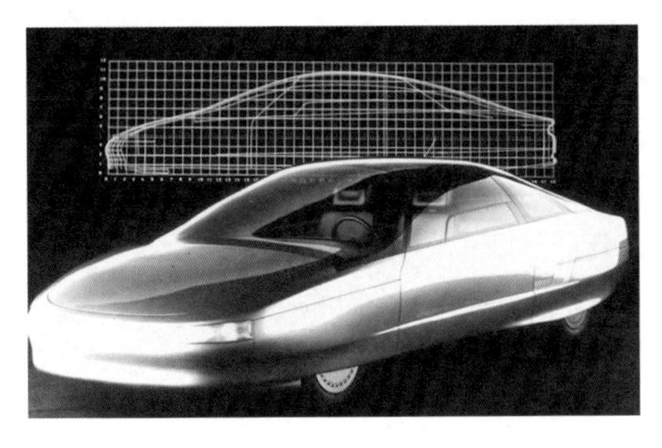

图7-16　Probe V

图7-17　大众XL1

思考讨论

看车形图，你悟到什么？为什么大众XL1把车底都亮给你看？

实验研究

把橡皮泥捏成不同的形状，丢入水瓶中，观察哪种形状的橡皮泥下落最快，哪种下落最慢？他们分别有什么特征？并解释产生这种现象的原因。

课题拓展

风洞是一个很好的研究设备。图7-18是一位小学生在家里自制的小型风洞，研究风对机翼的升力；图7-19是一位高中生在老师指导下做的风洞，研究风中的鸟尾巴。怎么样，有意思吧？你有兴趣做个风洞，研究某种特定物体在

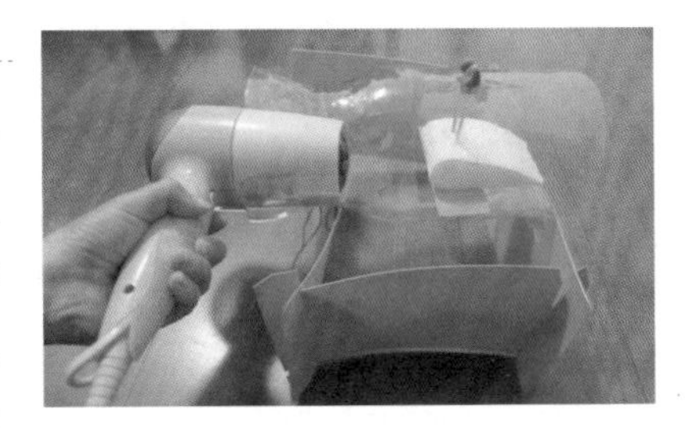

图7-18　小学生做的风洞

[1] 图片来源 https://cardesignnews.com/articles/concept-car-of-the-eek/2015/08/concept-car-of-the-week-ford-probe-v-1985）

[2] 图片来源 http://hj.pcauto.com.cn/article/8157.html

不同风速下的状态吗？

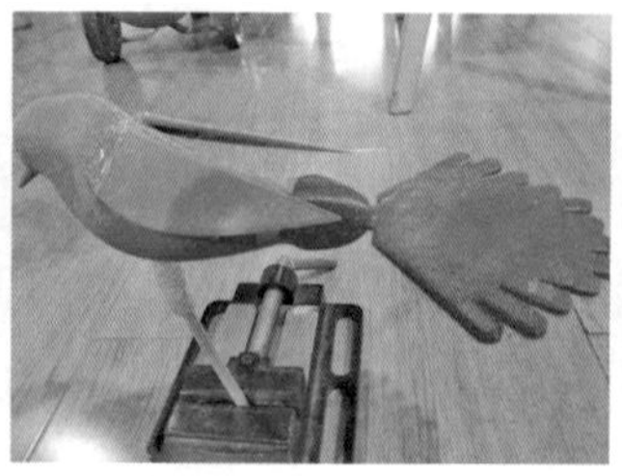

图 7-19 高中生的风洞，用于研究鸟尾巴

2. 为什么有的汽车有尾巴？

不知你有没有注意过，一些汽车的后部有一个向上翘起的造型（称为扰流板），而运动型车甚至会有一个尾翼（图 7-20）[1]，它们是做什么用的呢？

图 7-20 汽车的扰流板和运动型车的尾翼

汽车在高速行驶时，有些驾驶员会感觉到车辆有点“飘”，行驶的稳定性和加速性都变差了。这其中的缘故还是和空气动力学有关，甚至和飞机机翼也有相似之处呢！

空气动力学中有个著名的伯努利原理，是 1726 年由丹尼尔·伯努利提出的。对于没有摩擦阻力且不能压缩的理想流体，其压强、单位体积的动能、单位体积的重力势能的和为一个常量，用公式表示为

$$p+\frac{1}{2}\rho v^2+\rho gz=\text{常量} \tag{7-9}$$

其中，p 为流体压强；ρ 为流体密度；v 为流体速度；z 为流体高度；g 为重力加速度。

[1] 图片来源 http://auto.ifeng.com/roll/20101116/467573.shtml

我们观察一下机翼的横截面（图 7-21），可以发现，纵截面上半部分的曲线长度大于下半部分的曲线长度，所以当它水平前进时，同时流过机翼上半部分的空气比下半部分的空气经过的距离长，因此速度更快，根据伯努利原理，当速度增大，动能增加，而势能不变时（忽略机翼厚度产生的势能差），压强将减小，即机翼上方的空气压力将变小，这个上下压强差 $p_1 - p_2$ 大于零，给机翼带来升力，使飞机起飞。

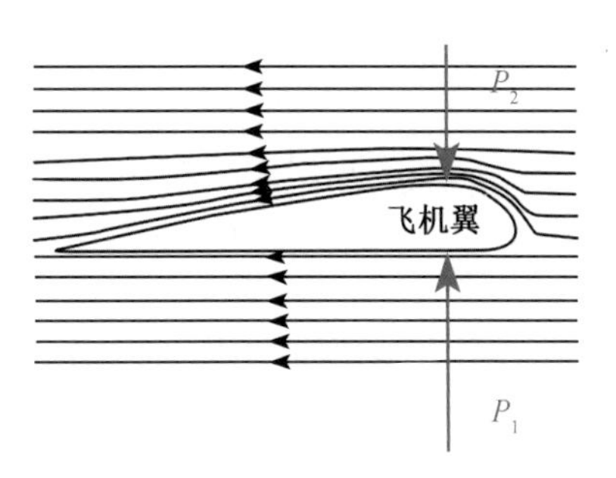

图 7-21　机翼为什么会上升

其实所有小轿车的纵截面，也是上半部分长度（从车头经过车顶到车尾）大于下半部长度（从车头经过底盘到车尾）的造型，所以与机翼类似，汽车在行驶时，也会受到上下空气压力差，使得汽车受到向上的力 $F_r = P_1 - P_2$。从式(7-9)中可知，速度越快，动能越大，上下压力差越大，汽车受到向上的力 F_r 越大。

由汽车附着力公式和受力分析可知，此时的附着力为

$$f_{smax} = \mu N = \mu(G - F_r)$$

F_r越大，正压力 N 越小，附着力减小，因此会感觉“飘”。

为了减小这个升力，可以在汽车在尾部使用扰流板或尾翼。那些向上翘的扰流板，改变了汽车尾部的空气流向，扰动气流加大了上部的空气压力，从而减小了升力，而汽车尾翼本身，除了扰流作用之外，它的截面造型与机翼相反，下部比上部长，因此在空气流动时还能产生向下的压力，使汽车稳定抓地。不过，增加扰流板和尾翼也会增加空气阻力系数 C_D的值，因此，这些零件需要设计得恰到好处才能在增加风阻和改善性能方面取得较好的平衡。

四、汽车动力系统

1. 燃油发动机为何能持续稳定提供动力

燃油汽车的动力源泉就是发动机，也属于物理学中提及的热机。热机中的工作物质往往是气体，如蒸汽机、汽轮机、燃气轮机、内燃机等。热机是各种能够把热量持续转化为功的机械。热机之所以能够持续连贯地工作，是因为热机在工作过程中，气缸中的工作物质经历一系列循环过程，每个循环过程均有从高温热源吸热，遇低温热源放热，从而周而复始，持续地将气体内能转化为气缸内部活塞的

动能。

显然，汽车发动机的动力来源于气缸内部，其解剖简图和基本术语如图 7-22 所示。发动机气缸就是一个把燃料的内能通过燃烧转化为气缸内气体的内能，继而转化为汽车动能的场所。这一系列转化过程主要得益于如图 7-23[1] 中气缸内的吸气、压缩、做功、排气这四个冲程的有条不紊地循环运作。

气缸内活塞上下运动，通过连杆把力传给曲轴，最终转化为旋转运动，再通过变速器和传动轴，把动力传递到驱动车轮上，从而推动汽车前进。

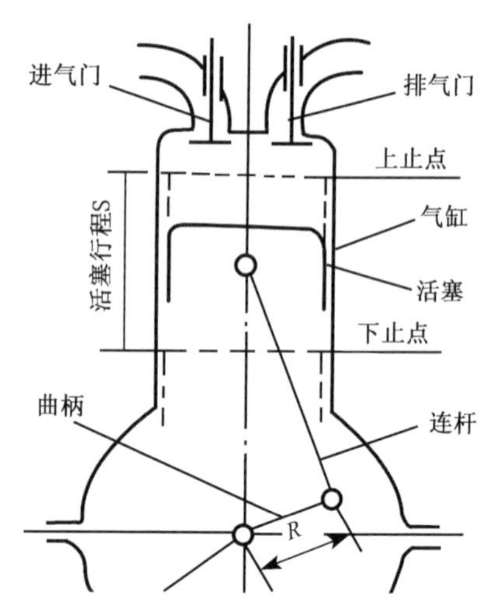

图 7-22 发动机解剖简图和基本术语

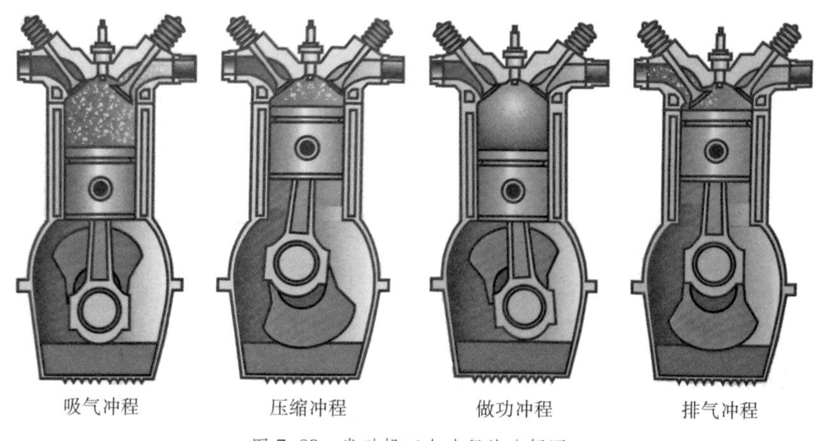

图 7-23 发动机四个冲程的分解图

思考讨论

请你根据发动机解剖图回答四个冲程：吸气冲程、压缩冲程、做功冲程、排气冲程的具体工作原理。（提示：请注意观察图 7-23 中发动机缸头处两个节气门开闭间的配合。）

2. 汽车如何测试动力性能

为了测试汽车动力性能，相关测试条件的统一是必要条件。汽车动力指标主要由最高车速、加速能力和最大爬坡度来表示，是汽车使用性能中有关动力的最基本

[1] 图片来源：《透视图解 汽车构造原理与拆装》，于海东主编，化学工业出版社。

和最重要的被关注点。现在介绍汽车最高车速的测试方法。

对于汽车最高车速的测试，测试路面有一定要求。查相关中华人民共和国国标《汽车最高车速试验方法》(GB/T 12544—2012)，可看到对测试道路和基本方法有规定：在符合试验条件的道路上，选择中间 200 m 为测量路段，并用标杆做好标志；在 200 m 两端要有充足的加速区域，以保障汽车在驶入测量路段前便可以稳定地处于最高速行驶状态；需要往返各试验一次，取平均值。

思考讨论

1. 测量 200 m 之内汽车的平均速度，有多少种方法？每种方法分别使用哪些测试仪表器具？你认为所有方法中最简单的方法是什么？最精准的方法是什么？为什么？

2. 如果需要知道的是汽车的瞬时速度，我们可以从数学角度对速度公式进行怎样的假设与变形呢？请参阅相关资料，学习并了解汽车实时速度测算的原理与实现机制。

课题联想

根据汽车动力性能测试你是否可设计：

1. 人骑自行车动力测试？

2. 人短跑中加速能力测试，最高速度测试？

思考讨论

为了证明惯性定律，有这样一种游戏：光滑的桌面上铺有较为光滑的桌布，桌布上放有一些具有一定质量的物品，要求抽桌布而不带下物品，一般是一个人或几个人一起抽。图 7-24 为《啊啊啊啊科学实验站》电视节目中韩寒飞车抽桌布的场景，

图 7-24　韩寒飞车抽桌布

较为震撼。请注意画面上的一些细节，地上那一摊白色的是什么？思考韩寒若想成功，条件是什么，和汽车的动力性能具有什么样的关系？

3. 未来车辆动力源思考

我们知道传统汽车的动力来源于汽油或者柴油，然而这些燃料燃烧产生能源的同时，也会产生尾气排放，通常包含氮氧化物、硫化物、二氧化碳、固体颗粒等。这些物质会污染环境，破坏生态，也会对人类的健康产生威胁。所以如何净化能源，不但是汽车工业自身技术进步的需要，也是社会环境的发展对汽车提出的一项要求。

当下常见的一种新能源汽车是纯电动车。纯电动车以电作为能量来源，驱动电机使车辆行驶，整辆车的电能存储在车载电池中。这种形式的汽车，在行驶时不会产生尾气排放，相对传统汽车较为环保。但是从整个系统角度来说，纯电动车不算完全的零排放能源，因为车辆充电时，其电能来源可能是火力发电，煤炭的燃烧存在一定排放。此外，纯电动车还有一个不足在于它电池的能量密度较低，单位为Wh/kg，即单位重量下可以提供的能量。纯电动车上的三元锂电池（三元聚合物锂电池，是指正极材料使用镍钴锰酸锂或者镍钴铝酸锂的锂电池）的能量密度是汽油的1/40。虽然电池-电机的驱动形式动能转化的效率不受热力学第二定律限制，但由于能量密度太低，若要满足较长行驶里程，纯电动车需要配置比较重的电池。

油电混合动力汽车可以达到较好的能量效率。起步时可以电动起步；当速度增大到一定程度，电池动力欠缺时，发动机可点火工作，甚至可以为电池充电；当出现爬坡等大负荷时，电机可辅助发动机驱动，双管齐下；制动时，采用回馈制动，车辆的惯性驱动发电机发电，为电池充电。油电混合动力汽车可以使发动机以不变的低功率运行，能量效率高，省油。

氢气的能量密度非常高，是三元锂电池的一百多倍，汽油的3倍以上，如果可以从氢气中获得能量，那将大大减轻汽车的能源载荷。而更重要的是，由于纯净的氢气不含有碳、氮、硫等元素，因此通过氢获得能量的过程中，不会释放碳、氮、硫等化合物，主要产物是水，可谓是零排放。在汽车上利用氢能源的最常见方式的是氢燃料电池。但目前国内还没有大规模量产的氢燃料电池汽车，因为还有很多技术问题尚未得到解决，如催化剂、低温启动、制氢、老化衰减等问题。

有同学提出，是否能发明微型核能电池？核能汽车是否可行？同学能够在对能源问题关注的同时，关注到核能，同时想到如此高效的能源如果能够微型化该有多好，想法很可贵。其实这也是核物理科学家梦寐以求的呢。目前，可控核裂变发动机已可以用于航母和潜艇上，但是个头都很大，用于民用汽车，暂不可能，更何况放射性物质也是属于管控范畴。而可控核聚变的应用尚处于较为艰难的、不离不弃的、逐见曙光的研究过程中（见本书第六章“圆我造日之梦”）。目前有报道微型核电池的研究成果，但不是核裂变或核聚变的概念，是放射性同位素电池。我国也已投入研究，可用于深海、空间站等航空航天以及医疗等领域。估计一般百姓民用还不成熟，因为要用到放射性材料，社会管理机制还是个问题。

太阳能驱动车辆也是可能的，天然气作为燃料的发动机也已存在，天然气、生物质能等作为驱动源已有多年的研究积累……当我们考虑这些动力车辆时，是否考虑过人力驱动的自行车是否还有可能更大程度替代汽车？

Art Hobson 在《物理学的概念与文化素养》一书中，对于几种载人车辆及人步行的客运效率作了比较，如表 7-2 所示。表中对于步行和自行车的乘客 km/L（消耗每升燃油产生的乘客千米效率）值，是步行与骑车人所需的食物热量值等价的汽油量。表中乘客 km/MJ 为每消耗兆焦耳能量产生的乘客千米效率。[1]

表 7-2　几种运输方式的客运效率

	乘客/（km/L）	乘客/（km/MJ）
骑自行车	642	18.0
步行	178	5.0
市际铁路	60	1.7
市内公共汽车	33	0.9
平均乘坐 4 人轿车	33	0.9
商业飞机	14	0.4
平均乘坐 1.15 人轿车	10	0.3

表 7-2 中，步行和自行车的客运效率十分突出，其主要原因是，人体作为生物其能量利用效率高于机械。自行车的发明再次提高了效率，所以在客运效率方面遥遥领先。在动物和运输工具共同比较 kg · km/MJ（每消耗兆焦耳能量产生的质量运输效率）中，自行车仍然遥遥领先（表 7-3）。

表 7-3　动物和运输工具的质量运输效率（单位：kg · km/MJ）

骑自行车	1 100	市内公共汽车	55
鲑鱼	600	蜂鸟	50
马	400	平均乘坐 4 人轿车	40
步行	300	商业飞机	25
普通的鸟	200	常营和蜜蜂	20
市际铁路	100	老鼠	5

[1] 表 7-2、表 7-3 均源于《物理学的概念与文化素养》，[美] Art Hobson 著，秦克诚、刘培森、周国荣译，高等教育出版社。

大家都知道，骑自行车的缺点是累、慢、日晒雨淋，不方便运载他人。这些缺点在未来是否有望克服？希望这辆“世界上最快的自行车”可以给你启迪。图7-25[1]自行车是碳纤维轻质外壳，流线型全封闭设计，人在车内依靠视频了解路况，车速轻松可达 100 km/h 以上。这辆车虽然距离实际使用还有很大距离，但是这不妨碍你从中看到希望，产生思考和遐想吧。

图 7-25　世界上最快的自行车

思考讨论

1. 随着新材料和人工智能技术的发展，智能化人力驱动高效自行车的研发和推广，是否值得进行？

2. 对于共享自行车的发展前景你有什么想法？对于其共享模式和技术优化等问题，你有什么建设性思考？

3. 了解现代电池技术，了解氢燃料电池技术，预测未来汽车能源的发展动向。

五、学生有关汽车的研究课题

汽车是一个集动力机械、电子信息、基础科学和艺术人文于一体的复杂系统，汽车研发和生产的水准在一定程度上是国家科技实力的反映。但是，随着汽车的普及，车辆的行驶、停放，以及引发的道路交通等问题也不断出现。同学们怀着社会责任感，敢于挑战，完成了很多研究课题，值得点赞。有些课题研究具有很强的可行性、实用性和前瞻性，如出租车手机呼叫系统，类似现在的打车软件；又如公交站台公交车到达时间显示系统，现在也出现在一些城市公交站头。同学们的创意与今天的产品研发、生产和推广过程有一定相关性，甚至与技术大方向有不少相似处。这些同学的研究精神是不是很了不起？

下面介绍部分近年上海同学做的与汽车有关的课题名称，对你是否有启发？

[1] 图片来源 http：//baijiahao. baidu. com/s? id = 1599722389711334255&wfr = spider&for = pc

1. 方向盘紧急制动辅助系统对汽车应急能力帮助的研究
2. 高速公路雾天智能引导系统研究
3. 对于小区停车场的改进与创新
4. 通车涵洞水位预警显示系统
5. 汽车车门环境自感型开门防撞预警系统
6. 车辆内轮差危险预警装置
7. 基于汽车落水急救系统的验证实验
8. 公交智能站牌的设计与实现
9. 空调公交车新式逃生装置
10. 可控式公交车老年人座椅
11. 轨道交通“最后一公里”公交问题研究——以上海轨道交通为例
12. 增加土方车安全驾驶的几个重要元素
13. 大型货车右转视野死角智能提示系统研究
14. 对车辆制动时能量的收集与变向释放装置的设计与研究
15. 停车辅助装置
16. 汽车车轮指向显示装置
17. 停车场车位显示系统
18. 地下车库照明节能控制系统
19. 轿车节能方法研究
20. 汽车限速及误踩油门时的制动机构
21. 基于频谱分析检测车轮轴承磨损及胎压的物理方法研究

第八章　乒乓球运动及其另类玩法

乒乓球，作为我国国球，无人不知无人不晓，国人对它寄予了深厚的情感，小到同学间的比赛，大到国际比赛，一张张乒乓桌上都在上演着各种精彩瞬间(图 8-1)[1]。在国人眼里，乒乓国际比赛中，中国队就应该包揽男女各项比赛的金牌，否则就是发挥失常，需要赛后反思，真是“爱之深，责之切”啊。乒乓对抗，对孩子来说，随时随地可以开展，几块砖当球网，水泥台上直接打；两个课桌两摞书，教室也能打。简单方便，锻炼身体，开发智力，愉悦心情，何乐而不为？这种双方对打的乒乓玩法，是属于正规玩法。目前，人们用乒乓球发明的另类玩法，也就是趣味游戏玩法，流行的广度似乎也不亚于正规玩法，有兴趣的你不妨搜搜看，或者，你有些什么趣味玩法也可以跟小伙伴们一起交流分享。

图 8-1　搜狐网《那个胖子，是我们交大的》插图

一、乒乓运动中的物理

球类运动深受大家的喜爱，世界上有几十种球类运动，包括手球、篮球、足球、排球、羽毛球、网球、高尔夫球、乒乓球、台球……在这些球类中，手球、篮球、足球、排球、乒乓球等有一些共同特点：都是圆球形；表面没有特意做出的坑洼；球需要在空中飞一会儿。正是因为这些共同点，下面关于乒乓球的某些分析，也许可以借用到其他需要空中飞一会儿、圆而无坑的球上。所以，对篮球、足球等其他球

[1] 图片来源 http：//www. sohu. com/a/110414845 _ 407267

类感兴趣的你也不要错过下面的内容哟。

1. 高抛发球的优势

一场精彩的乒乓球比赛是从发球开始的，国际乒乓球联合会规定的合理发球动作如下：

(1) 发球时，球应放在不执拍手的手掌上，手掌张开和伸平。球应是静止的，在发球方的端线之后和比赛台面的水平面之上。

(2) 发球员须用手把球几乎垂直地向上抛起，不得使球旋转，并使球在离开不执拍手的手掌之后上升不少于16厘米。

(3) 当球从抛起的最高点下降时，发球员方可击球，使球首先触及本方台区，然后越过或绕过球网装置，再触及接发球员的台区。在双打中，球应先后触及发球员和接发球员的右半区。

(4) 从抛球前球静止的最后一瞬间到击球时，球和球拍应在比赛台面的水平面之上。

(5) 击球时，球应在发球方的端线之后，但不能超过发球员身体（手臂、头或腿除外）离端线最远的部分。

(6) 运动员发球时，有责任让裁判员或副裁判员看清他是否按照合法发球的规定发球。

针对这样的规定，请你开动脑筋想一想，要利用物体的运动规律，设计有利于自己的发球方式，有哪些方法可以让你有更好的表现呢？

图 8-2　陈玘高抛发球

如果你看一场乒乓球比赛，你会发现很多乒乓球选手在发球时会将球高高抛起，这被称为“高抛发球”。高抛发球是由我国吉林省运动员刘玉成于1964年发明的（刘玉成真聪明，也许很有物理天赋）。这一技术第一次亮相世界舞台是在1973年第32届世乒赛，许绍发亮出高抛发球奇招，这一奇招使得他第一局靠发球直接得分11分，并最终以21∶13的战绩锁定胜局！

一个乒乓球的重量是2.7克左右。运动员如果要高抛发球，必须按照规定的起抛动作，把握好方向，将乒乓球上抛到3～4米的高度，使其在下落时到达自己预设的位置，要想这小小的乒乓球听指挥，还真需要练就一番功夫。图8-2为运动员陈玘高抛发球。[1]

思考讨论

这种发球方式为什么备受青睐呢？请利用你掌握的物理学知识，分析高抛发球与普通发球相比的优势。

小提示：我们可以尝试将一个乒乓球多次抛起、接住。每次抛起的高度逐渐增加，感受一下乒乓球落入手掌时，手掌所受撞击力的变化。想一想，这个撞击力若是作用在球拍上，对打出去的球速有什么影响？

实验研究

研究高抛发球的高度对发球球速的影响。

很明显，高高抛起的乒乓球对球拍的撞击力更大。根据牛顿第三定律我们知道，作用力与反作用力大小相等，高抛球对球拍的撞击力大，球受到球拍的反击力也大，因而球速也大；不仅如此，撞击力大，球对球拍的正压力也大，球和球拍之间的摩擦力也就大，可以打出旋转速度更大的球。

也许你还会从能量守恒的角度分析，乒乓球在空间运动，只受到自身重力的作用，乒乓球上升和下降过程将分别做匀减速、匀加速运动。乒乓球在上升与下降过程中经过相同位置时，就会具有相同的速度大小。通过前面的小实验我们知道，要想乒乓球抛得更高，我们就需要用更大的力气，使乒乓球所具有的初动能更大。当乒乓球下落回抛出点时，具有的速度更大，也就是动能更大，这就是机械能守恒。

思考讨论

上面的分析对吗？当我们明确了高抛球的优势后，是不是觉得越高越好呢？难道没有需要继续研究的问题吗？

也许你会说，上抛的力量太大，也许对球运动方向的把控性差。而且我们如果要获得一个更大的触拍速度，万一控制球拍的动作把控不好，反而得不偿失。你说的没错，上述那些都是技术问题，技术问题有可能通过训练解决，但物理问题是客观规律问题，必须服从。

抛开技术层面，这里还存在什么物理问题？球的运动只受到重力吗？

上文从能量守恒的角度分析，认为乒乓球在空间运动，只受到自身重力的作用，

[1] 图片来源：搜狐体育 http://sports.sohu.com/20110131/n279176277_6.shtml

忽略了空气阻力，你觉得合适吗？通过下面的实验，也许能帮你找到答案。

实验研究

设计实验，测量乒乓球在运动过程中空气阻力所做的功。

高抛球发球除了具有力学上的意义，还具有打乱对手节奏的心理学作用。从运动员准备用力抛球的那一刻开始，对手便全神贯注盯着发球者的手部动作。球从运动员手中起飞到回落，比一般发球所需时间长，不但可以给运动员足够的时间来调整体态，做好准备，以便完成一个完美的击球动作，而且也能让对手紧张的时间变长，难免增加更强程度的焦虑。

发球是打好球的第一步，乒乓球的发球是进攻的序曲。由于发球完全由自己控制，没有来球的影响，所以掌握好发球技术，争取发球得分，是运动员常用的得分方式。即使发球不能直接得分，也可以针对对手的技术特点进行调整，增加对手接球的难度，从而减低对手回球的质量，给自己赢得主动权。

思考讨论

1. 发球的方法有很多，前文介绍了高抛式，还有下蹲式。网上可以找到下蹲式发球的视频。请分析下蹲式发球的优点。

2. 发球旋转速度快对对手是一种威胁，如果动作快而隐蔽，迷惑性大，对手难以瞬间判断旋转方向，威胁就更大。你猜猜，运动员发出的旋转球的最快转速是多少？你猜测的依据是什么？

3. 你猜猜运动员打出的最快球速是多少？是在发球中还是在乒乓球对打中？

课题拓展

1. 如何测试出一名运动员的身体素质是否有可能打出每小时 100 公里速度的乒乓球？如何打才能打出自己的极限高速球？研究时注意除了物理学，还要结合生理学，研究过程中需注意运动安全，不要受伤。

2. 如何测量你打出的弧圈球的转速？

2. 球拍的讲究

乒乓球拍是乒乓球对抗中的武器，对运动员来说，武器的性能和是否顺手很重要。每一名乒乓球运动员都有适合自己打球特点的专属乒乓球拍，如何科学设计乒乓球拍，设计依据是什么，这些都值得研究。

乒乓球拍由底板、胶皮和海绵三部分组成。如果稍加了解，你会发现乒乓球的真爱粉们绝不会去运动商品店买一个成品球拍，而是会分别选择底板、胶皮、海绵等，打造一个个人专属的乒乓球拍。阅读了下面的内容你会发现，每个使用者的习惯、发球特点和打球风格不同，对底板、胶皮和海绵的要求也就不同，只有三者合理设计、搭配，才能使运动员的技艺得到充分发挥。

(1) 底板

这里不讨论底板的形状和手柄的样式，因为这基本上只和运动员喜好、习惯有关。

底板的材料构成，决定了球拍的物理特性。底板如果在接触球时变形大、弹性好，则对于球的控制就比较好。因为运动员对球的操控开始于球拍触球瞬间，结束于球拍恢复形变的时刻，若球拍弹性好，形变量就大，球拍从开始形变到恢复形变的时间就较长，也就是球拍与球相对作用的时间较长。不仅如此，形变量大的球拍与球的接触面也相对较大，因而控球较好。但是事物总是具有两面性的，控球好的球拍的进攻速度指标就相对低一些；反之，变形相对较小的球拍，也就是较硬的球拍，控球相对差一些，但是打出的球速大。

图 8-3 所示为两个乒乓球拍的底板，7 层的球拍较硬，5 层的球拍较软。

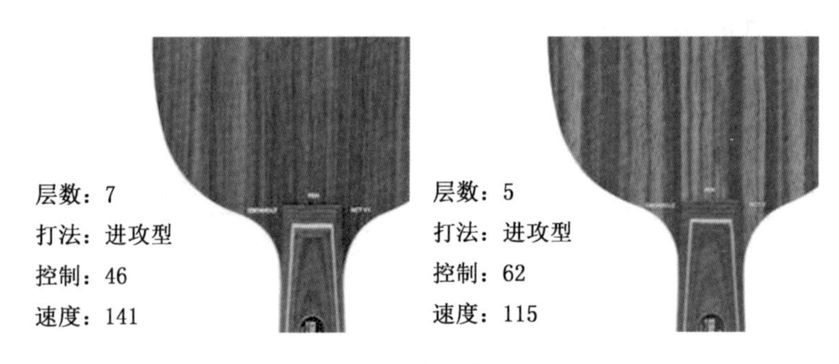

图 8-3　不同球拍指标

思考讨论

为什么说较软的球拍控球较好，较硬的球拍控球相对差一些？

为什么说以同样速度挥拍击球，较软的球拍打出的球速较小，较硬的球拍打出的球速大？

实验研究

自行设计并搭建实验装置，验证：

1. 较软的球拍控球较好，较硬的球拍控球相对差一些。

2. 以同样速度挥拍击球，较软的球拍打出的球速较小，较硬的球拍打出的球速大。

课题拓展

目前乒乓球拍的底板又开始加入碳纤维层，如图 8-4 所示为 5 层纯木加两层芳碳。了解什么是芳碳，并研究不同碳纤维加入的效果。

材料科技在乒乓底板上的应用研究还在继续，了解微晶乒乓板的构成，从理论上和实验上研究微晶的作用。

预测还可能在乒乓底板上进行哪些创新技术改造。

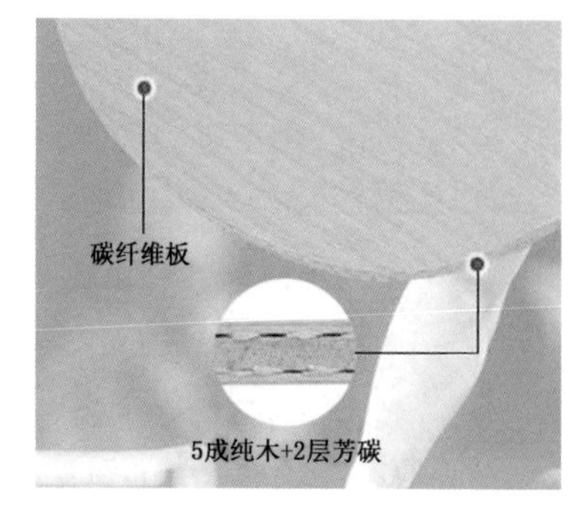

图 8-4　加入芳碳的底板

(2) 海绵

乒乓球拍上紧贴着底板的是海绵。海绵的作用是什么，增加弹性？弹性在什么限度范围里合适？弹性的调节由海绵的硬度和厚度控制么？似乎值得思考的问题也很多。乒乓球运动员大多凭经验传授和实际击打过程中的体验，逐步清楚了适合自己风格习惯的海绵参数。我们是否能通过客观分析，尝试给不同技术特点的运动员推荐适合他们打法的海绵呢？

思考讨论

1. 海绵的硬度和厚度与击球后的球速有怎样的关系？
2. 海绵的硬度和厚度与对球的把控性有怎样的关系？

有人把海绵比作一张弓。力量大的弓箭手要使用硬弓，当你把硬弓拉到底时，射出的箭速度大、射程远；可力量小的人对付不了硬弓，拉不开弓或者只拉开一点点，射出的箭飞不了多远，还不如量身定做，用一把适合自己的软硬适中的弓。海绵也一样，硬度越大蕴含底劲越足，射程也就越远，但需要使用者力量足够大，将硬海绵打压到极致，这样硬海绵的底劲也就发挥到极致（想想看，这是不是跟你平时常见的弹簧很类似）。相对于软海绵，硬海绵更不容易驾驭，因为海绵硬度大，导致球在球拍上停留时间短，球更难于控制。

思考讨论

对于乒乓球“菜鸟”，如何选择适合自己的乒乓球拍呢？如果你去体育商店或者购物网站上选购，一定会发现一些“入门级”乒乓球拍，号称适合初学者。但是问题来了，初学者的年龄、性别、体力状况、臂力大小和秉性脾气都不尽相同，是不是需要做个初步测试再选用对应的球拍呢？

有必要还是没必要，理由呢？

如果有必要，如何测试？

百度百科关于“乒乓海绵”的解释，最后一段提及“判断海绵质量”——

市场上海绵品种比较多，如何判断质量好坏呢？常用以下几个指标：

看：海绵的孔眼大小，发泡是否均匀？一般来说，孔眼小而均匀的海绵质量更好。

摸：好的海绵手感细腻，差的海绵手感较粗糙。

挤压：同等厚度和硬度的海绵，挤压后看谁恢复原来的状态快，说明谁的弹性好。

打：好的海绵不但弹性大，速度快，还可以制造强烈的旋转，是骡子是马，黏好拍子打了就清楚了！

最后一句很有意思，让选用者判断“是骡子是马”，遛一遛去。当然这也是一种判断的途径。这样判断的优劣是什么？

课题拓展

了解海绵硬度的指标是如何标定的。

针对上文“看”“摸”“挤压”“打”等方法，你认为是否有可行性？有没有更为科学的检测方法？或者，针对外观、手感、弹性和击打效果，是否应该有科学仪器替代主观感受？

如果已经存在相应的指标了，那么这些指标是如何测定的，是否有改进的余地；如果还没有对这些问题进行科学标定，那么此问题是否有进一步研究的必要。

你有研究兴趣吗？

---

(3) 胶皮

胶皮在海绵之上，直接与球接触，所以对球艺的发挥十分重要。根据自己打法需要，可以选择正胶、反胶和长胶（图 8-5）。

图 8-5　正胶、反胶乒乓球拍和乒乓板长胶皮

正胶乒乓板上一个个小小的突起，使得击球时与球的接触面很小，较难用上劲使球旋转。但是由于胶皮弹性大，同样力量击球可以获得更大球速。

反胶乒乓板比较平，和乒乓球接触面比较大，比较容易打出旋转速度较大的球。

思考讨论

对于一位不太老练的打球者，接旋转球，使用正胶好接还是使用反胶好接？

还有一种长胶乒乓板，像正胶一样，颗粒向外，每一颗颗粒高度超过 1.5 mm。长胶颗粒因为细长而较软，支撑力小，击球时与球的接触面很小，接对方力量小或者旋转速度小的球，难以使击回的球快速旋转，因为长胶颗粒受力后倾斜度较小，于是迅速反弹，使击球者不及反应球已被弹射出去，更不要说加旋转了。但是高速呼啸而来的或上旋很强的乒乓球，一旦和长胶乒乓板接触，细长的胶粒被压得严重后倾，反弹时间会相对长些，一方面击球者可以较为方便把控球，另一方面击球时倾倒的颗粒也在恢复原状，对球进行拨动，从而增加了击球的旋转。长胶受力越大旋转越强，受力越小旋转越弱。

实验研究

为什么熟练使用长胶球拍的运动员往往被人称为怪球手？怪在哪儿？能否实验证明？

(4) 球与拍碰撞的弹性系数研究

两物相碰，如果相碰时系统不受外力或所受外力之和为零，这个系统的总动量守恒；若系统内力远大于外力，可近似认为**总动量守恒**。打球时，乒乓球和球拍的高速相碰显然是一个动量守恒的碰撞问题。如果要测量球与球拍的弹性系数，我们首先要建立碰撞模型。假设球垂直于球拍平面运动，碰撞前后如图 8-6 所示，有

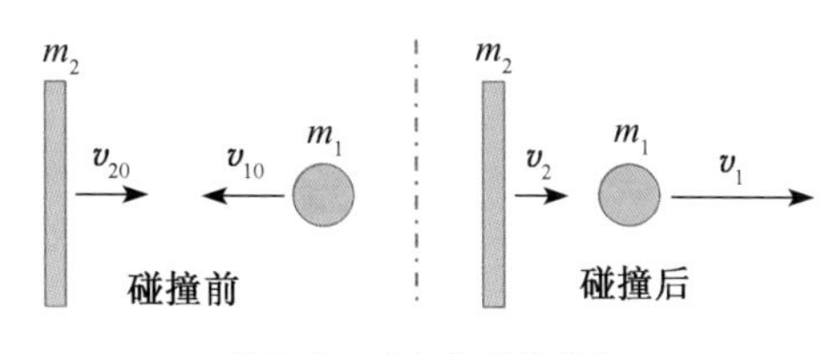

图 8-6　球与拍碰撞前后

$$-m_1 v_{10} + m_2 v_{20} = m_1 v_1 + m_2 v_2$$

其中，m_1 为乒乓球质量；m_2 为球拍质量；v_{10} 和 v_1 为乒乓球碰撞前后的速度值；v_{20} 和 v_2 分别为球拍碰撞前后的速度值。碰撞系统碰撞后的分离速度与碰撞前的接近速度之比，称为恢复系数 e，有

$$e = \frac{v_2 - v_1}{v_{10} - v_{20}}$$

若是完全弹性碰撞，恢复系数等于1，系统不但动量守恒，而且动能守恒。但是乒乓球和球拍的碰撞恢复系数是多少呢，是十分接近1，还是比1小很多呢？请你测量一下。

实验研究

设计一个实验装置，测量乒乓球与乒乓球拍碰撞过程中的恢复系数。

由恢复系数定义式和动量守恒式可推导出碰撞后的乒乓球速度 v_1 和球拍速度 v_2。

$$v_1 = -v_{10} + \frac{m_2}{m_1 + m_2}(1+e)(v_{10} + v_{20})$$

$$v_2 = v_{20} - \frac{m_1}{m_1 + m_2}(1+e)(v_{10} + v_{20})$$

若 $m_2 \gg m_1$，则

$$v_1 = -v_{10} + (1+e)(v_{10} + v_{20}) = ev_{10} + (1+e)v_{20}$$

$$v_2 = v_{20}$$

可以看出，球拍在碰撞前后速度变化不大。乒乓球在碰撞前后的速度取决于恢复系数、自己的初速度和球拍的初速度。从上面的分析我们可知，球拍的弹性很重要，恢复系数越高，乒乓球获得的球速越大。

3. 旋转球的威力

打乒乓球需要运用两种基本力，一个是撞击球的力，称为击打力；另一个是摩擦球的力，称为摩擦力。这两种力就构成了乒乓球的两大基本技术——快和转。球速快要求球员力量大，反应快。而球的旋转，技术训练更为复杂。

实验探索

请教一名乒乓球爱好者，让他依次打出不旋转、略微旋转、高速旋转的发球，你可以利用录像工具记录下不同球的运动轨迹，借助 Logger Pro，Tracker 等视频分析软件，探究不同的球落在乒乓球台面后的运动轨迹特点，并尝试给出不同的应对方案。同时你也可以尝试接住不同类别的发球并打回对方，感受不同旋转球的魔力。

对于一个不旋转的球，我们假设其在非流动性的空气中从左向右运动，根据运动的相对性，可以认为空气相对于球在由右向左流动。根据对称性，不难得知空气在球四周的流速是相等的，如图 8-7 所示。对于不旋转的球，只受到前进方向上的空气阻力和重力，因而运动的轨迹接近理想抛物线，如图 8-8 所示。

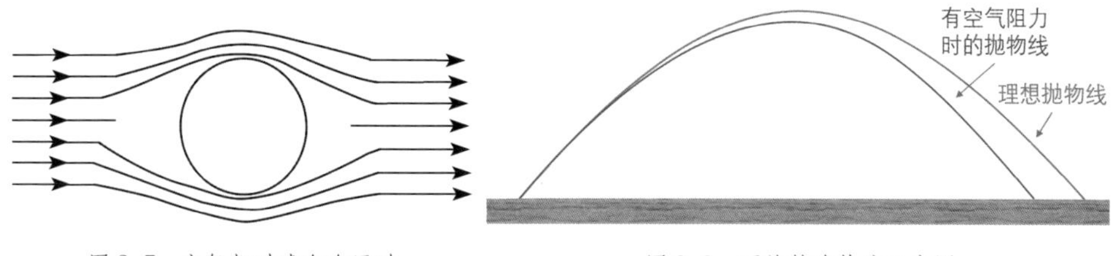

图 8-7 空气相对球向右运动　　图 8-8 不旋转球轨迹示意图

关于旋转球，首先要知道旋转球主要分为四大类八小类。四大类是上旋、下旋、左旋、右旋；八小类就是加上几个斜侧方向的旋转。当球拍接触球的瞬间有向上拉的动作，使球接触球拍的面向上旋转，形成上旋球；反之，当球拍接触球的瞬间有向下削的动作，使球接触球拍的面向下旋转，则形成下旋球。

你一定会发现，旋转起来的球，落球轨迹会变幻莫测，大大增加了接球的难度。因为旋转球会受到与前进方向近乎正交的一个附加力，如图 8-9 所示，因而球的运动轨迹会弯曲，类似于足球中的香蕉球。这一效应是德国科学家马格努斯于 1852 年发现的，故称为马格努斯效应，这个附加的力称为马格努斯力。

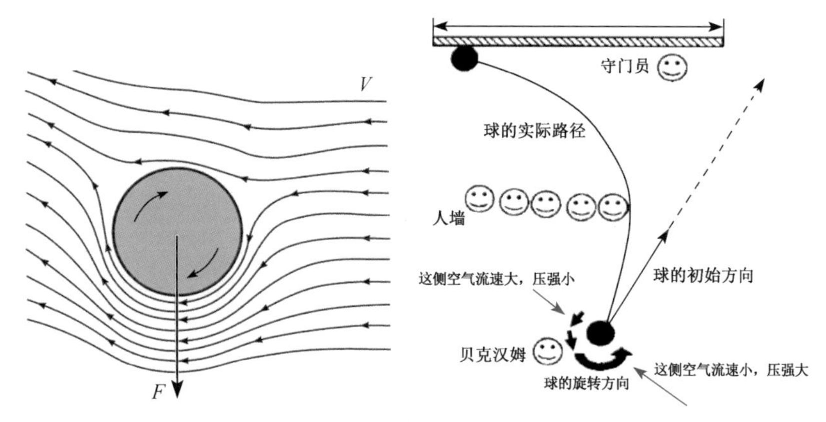

图 8-9 旋转球的马格努斯效应

马格努斯效应的基本原理是伯努利原理。丹尼尔·伯努利在 1726 年提出了伯努利原理，其实质是流体的机械能守恒。即：动能 + 重力势能 + 压力势能 = 常数。伯努利原理往往被表述为

$$p+\frac{1}{2}\rho v^2+\rho gh=C$$

这个式子被称为伯努利方程。式中，p 为流体中某点的压强；v 为流体在该点的流速；

ρ 为流体密度；g 为重力加速度；h 为该点所在的高度；C 是一个常量。它也可以被表述为

$$p_1+\frac{1}{2}\rho v_1^2+\rho g h_1=p_2+\frac{1}{2}\rho v_2^2+\rho g h_2$$

需要注意的是，由于伯努利方程是由机械能守恒推导出的，所以它仅适用于黏度可以忽略、不可被压缩的理想流体。

伯努利最为著名的推论为：等高流动时，流速大，压力就小。如图 8-9 所示，绿色乒乓球向右运动，显然是左边球员打出的球，并且是上旋球，球顺时针转动。由于球旋转将带动下方空气运动速度加快，并使上方空气速度放慢，根据“等高流动时，流速大，压力就小”的结论，上旋球会受到向下的附加力，从而使得运动轨迹相较不旋转时向下弯曲，如图 8-10 所示。

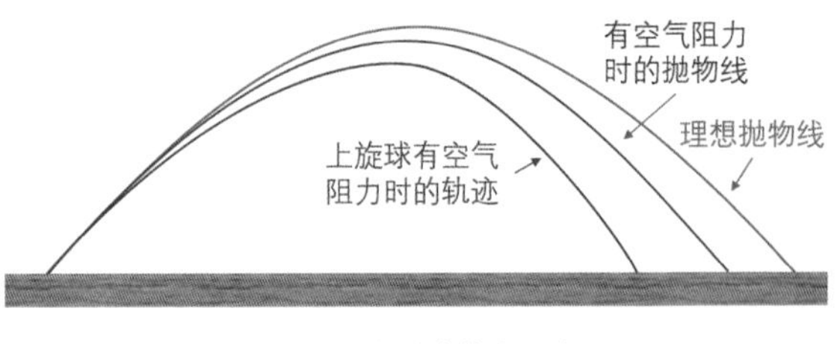

图 8-10　上旋球轨迹示意图

乒乓球运动有五大核心要素：速度、力量、旋转、弧线和落点，这五大要素中旋转的研究是核心中的核心。理解旋转球由球与拍间的摩擦产生，理解旋转球改变轨迹的原理，就可以弄清楚接旋转球的原则。当然，明白是第一步，后面的九十九步苦练不可缺少。

思考讨论

为什么说乒乓球运动的五大核心要素（速度、力量、旋转、弧线和落点）中，旋转的研究是核心中的核心？

一般来说，旋转特别快的球，是发球时打出的球。所以接发球时特别要注意接好旋转球。接球时，眼睛的注意点要下移，因为对方发出的球一般不会高出球网很多；要注意对方的球拍角度和手臂、手腕的动作，以便判断球的旋转方向，决定自己接球的策略。如果对方发的是下旋球，基本上要回以搓球，以消除旋转，防止接发球落网。

思考讨论

有人说，接旋转球的时候如果来不及反应，就只要记住一条，对方怎样的动作造成旋转，自己在回击时就同样的动作消除旋转。这样的说法对吗？

实践探究

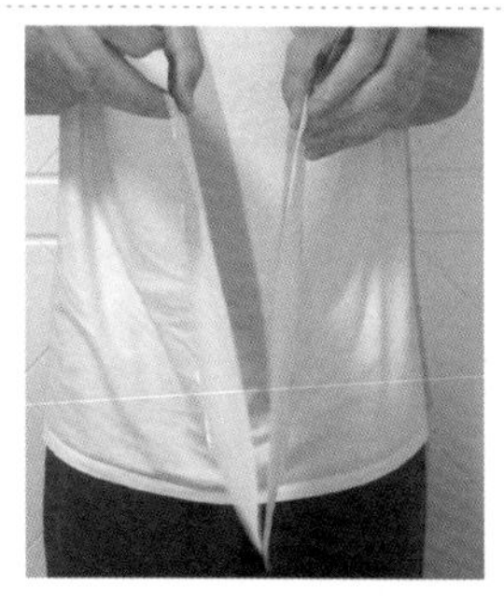

图 8-11　吹不跑的纸

我们拿着两张纸，往两张纸中间吹气，会发现纸不但不会向外飘去，反而会被一种力挤压在了一起，如图 8-11 所示。

另外设计实验来验证伯努利现象，看谁能够做的最多。

你能不能根据前面讲的伯努利原理，对这些现象进行一些解释呢？

思考讨论

生活中有很多根据伯努利原理而设定的规则，也有很多仪器是利用伯努利原理制造的，你能对此进行解释吗？

(1) 列车（地铁）站台都有一根黄色的安全线，你有想过这其中的科学依据吗？

（提示：列车高速驶来时，靠近列车车厢的空气被带动而快速运动起来，原本静止的空气间就会产生较大的压强差。）

(2) 为什么到水流湍急的江河里去游泳是一件很危险的事？你能不能查阅相关资料，计算一下，如果水流以 1 m/s 的速度流动，大概会有多大的力在吸引、排挤着人的身体。

(3) 我国唐朝著名诗人杜甫的《茅屋为秋风所破歌》中有这样的诗句："八月秋高风怒号，卷我屋上三重茅。"这句诗描述的是屋顶被风揭翻的场景，相信大家也从电视中见到过这样的景象，能不能用你所了解的"伯努利原理"来解释一下上述现象？

课题拓展

马格努斯效应是一种复杂的力学现象，在空气中或者水中旋转着飞行的物体或带有旋转部件的物体，受马格努斯力后的运动规律如何？尝试着对某种马格努斯现象进行研究。

4. 关于乒乓球运动的拓展研究

(1) 乒乓球运动与健身

关于乒乓球运动的课题研究涉及许多方面，除了如何打好球，还有打球与健康的关系研究，如在中国知网搜索"乒乓球运动对老年人"的主题，就可以看到很多研究文章（图 8-12）。

□1	乒乓球运动对老年女性骨代谢指标和四肢肌力的影响	李洁茹; 李旭红	山西医药杂志	2019-01-24	期刊		58
□2	乒乓球运动对老年人心脑血管系统的影响	王蕾	中国老年学杂志	2017-09-10	期刊		82
□3	乒乓球锻炼对老年人下肢力量及平衡能力等身体素质影响的实验研究	贠福鑫	广州体育学院	2017-06-01	硕士		222
□4	太仓市乒乓球健身运动现状及健身价值的研究	卢希	苏州大学	2016-09-01	硕士		108
□5	全民健身背景下武汉市老年业余乒乓球竞赛活动开展现状及对策研究	陈雯雯	武汉体育学院	2016-06-01	硕士	1	185
□6	16周健步走结合乒乓球运动对2型糖尿病老年患者生命质量的影响	覃林; 朱欢	广州体育学院学报	2016-01-28	期刊	7	244
□7	上海市老年乒乓球运动开展现状的调查研究	肖伟	上海体育学院	2010-05-31	硕士	8	790
□8	河南省老干部乒乓球运动发展现状研究	屈铭喆	河南大学	2010-05-01	硕士	4	256

图 8-12　中国知网上搜“乒乓球运动对老年人”后列出的部分文章

如下面一篇（图 8-13），关于研究乒乓球运动与老年人体质强弱相关性的研究，其研究方法是统计学中关于相关性研究的典型方法。如对“统计学中关于相关性研究”有兴趣的同学，可以通过“爱课程”网寻找相关课程学习。

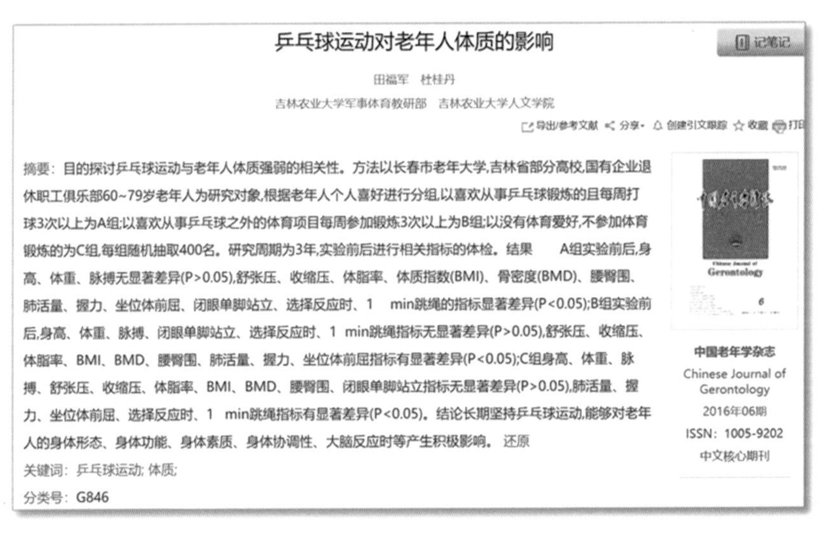
乒乓球运动对老年人体质的影响

记笔记

田福军　杜桂丹

吉林农业大学军事体育教研部　吉林农业大学人文学院

导出/参考文献　分享　创建引文跟踪　收藏　打印

摘要：目的探讨乒乓球运动与老年人体质强弱的相关性。方法以长春市老年大学,吉林省部分高校,国有企业退休职工俱乐部60~79岁老年人为研究对象,根据老年人个人喜好进行分组,以喜欢从事乒乓球锻炼的且每周打球3次以上为A组;以喜欢从事乒乓球之外的体育项目每周参加锻炼3次以上为B组;以没有体育爱好,不参加体育锻炼的为C组,每组随机抽取400名。研究周期为3年,实验前后进行相关指标的体检。结果　A组实验前后,身高、体重、脉搏无显著差异(P>0.05),舒张压、收缩压、体脂率、体质指数(BMI)、骨密度(BMD)、腰臀围、肺活量、握力、坐位体前屈、闭眼单脚站立、选择反应时、1　min跳绳的指标显著差异(P<0.05);B组实验前后,身高、体重、脉搏、闭眼单脚站立、选择反应时、1 min跳绳指标无显著差异(P>0.05),舒张压、收缩压、体脂率、BMI、BMD、腰臀围、肺活量、握力、坐位体前屈指标有显著差异(P<0.05);C组身高、体重、脉搏、舒张压、收缩压、体脂率、BMI、BMD、腰臀围、闭眼单脚站立指标无显著差异(P>0.05),肺活量、握力、坐位体前屈、选择反应时、1　min跳绳指标有显著差异(P<0.05)。结论长期坚持乒乓球运动,能够对老年人的身体形态、身体功能、身体素质、身体协调性、大脑反应时等产生积极影响。还原

关键词：乒乓球运动; 体质;

分类号：G846

中国老年学杂志

Chinese Journal of Gerontology

2016年06期

ISSN：1005-9202

中文核心期刊

图 8-13　中国知网上搜“乒乓球运动对老年人”后列出的文章之一

课题研究

从人体生物力学的角度，研究乒乓球运动有别于其他体育运动的健身功能。

(2) 乒乓球机器人的研究

当今社会，人工智能已逐步向各行各业渗透。如何使人工智能更好地为各行各业服务，已经成为一个十分热门的话题，但是技术和人才的短板处处凸显。三十多年前已经诞生的乒乓球机器人，早已可以对打不旋转的球，但对旋转球的判断和顺利击打问题，至今仍未彻底解决。显然这是一个人工智能的难题，于是就有人勇敢地挑战了。

上海体育学院的一篇博士论文《基于人工智能的乒乓球旋转测量与推算》，论述了基于人工智能的算法对乒乓球的旋转进行测量和推算，提出了新的想法和思路去计算乒乓球旋转的速度大小、方向和类型。根据测算旋转的三类方法：直接测量法，轨迹反推旋转法和动作预判旋转法，研究解决了在测算过程中遇到的一些难点问题，最终通过实验进行了验证。有兴趣的同学可以通过中国知网找来学习。

(3) 乒乓球的智能化训练

现代体育运动的训练体系已融入越来越多的现代数字技术，乒乓球训练也同样如此。沈阳工业大学李大伟、杜洪波等发表于2018年第12期《软件》杂志上的文章《基于“数据智能”的乒乓球训练App设计》介绍了他们以数据分析为核心，通过智能设备研发的乒乓球训练系统App。该系统包括训练中心、热点中心、个人中心等界面，实现了个人训练数据的可视化，技术水平评价的定量化，以保证球员训练更加专业有效。图8-14为文章中插入的App训练中心界面。

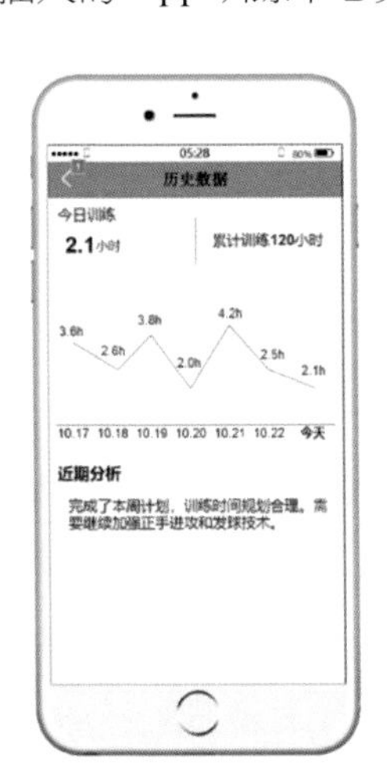

图8-14 基于“数据智能”的乒乓球训练App训练中心界面

(4) 关于乒乓球的学生课题研究

一位初中生，乒乓球爱好者，对物理的研究性学习也感兴趣，于是勇敢地开始用物理理论和实验研究乒乓球旋转与运动轨迹间的定量关系。从研究报告中可以看到，该同学的研究在时间、精力上付出了巨大的代价，因而可以称得上勇敢！艰苦的付出赢来了收获，他体验了科学研究的过程，经受了考验，品尝了成功的喜悦；他自学了没有学过的物理知识，提升了自学能力，提升了自信；他在老师的指导下学习了视频分析和数据处理等研究方法，掌握了一些基本研究技能；他的研究从前期准备、开题报告、实验设计，经过枯燥的、大量的视频追踪、数据处理，到最后理论分析和答辩交流，整个研究过程是科学、技术、数学和工程结合的精彩案例。

毕竟是初中生，研究还很稚嫩，也充满缺憾。现在拿出来，供大家学习，也供大家点评。看看是否可以引发同学们的研究兴趣，进一步研究乒乓球，研究其他球类，研究自己感兴趣的其他一切。

研究报告见本章末附录：乒乓球旋转与运动轨迹定量关系的研究！

二、乒乓球的另类玩法

1. 静电乒乓

你能发明一个装置让电打乒乓吗？估计你能想出办法，因为你知道打乒乓球的机器人是可能造出来的，当然要你设计和制造可能还办不到。但是这样的机器人确实存在。浙江大学智能系统与控制研究所早就做出了两个可以对打乒乓球的机器人[1]。可是如果造机器人，是需要有电流流经机器人的电路的。现在如果说不用电流，用静电，可以吗？

所谓静电，就是静止的电荷。静电系统中没有电流回路，这样的系统如何打乒乓？也就是说如何使乒乓球在两个乒乓板之间来回地打来打去？

真正的打乒乓球，是一项十分复杂的运动，单靠静电是不可能做到的。

我们分析这个静电打乒乓的问题，一定是一个象征性的打乒乓球的现象。我们能否做到利用静电使一个乒乓球在两块平板之间来回碰来撞去呢？你是否觉得这个乒乓球一定要带电，才会被吸过来推过去，因为静电之间的相互作用一定是同种电荷相互排斥，异种电荷相互吸引。而且仅仅带电还不够，还必须能够在被一块板吸引，打在这块板上之后变换电荷性质，才可能被这块板又推走。这是一个怎样的装置呢？

思考讨论

静电乒乓是个什么样的装置？两个极板带有同种电荷还是异种电荷？乒乓球上的电荷是怎么回事？如果用静电感应起电机产生电荷，那么静电感应起电机应该如

[1] http://news.163.com/11/1010/03/7FVODVNV00014AED.html

何和你设计的装置连接？

画出你的设计图。

实验研究

按照你的设计创建一套装置，可以利用静电感应起电机实现静电打乒乓球。

然后给自己提问，自行实验研究问题。看谁的探究透彻、花样新鲜。

课题拓展

双龙戏球，和静电乒乓一个原理，但是静电发生装置不一样，看图 8-15[1]，这是滴水起电机（创作者说水流大一些起电量大）。其实，这个滴水起电机就是一种感应起电机，所以和静电感应起电机是“长相不同的一家人”。

这台滴水起电机做得多漂亮，还设计得极具中国风，你能创作么？需要改进么？期待你的作品。

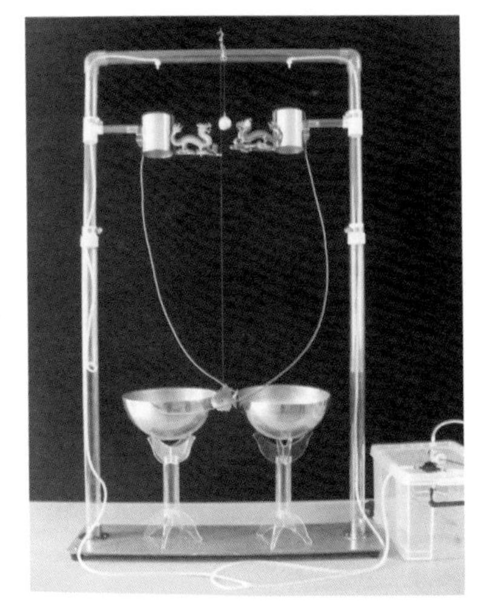

图 8-15　滴水起电机和双龙戏球

2. 筷子夹乒乓

筷子，中国人应该都会用，当然并不是所有人都习惯标准用法（图 8-16）。筷子夹乒乓球的接力游戏玩过吗？如果你握筷子不标准，玩这个游戏很可能要吃亏。

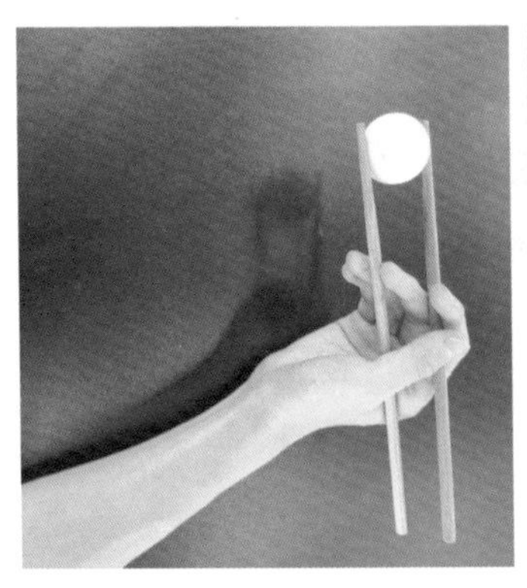

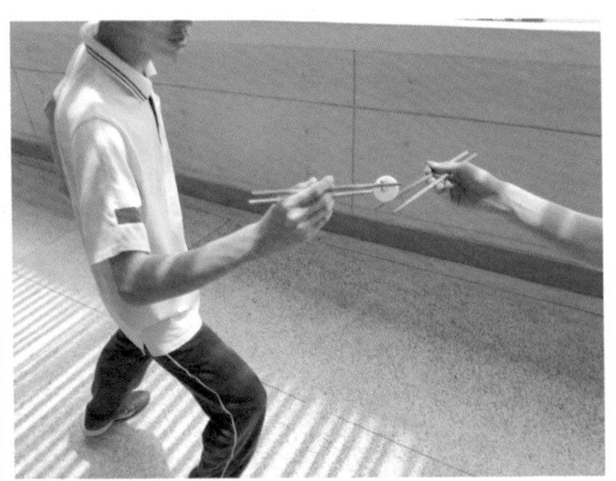

图 8-16　筷子夹乒乓球

[1] 图片来源：创坊 C——Workshop

思考讨论

如果组织一个筷子夹乒乓球的接力游戏，每一位队员都需要用筷子夹着乒乓球跑若干米方可传给接力者，那么有什么具有强竞争力的策略吗？

如果一转身就可以传给下一位呢？

筷子如果可以自行制作呢？

拿筷子的动作是否有讲究？

以上问题请从物理学的角度分析讨论。

3. 趣味吹乒乓

如图 8-17 所示，摆一排装有水的杯子，把一个乒乓球放在第一个杯子上，用嘴巴吹动乒乓球，看谁先把乒乓球从第一个杯子吹到最后一个杯子。这么一个简单的游戏，其实追究起来，还是有很多问题可以深入研究的！

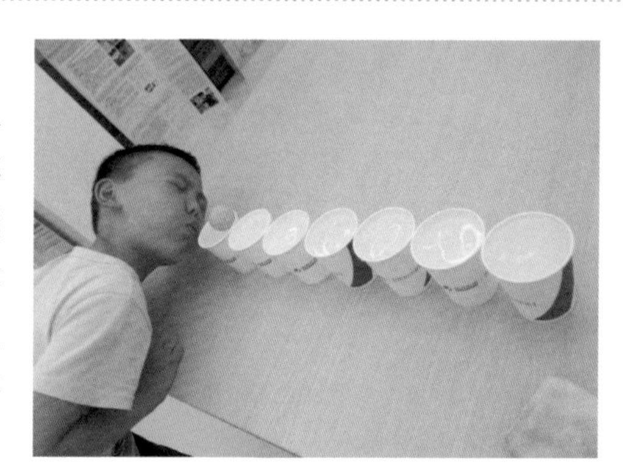

图 8-17　趣味吹乒乓

思考讨论

杯子里装多少水才可以做到：乒乓球既容易向前吹动，又不易落下？

吹的时候需要克服哪些力？

吹的时候有什么技巧？角度、瞄准点有讲究吗？

如果把杯子排列在桌子上玩这个游戏，和杯子放在地上有什么区别吗？

如果杯子里不是普通自来水，而是其他液体，会发生什么情况？

这个游戏涉及哪些物理概念？请从物理学的角度分析上述问题。

上述思考讨论的问题很可能光凭想象推理还不行，还需要实验研究。

实验研究

一排不放水的空杯子或空碗，是否可以在第一个容器内放入乒乓球，然后靠吹气，使球一个一个容器跳过去？容器的形状和实现的难易程度有什么关系？吹气技巧如何把握？

4. 托球跑

关于托乒乓球跑的游戏，相信大多数人都知道。用球拍托着乒乓球跑，保证乒乓球不掉下来，这本身就不容易。更何况还有匀速水平直线跑，加速水平直线跑，更有转弯跑、斜坡跑等情况，使问题显得更为复杂。好在我们都会受力分析，从物理学的角度入手，把这几种物理模型搞清楚，先从理论上弄明白用力的方法，那么在练习的时候就可以事半功倍。

网上看到这么一道题，是关于共点力平衡的问题：[1]

某校举行托乒乓球跑步比赛，赛道为水平直道，比赛时某同学将球置于球拍中心，当速度达到 v_0 时做匀速直线运动跑至终点，整个过程（作者注：看下文，应该指在匀速直线运动段）中球一直保持在球拍中心不动，如图 8-18 所示，设球在运动中受到的空气阻力大小与其速度大小成正比，$f=kv_0$，方向与运动方向相反，不计球与球拍之间的摩擦，球的质量为 m，重力加速度为 g，则在比赛中，该同学在匀速直线运动阶段保持球拍的水平倾角 θ_0 满足（　　）。

图 8-18　托球跑游戏

A. $\sin\theta_0=kv_0/mg$　　B. $\cos\theta_0=kv_0/mg$

C. $\cos\theta_0=kv_0/mg$　　D. $\tan\theta_0=mg/kv_0$

显然，受力分析如图 8-19 所示，乒乓球受重力 $\boldsymbol{mg}$、球拍的支持力 $\boldsymbol{N}$ 和空气阻力 $\boldsymbol{f}$ 作用。由于是假设球拍处于匀速直线运动中，且球一直保持在球拍中心不动，根据共点力平衡条件可知：重力 $\boldsymbol{mg}$、空气阻力 $\boldsymbol{f}$、球拍的支持力 $\boldsymbol{N}$ 三者的合力为零。根据图中几何关系有

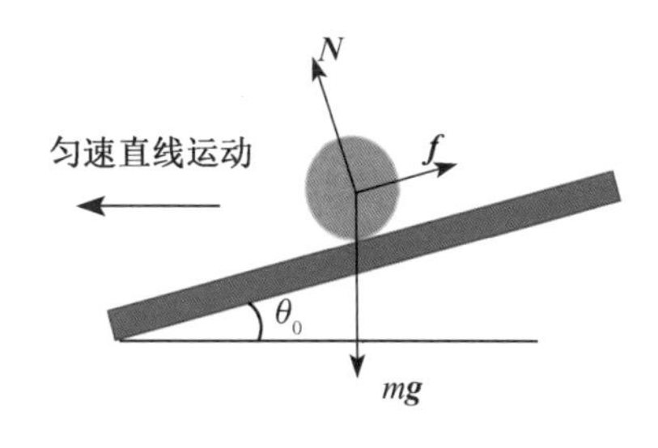

图 8-19　托球跑匀速直线运动时受力分析

$$f=mg\tan\theta_0$$

又有 $$f=kv_0$$

联立以上两式，解得

$$\tan\theta_0=kv_0/mg$$

[1] http://www.mofangge.com/html/qDetail/04/g3/201408/13cpg304415090.html

故选项C正确。

但是，人走路能够保持匀速吗？写到这里不禁想到国际青年物理学家竞赛(International Young Physicists' Tournament，IYPT，详见第12章）2015年比赛的第17题（Coffee cup)。

> Physicists like drinking coffee，however walking between laboratories with a cup of coffee can be problematic. Investigate how the shape of the cup，speed of walking and other parameters affect the likelihood of coffee being spilt while walking.
>
> 物理学家们喜欢喝咖啡，但端着一杯咖啡在实验室间行走会很麻烦。研究杯子的形状、步行速度和其他参量如何影响走路时咖啡溅出的可能性。

显然，咖啡可能溅出的主要原因是人走路不平稳。

每一位读者都可以走几步体会一下，也可以观察一下别人的步伐，是否可以看出，一般人走路很难避免摇摆，速度很难保持不变，跨出的每一步中，人体重心高低和手中端着的物体的高度都不是定值，所以上面这道题的分析是一个简化模型。

课题拓展

1. 在水平的直线跑道上运动，由于人的步履的影响，无法严格达到匀速直线运动，更何况还有开始阶段的加速和最后阶段的减速过程。试研究：从理论上得出，在整个运动过程的不同阶段，控制乒乓球拍的策略，并从实验上验证自己理论研究的正确性。

2. 如果托球游戏是沿着某一个倾斜角为 α 的斜坡向上直行，随后向下直行同样距离呢？其简化模型应该如何分析？实际模型呢？

3. 如果托球游戏是沿着曲率半径是 R 的圆周运动呢？其简化模型应该如何分析？实际模型呢？

5. 吹不走的乒乓

前面有一个游戏是吹一排杯子中水面上的乒乓球，一旦吹得合理，乒乓球会沿着你吹的方向远离你而去。现在这里有两个游戏，都是一旦你吹乒乓球，它就紧紧跟着你，吹都吹不走，可谓“铁粉乒乓球”。当然，你停止吹，乒乓球就不辞而别喽。

第一个游戏是向下吹不走的乒乓球。需要使用一个漏斗，如图8-20所示，把一个盆子里的几个乒乓球通过吹的方法提起来，搬运到旁边一个空盆子里。看谁搬运得快。

图8-20　向下吹不走的乒乓球

思考讨论

为什么吹气可以把乒乓球提起？

如果有人通过吸气的方法完成任务，你是否能够分辨出这人违规？

第二个游戏是向上吹不走的乒乓球。需要准备一个吹风机，如图 8-21 所示，当吹风机持续吹气时，向上的气流使乒乓球持续漂浮在出风口的上方。保证乒乓球较长时间相对稳定地漂浮在吹风口上方的诀窍是出气量适当且均衡。

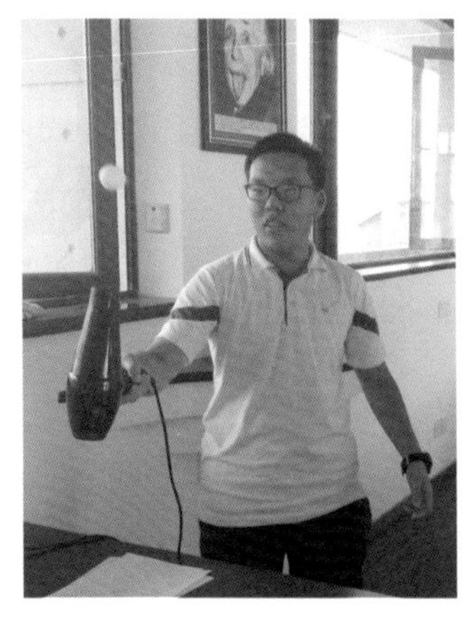

图 8-21　向上吹不走的乒乓球

思考讨论

为什么持续吹气可以让乒乓球保持在出风口上方？

轻触球，球摇摆一下又会回到气流中轴线上，为什么？

课题拓展

一位同学在玩这个游戏时想到了学校肺活量的测量，你猜猜他联想到一个什么课题？你有兴趣思考一下这里蕴含着什么值得研究的问题，并着手研究一番吗？

关于向上吹不走的乒乓，想必很多人玩过，你会发现，吹风机的风不但可以竖直向上吹，还可以向斜上方吹。

实验研究

1. 用一个吹风机的冷风档吹乒乓球，向斜上方吹，观察最大可以倾斜到什么程度。研究同一个吹风机，同一个乒乓球，通过改变什么条件，可以使乒乓球不落的风向的最大倾角（和竖直方向的夹角）发生改变。找出其中的规律，并提出可以进一步研究的课题。

2. 有一位同学发现贴着墙壁做这个实验会出现奇怪的现象，你试试看，发现什么没有，是否有值得研究的问题？

3. 如图 8-22，如果在乒乓球稳定在吹风机之上后，在乒乓球上方放个管子，会怎样？不问问管子的口径么？这里又可以发现什么值得研究的问题吗？

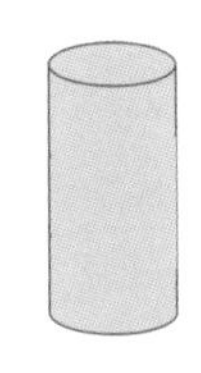

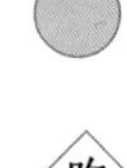

图 8-22　如果乒乓球上放个管子

附录　乒乓球旋转与运动轨迹定量关系的研究

摘要：笔者打乒乓球时观察发现，在接对手旋转球时对落点轨迹的预判容易出错，且回球容易下网或者出界。如果能了解转速就能更准确地预判落点并应对。但精确记录乒乓球转速的设备售价高达数万元。既然转速能影响轨迹，是否能通过轨迹反推转速呢？文献查阅发现对乒乓球运动轨迹的研究很多，但缺少转速与运动轨迹间定量关系的研究。在考虑伯努利效应、空气阻力、重力作用的基础上，本课题建立了乒乓球轨迹的理论模型。利用高速摄像机记录乒乓球实际运动轨迹，通过数据与理论对比探究最恰当的理论模型。通过 27 组视频、162 条轨迹、约 1 万帧视频的分析发现，乒乓球飞行过程中主要受到重力和马格努斯等效力的影响，实测轨迹与理论轨迹吻合，RMSE 值分别为 0.007 2 m 与 0.005 1 m。在碰撞过程中，上旋球接触台后速度减少 16.3%，转速减少 50.3%；下旋球接触台后速度减少 18%，转速减少 20.7%。本课题建立了基于侧面视角下视频记录的转速测量方法，并通过实验验证了飞行轨迹的理论模型，进而提出了该模型在正面视角下的应用，对球手了解对手习惯、提升球路判断准确性具有指导意义。

关键字：乒乓球轨迹　乒乓球旋转　伯努利原理　马格努斯效应

创新点：

(1) 理论结合实验，建立了乒乓球不同转速、转向与碰撞前后飞行轨迹的数学关系；

(2) 验证了空气阻力对乒乓球飞行轨迹影响较小；

(3) 建立了侧向视角与正面视角下轨迹判断和训练方法。

1. 引言

1.1　课题来源

四年打乒乓球经历让自己意识到乒乓球的旋转对其运动轨迹具有重大影响，乒乓球的旋转之所以成为进攻与防守的利器是因为旋转会使乒乓球的轨迹发生改变。如果能够提前判断对手击球方式和乒乓球转速就能预判对手击球轨迹，从而减少回球时失误率。笔者查阅资料发现，能够精确记录乒乓球转速的设备售价高达 5 万～10 万元，于是想到了探究是否能通过乒乓球的运动轨迹来反推其转速。为了进一步明确研究的问题，笔者将研究重点聚焦于上旋和下旋这两种乒乓球最常见的轨迹上。通过上网查找相关资料和向专业乒乓球运动员咨询发现，上旋球或下旋球会使乒乓球的运动轨迹发生改变：上旋球落点靠前而下旋球的落点靠后，但其转速与落点间关系只有定性分析，没有定量结论。因此，笔者想在此基础上进一步探究二者间的定量关系，为乒乓球爱好者在日常训练或比赛中了解自己和对手的击球习惯提供便利。

1.2　研究现状

在中国，乒乓球被尊称为“国球”，在世界体育运动中长盛不衰[1]。中国是世界公认的“乒乓球王国”，也是获得奥运会、世锦赛乒乓球冠军最多的国家，对世界乒乓球运动的发展做出了杰出贡献[2]。从里约奥运会战绩来看，我国运动员包揽了所有乒乓球项目的金牌，在男子单打和女子单打方面更是出现了包揽冠、亚军的局面[3-6]。虽然乒乓球并非起源于中国，但大部分乒乓球创新发展都与中国有关，其中包括战术创新、训练方法创新、意识创新、器材更新等[2]。因此，加强对乒乓球理论的研究对推动乒乓球运动的发展具有重要作用。

目前国内学者对于乒乓球的研究主要集中在运动轨迹预测、建模研究上。例如，吴珺、薛社教、杨华等对运动过程中乒乓球的运动轨迹进行了预测和分析[7-9]。衣燕慧利用双目视觉模仿人眼处理信息的方法，进行了乒乓球运动轨迹建模研究[10]。此外，张锦兴、周灵、王玉玮等对高校乒乓球教学方式、存在问题及解决对策进行了详细分析[11-13]。张静对我国乒乓球跨文化传播现状和策略进行了阐述[14]。但是，目前缺少对乒乓球运动轨迹与转速间数学关系的研究，而这对于完善乒乓球理论研究具有重要意义。

2. 方法与过程

2.1 实验设计

为了得出转速对于轨迹的影响的普遍规律，所以需要做上旋球，不旋转球和下旋球各三个速度共 9 组实验，每组实验各取 3 个球（一共 27 个样本）进行分析来得到数据并推导出结论。为了减小实验误差，得到同一标准下速度一致的乒乓球，采用了发球机发球的方式来进行实验，每次实验重复至少三次。

在后续实验结果处理中，将数据分析分为乒乓球接触台面前和接触台面后乒乓球转速与运动轨迹的变化。每一部分都进行理论分析和原始数据分析之间轨迹等关系的比较，得出初步结论。最终将两部分结果进行汇总分析，推导出乒乓球转速与运动轨迹间的关系。

2.2 实验材料与方法

2.2.1 实验材料

所需实验器材如附表 8-1 所示。

附表 8-1　实验器材表

名称/规格	数量	单位	名称/规格	数量	单位
手机	1	部	乒乓球发球机	1	台
三脚架	1	个	乒乓球	120	只

主要设备如附图 8-1 所示。

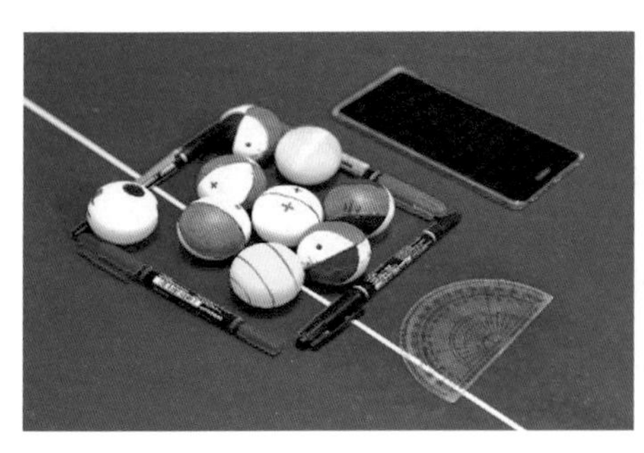

附图 8-1 实验主要设备

2.2.2 实验方法和过程

首先，前期的预实验结果发现，利用色块标记法比描点标记法能更加准确地对乒乓球的运动轨迹和转动过程变化进行记录，如附图 8-2 所示。这也为后期进一步分析乒乓球运动轨迹和转速间关系以及乒乓球落地前后速度与转速的变化提供了必要保证。

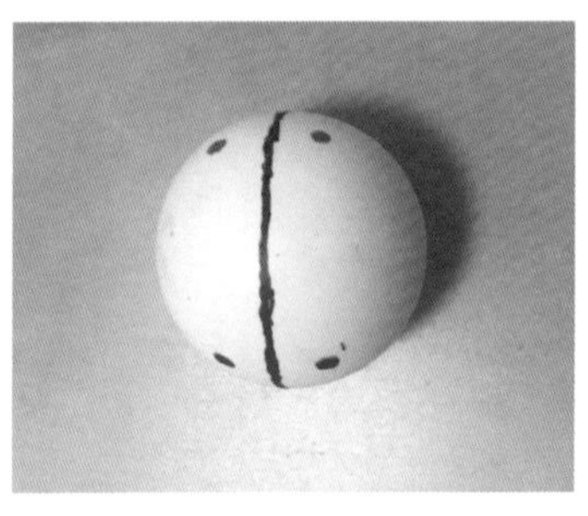

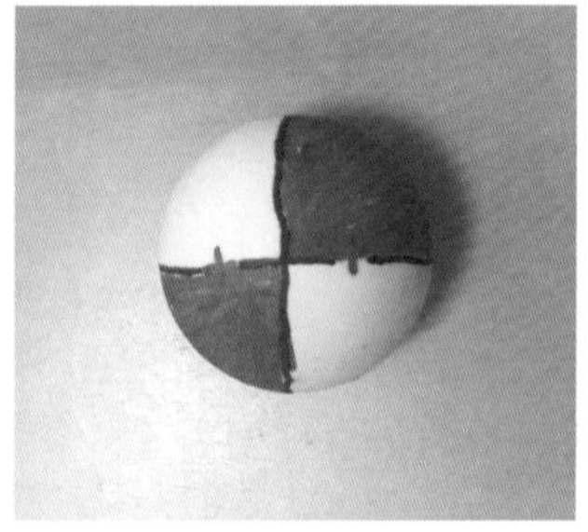

附图 8-2 描点标记方法（左）和色块标记法（右）

紧接着，通过发球机发出不同类型的球（不旋转球、上旋球和下旋球）且每种类型的球分为三种不同速度（快速、中速和慢速），同时用苹果手机拍摄慢动作视频模式记录不同状态下乒乓球的运动轨迹，实验场景和收集数据过程如附图 8-3 所示。

附图 8-3 实验场景和收集数据过程

然后重复上述实验各 3 次以上，记录乒乓球从发球机发出后在空中飞行直到落地后弹起的整个轨迹。

最后，将拍摄到的所有视频分别导入 Tracker 软件，逐个分析出球的实际轨迹（包括每一帧 x 方向和 y 方向位移、速度），将所有数据分别导入 Excel，结合理论推导计算出每一个球所有运动过程每一帧的 x 方向和 y 方向理论位移和速度大小，绘制成运动轨迹图。

通过将理论值与实际值进行对比分析，最终得出实验结论，为乒乓球运动爱好者提供训练建议。

3. 乒乓球接触台面前的数据与分析

3.1　理论分析

3.1.1　仅考虑重力时

物体在地球表面会受到地球的吸引叫作重力，重力的大小与物体的质量成正比，方向总是竖直向下，重力的计算公式 $G=mg$（其中，m 为乒乓球的质量，g 为重力加速度）。接触台面前，分别对乒乓球不旋转球、上旋球和下旋球进行受力分析如附图 8-4 所示。

附图 8-4　重力理论分析图

只受重力作用时，将接触台面前乒乓球运动视为抛体运动，结合运动分解的知识，将其分解为水平方向的匀速直线运动与竖直方向的匀加速直线运动，由运动学规律可知，

水平方向：
$$S_x=V_x t \tag{8-1}'$$

其中，S_x 表示水平方向的位移；V_x 表示水平方向的速度；t 表示时间。

竖直方向：
$$S_y=V_y t+\frac{1}{2}gt^2 \tag{8-2}'$$

其中，S_y 表示竖直方向的位移；V_y 表示竖直方向的速度；g 表示重力加速度。

3.1.2　同时考虑重力和马格努斯等效力

马格努斯效应是由于自身旋转的物体在黏性流体中运动产生的。当乒乓球在空气中高速旋转时，由于空气具有黏性，它会带动周围空气转动，即产生环流：当环流和乒乓球运动产生的回流方向相同时流速加快，相反流速减慢。因此，乒乓球在上旋时上方流速慢，下方流速快，根据伯努利原理，流速加快则气体压强变小，所以乒乓球加速下落；反之，乒乓球在下旋时气体压强变大，乒乓球下落延迟。马格努斯等效力就是乒乓球两侧的压力差。

马格努斯等效力方向判定方法：可知马格努斯等效力方向垂直于以平动速度方向和角速度方向所组成的平面，且可通过右手螺旋法则得出方向（四指由速度方向转向角速度方向）。角速度方向可通过右手螺旋法则判定。

接触台面前，分别对乒乓球上旋球和下旋球进行受力分析，如附图 8-5 所示。

根据如可夫斯环流理论可知，马格努斯等效力的计算公式如下：

$$F_{马}=\frac{1}{8}\pi\rho D^3 v\omega \tag{8-3}'$$

其中，ρ 为气体密度；D 为乒乓球的直径；v 为运动的速度；ω 为角速度。

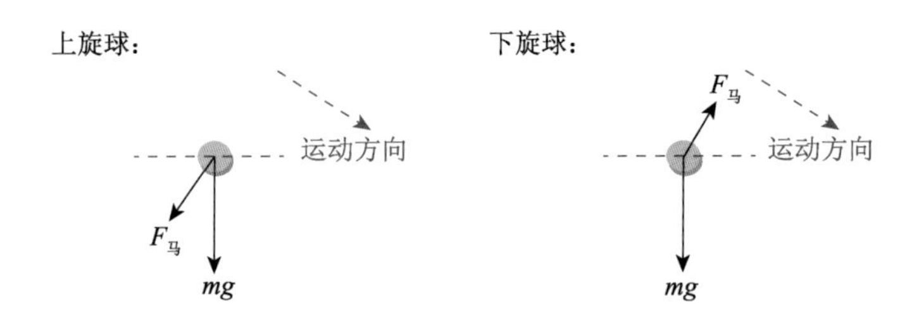

附图 8-5　马格努斯等效力理论分析图

以上旋球为例（下旋球中 $F_马$ 分力方向与上旋球相反），规定运动方向为正方向，重力与马格努斯等效力的夹角为 $\alpha\left(\tan\alpha=\dfrac{v_y}{v_x}\right)$，由牛顿第二定律可知：

水平方向：　$-F_马\sin\alpha=-ma_1$（a_1 为水平方向加速度）　(8-4)′

竖直方向：　$mg+F_马\cos\alpha=ma_2$（a_2 为竖直方向加速度）　(8-5)′

由运动学公式可知：

水平方向：　$S_x=V_xt+\dfrac{1}{2}a_1t^2$　(8-6)′

竖直方向：　$S_y=V_yt+\dfrac{1}{2}a_2t^2$　(8-7)′

3.2　结果与分析

3.2.1　不同运动状态乒乓球的实际运动轨迹

通过对接触台面前不同运动状态（不旋转球、上旋球和下旋球）乒乓球进行视频和数据分析后绘制成附图 8-6、附图 8-7 和附图 8-8。

在附图 8-6、附图 8-7 和附图 8-8 中，每一竖列三个小的运动轨迹图表示同一速度（快速、中速或慢速）下的三次实验重复。同一速度下乒乓球水平方向的落点相距很近，说明发球机可以很好地控制乒乓球的初速度。

3.2.2　仅考虑重力时乒乓球的运动轨迹

首先从最简单的理论分析开始，仅考虑重力对不旋转乒乓球运动轨迹的影响，由运动学方程公式（8-1)′和公式（8-2)′得到附图 8-9。

从附图 8-9 第一行数据可以发现，不同速度下不旋转球的理论轨迹曲线（图中红色曲线）与实际运动轨迹曲线（图中绿色曲线）较好重合在一起，使用 Logger pro 软件做出来的 RMSE 值（均方根误差）小于 0.008 1 m（附表 8-2），说明不同速度下空气阻力、浮力等其他力对乒乓球运动轨迹的影响可以忽略不计；同时上旋球和下旋球理论轨迹曲线与实际运动曲线随着转速的增加两者间的差距在增大，这说明转速对乒乓球的运动轨迹有很大影响。

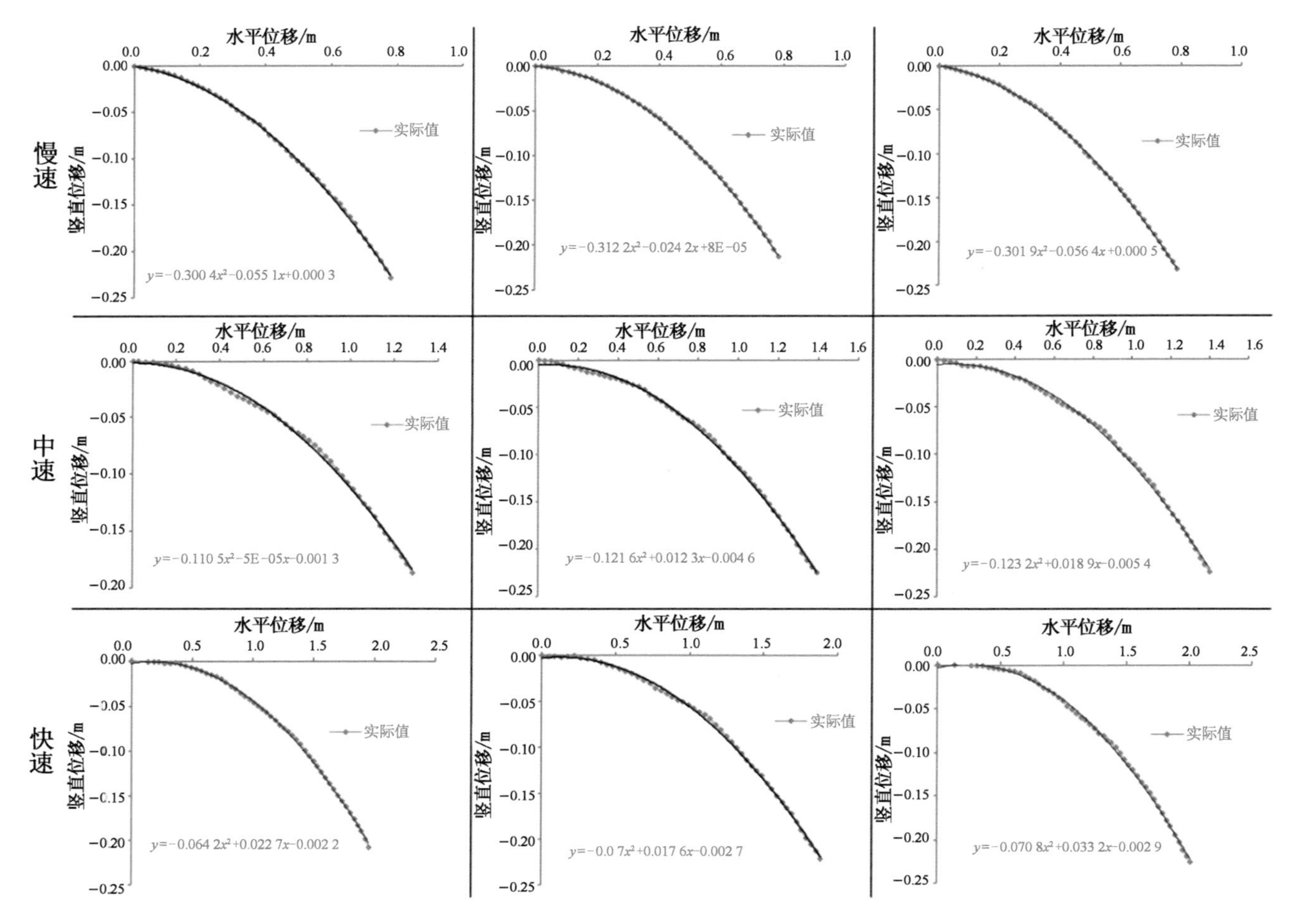

附图 8-6　不旋转球接触台面前的实际运动轨迹

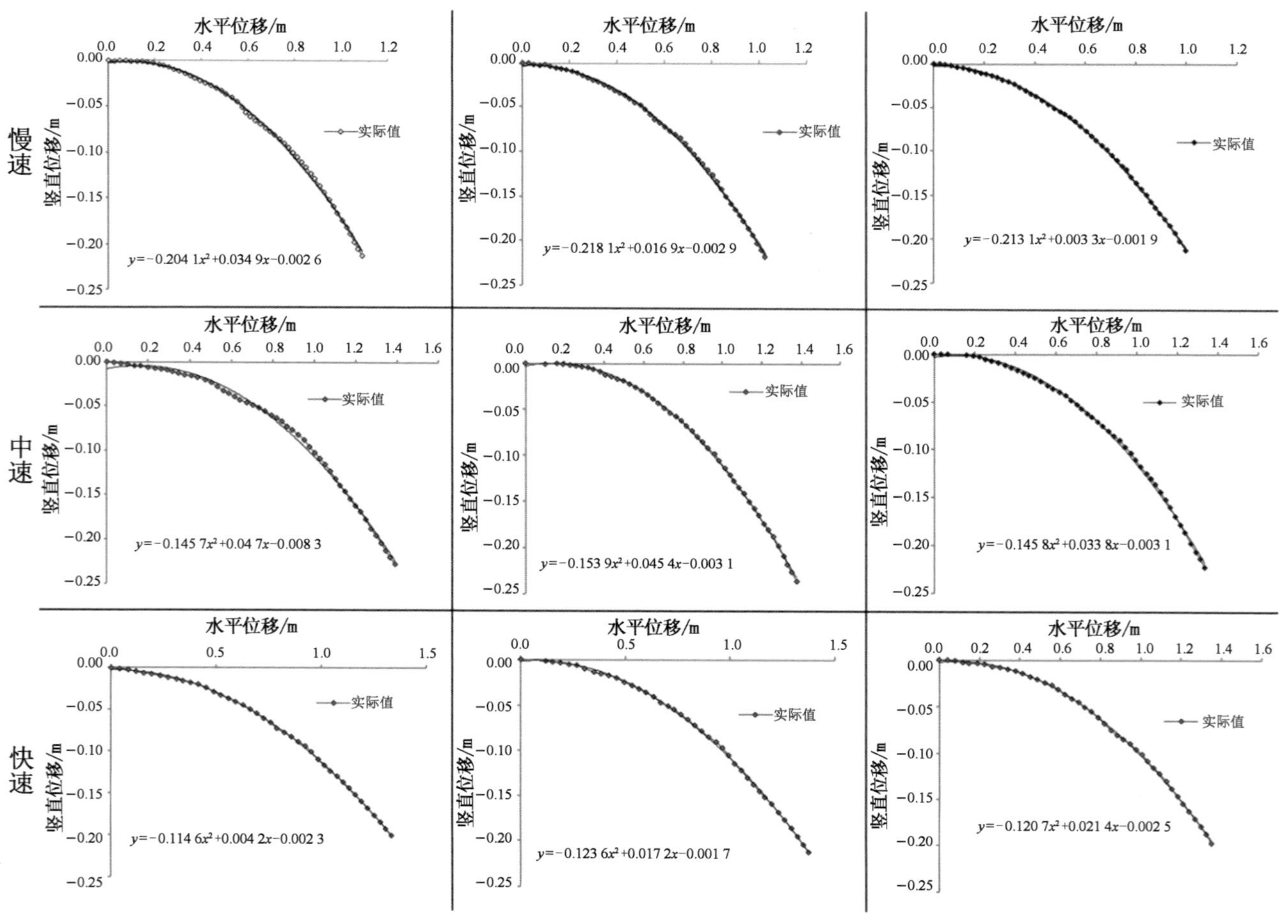

附图 8-7 上旋球接触台面前的实际运动轨迹

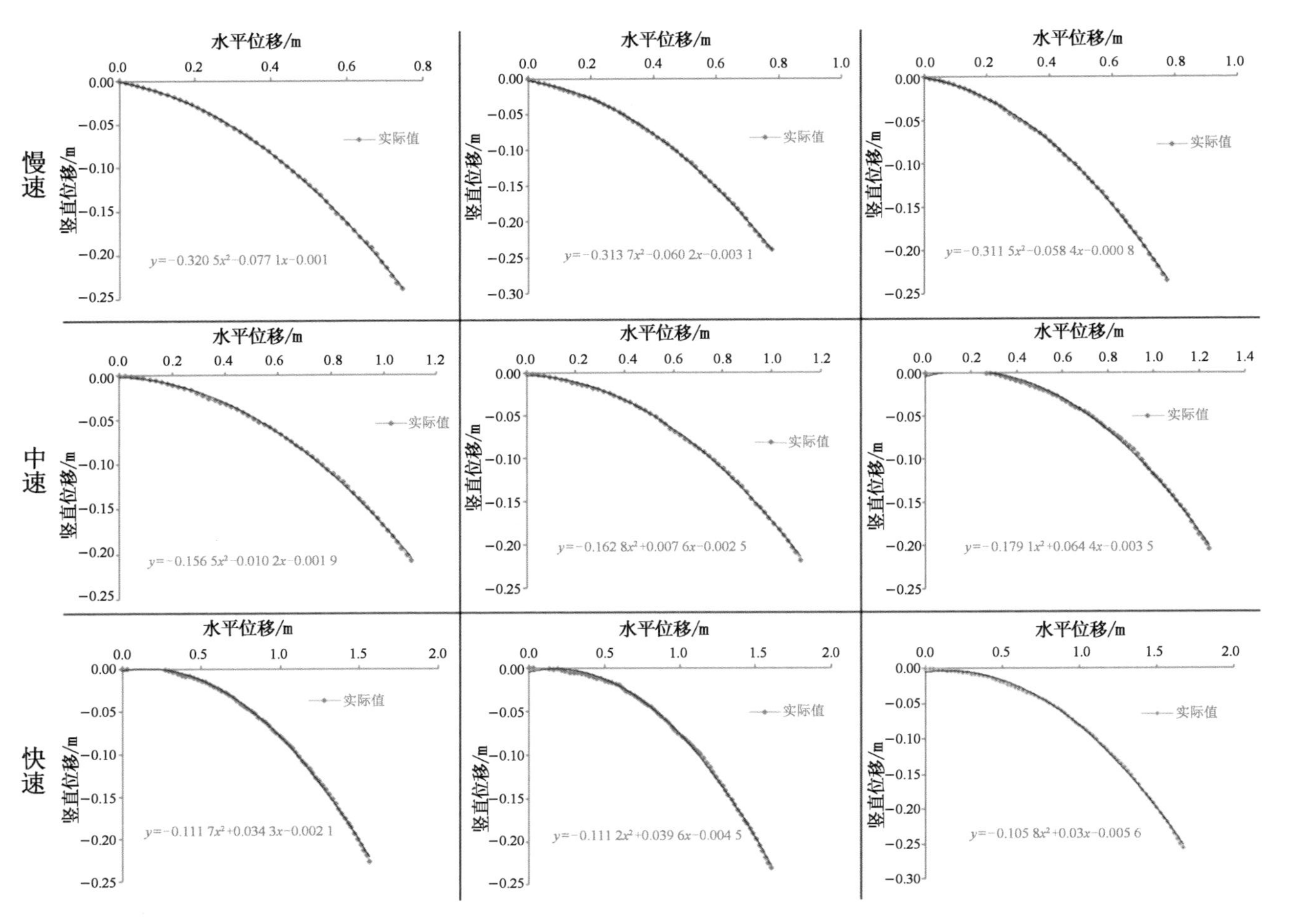

附图 8-8　下旋球接触台面前的实际运动轨迹

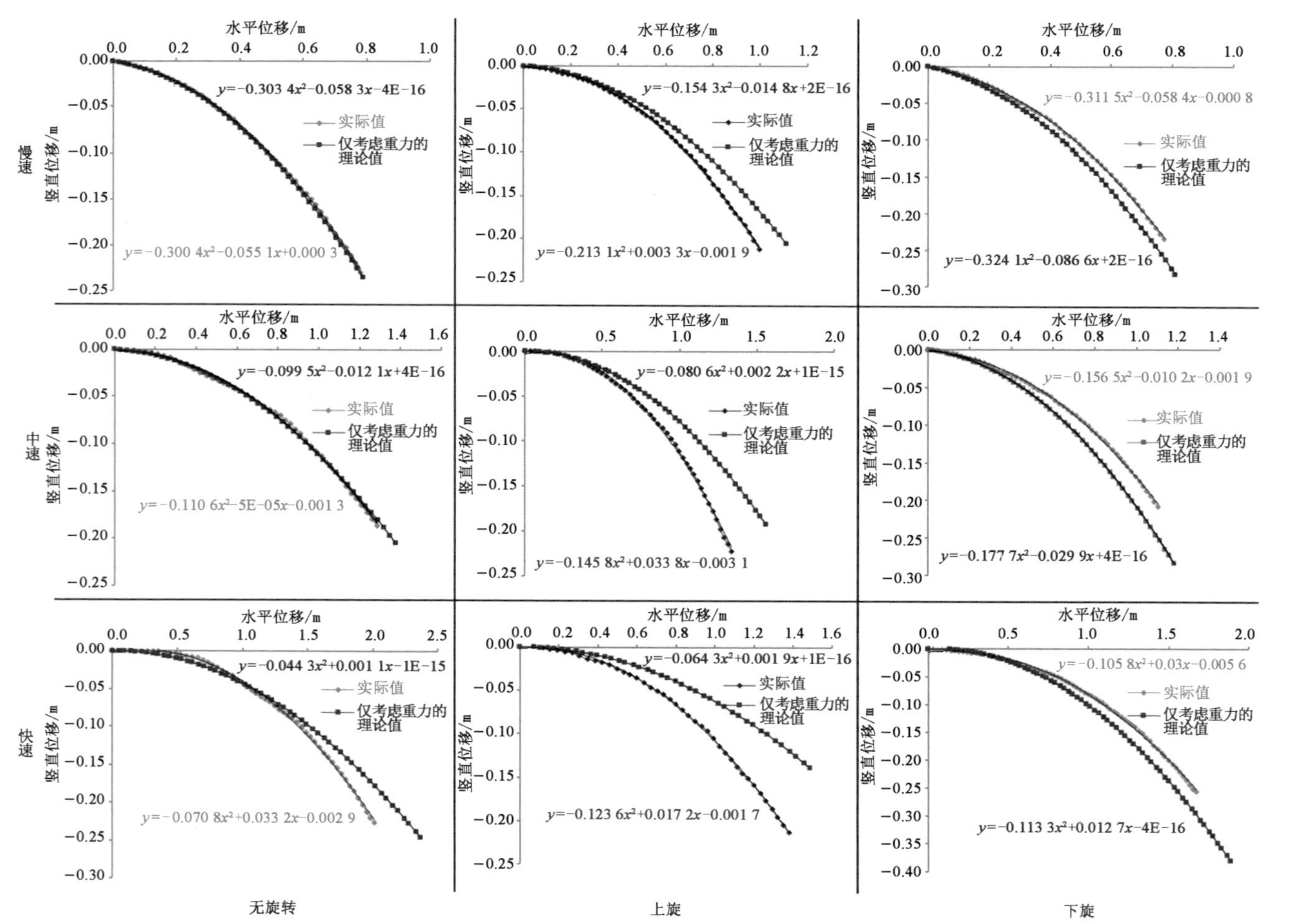

附图 8-9　乒乓球接触台面前理论轨迹和实际运动轨迹

附表 8-2　实验数据与重力模型的误差分析表

平动速度	不同旋转方式下的 RMSE 值（单位：m）		
	不旋转	上旋	下旋
慢速	0. 002 913	0. 019 16	0. 016 17
中速	0. 003 01	0. 034 82	0. 024 25
快速	0. 018 21	0. 044 59	0. 011 32

3. 2. 3　考虑重力和马格努斯等效力时乒乓球的运动轨迹

上述结论表明转速对乒乓球运动轨迹的影响很大，于是在理论分析时同时考虑到马格努斯等效力（即旋转）的作用，通过理论分析部分运动学方程公式计算分析得到附图8-10所示结果。

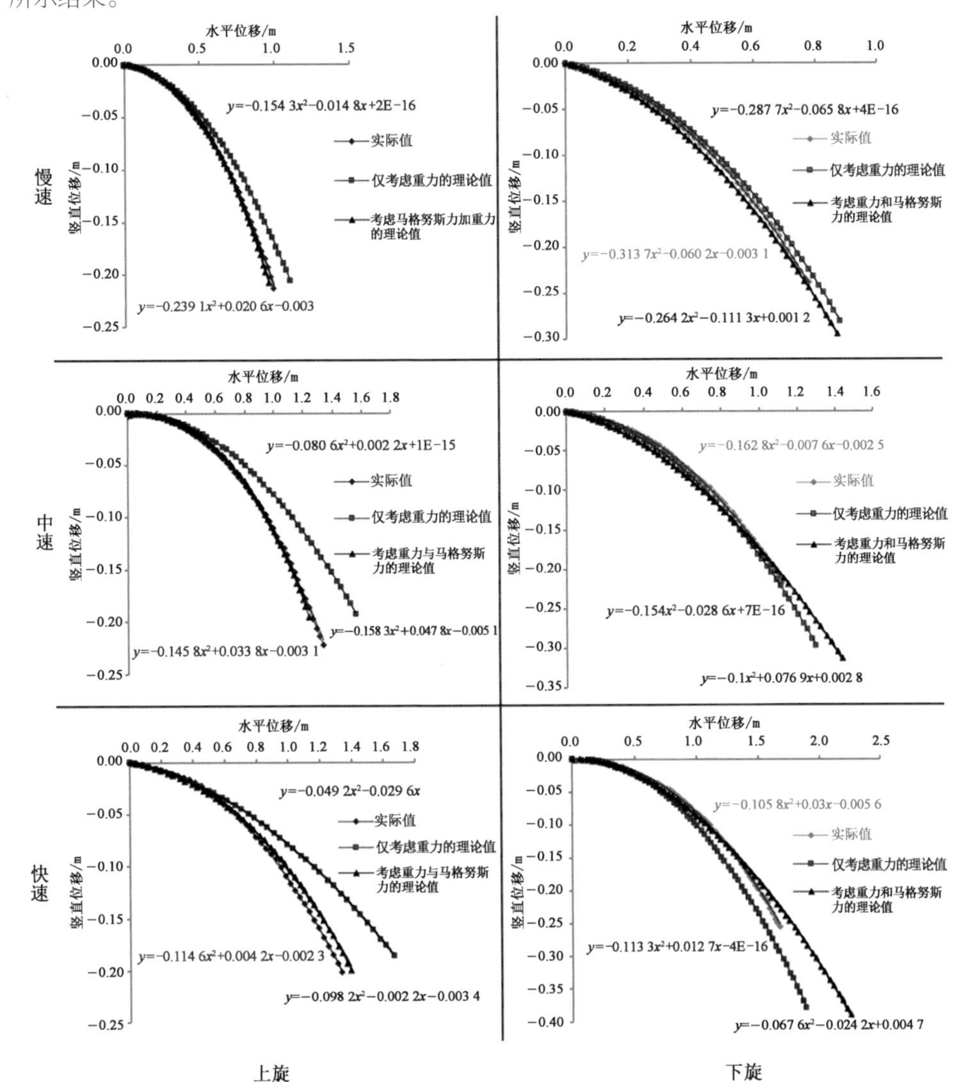

附图 8-10　乒乓球接触台面前理论轨迹和实际运动轨迹

从附图 8-10 可以看出，同时考虑重力和马格努斯等效力作用的曲线轨迹分布在实际值周围，且该曲线比只考虑重力的理论曲线更加接近实际值曲线，尤其在慢速情况下。同时将重力和马格努斯等效力作用的曲线方程中二次项系数（决定抛物线开口方向和大小）与实际值曲线中的二次项系数进行比较发现实验平均误差在 12%以内，其中不旋转球该误差小于 3%，上旋球该误差为 27%，下旋球该误差为 5%。同时，二者间 RMSE 值上旋小于 0.007 0 m，下旋小于 0.007 6 m（附表 8-3），说明同时考虑重力和马格努斯等效力作用的理论模型可信度高。

附表 8-3　实验数据与考虑马格努斯等效力加重力模型的误差分析表

平动速度	不同旋转方式下的 RMSE 值（单位：m）	
	上旋	下旋
慢速	0.003 825	0.006 959
中速	0.003 337	0.010 710
快速	0.013 550	0.004 961

4. 乒乓球接触台面后的数据与分析

由第三部分结论可知，同时考虑重力和马格努斯等效力的模型可信度最高，利用该模型对乒乓球接触台面后的轨迹进行分析，结果如附图 8-11 所示。

由附图 8-11 可知，考虑马格努斯等效力和重力的理论轨迹与乒乓球实际的运动轨迹十分接近，将图中两个曲线方程中二次项系数（决定抛物线开口方向和大小）进行比较发现，在上旋球中，慢速、中速和快速旋转的乒乓球接触台面后理论轨迹与实际轨迹二次项系数误差百分比分别为 4.7%，2.5%，8%，均值为 5.1%；在下旋球中，慢速、中速和快速旋转的乒乓球接触台面后理论轨迹与实际轨迹二次项系数误差百分比分别为 1.7%，6.2%，21%，均值为 9.6%。同时，理论数据与实验数据间 RMSE 值极低，上旋球 RMSE 小于 0.005 8 m，下旋球 RMSE 小于 0.004 4 m（附表 8-4），从而再次证明了同时考虑重力和马格努斯等效力的模型以及经验方程可信度高。

附表 8-4　实验数据与考虑马格努斯等效力加重力模型的误差分析表

平动速度	不同旋转方式下的 RMSE 值（单位：m）	
	上旋	下旋
慢速	0.008 345	0.006 928
中速	0.001 585	0.002 659
快速	0.007 366	0.003 502

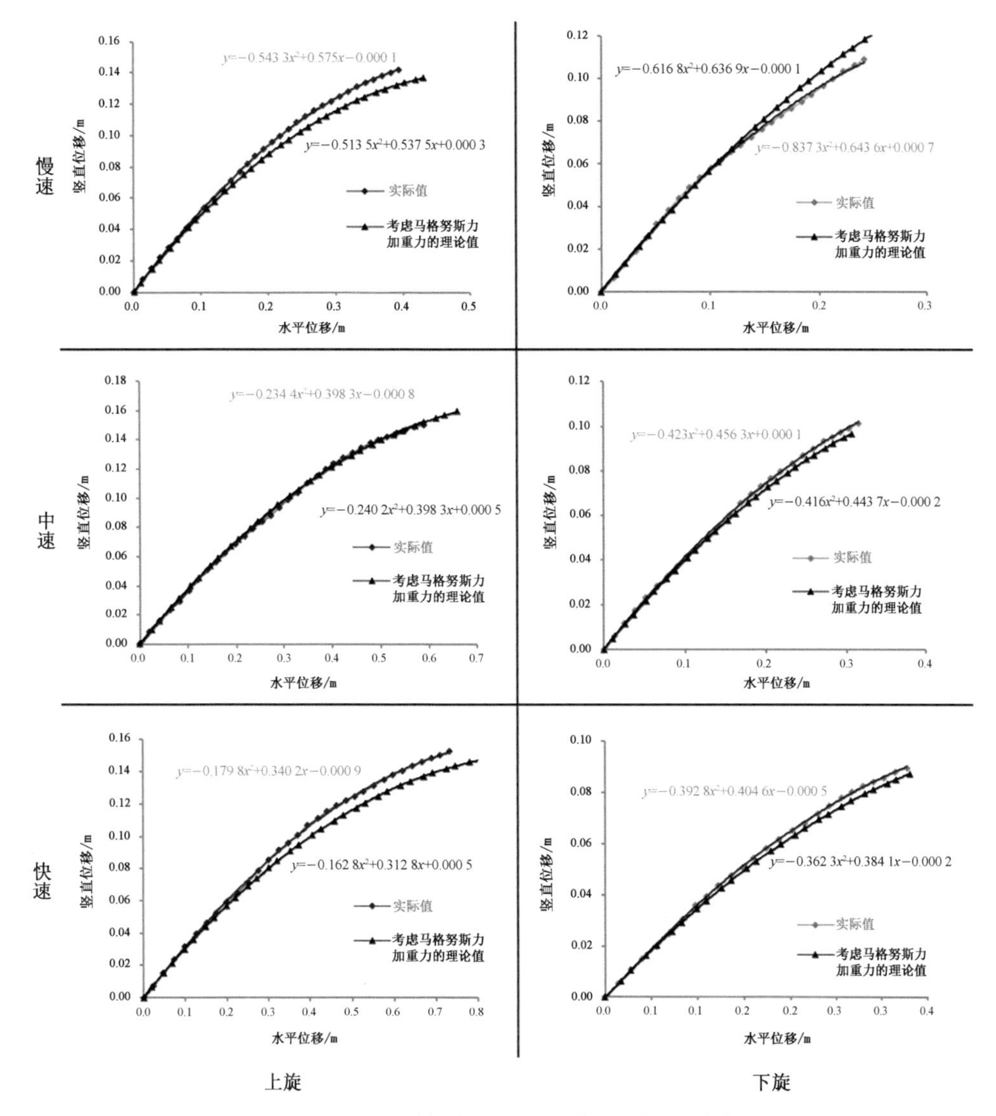

附图 8-11　乒乓球接触台面后理论轨迹和实际运动轨迹

5. 乒乓球接触台面前后速度和转速的变化

5.1　乒乓球接触台面瞬间理论分析

接触台面时到离开过程中，分别对乒乓球不旋转球、上旋球和下旋球进行受力分析如附图 8-12 所示。

由受力分析图可知，不旋转球在水平方向不受力，在竖直方向上 F_N 大小一直在发生改变，因为接触台面时到离开过程中动能转变成了弹性势能；上旋球和下旋球在水平方向受力 $F_{静}$ 方向相反，在竖直方向上 F_N 也处于变化中。因此，该过程比较复杂，其理论分析可能需要更加专业的知识。

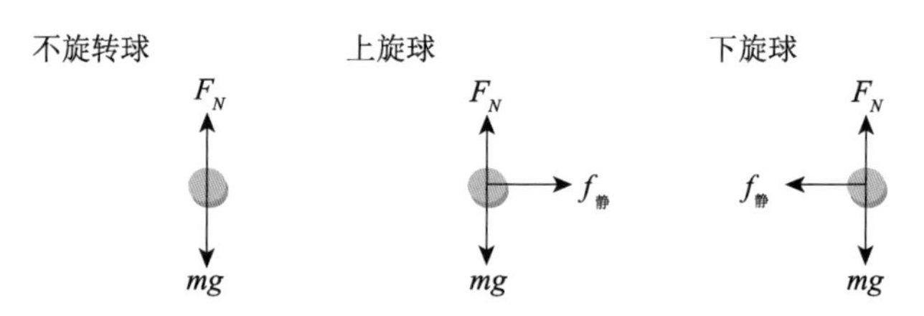

附图 8-12　乒乓球接触台面瞬间理论分析

由于理论分析比较复杂，该部分研究优先考虑从特殊到一般的思维方式，通过大量实验收集不同状态（不旋转球、上旋球和下旋球）不同速度（慢速、中速和快速）下乒乓球在接触台面前后运动轨迹的变化，从实验中总结乒乓球转速与运动轨迹之间的关系。

5.2　乒乓球接触台面前后速度变化

通过对比分析 18 组乒乓球接触台面前后视频数据，得到了接触台面前后乒乓球速度变化关系，如附图 8-13 所示。在上旋球中，慢速、中速和快速旋转的乒乓球接触台面前后速度分别减少 27%，13%，9%，均值为 16.3%；在下旋球中，慢速、中速和快速旋转的乒乓球接触台面前后速度分别减少 24%，9%，21%，均值为 18%。

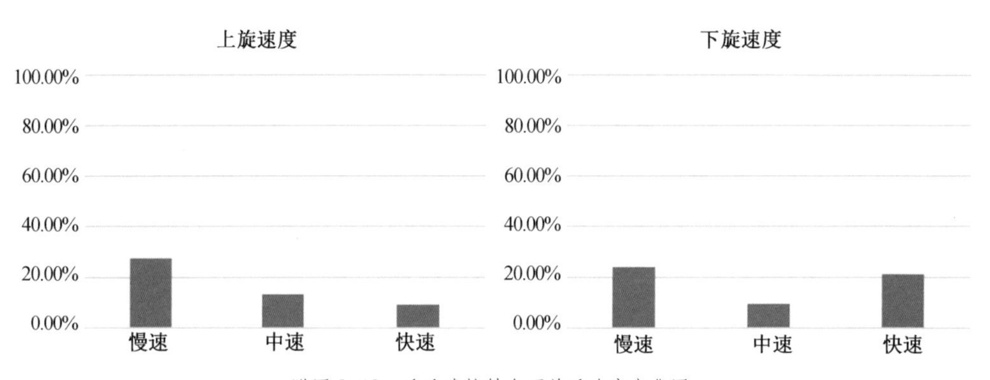

附图 8-13　乒乓球接触台面前后速度变化图

5.3　乒乓球接触台面前后转速变化

通过对比分析 18 组乒乓球接触台面前后视频数据，得到了接触台面前后乒乓球转速变化关系，如附图 8-14 所示。在上旋球中，慢速、中速和快速旋转的乒乓球接触台面前后转速分别减少 52%，56%，43%，均值为 50.3%；在下旋球中，慢速、中速和快速旋转的乒乓球接触台面前后转速分别减少 20%，25%，17%，均值为 20.7%。

6. 误差分析

实验中虽然整体误差较小，理论模型可以较好地拟合实际轨迹，但是仍存在一定误差，例如不旋转飞行轨迹与仅考虑重力的理论轨迹的 RMSE 也随着球速增大而逐步增加。这些误差可能是由于实验误差、仪器误差与操作误差所导致的。

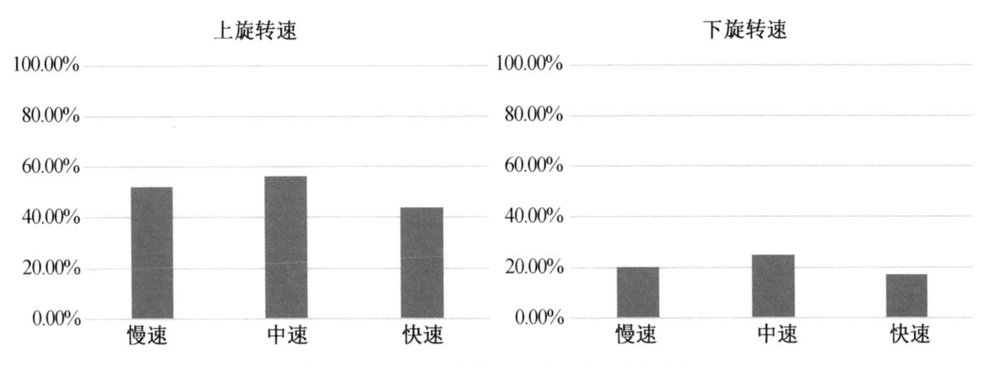

附图 8-14　乒乓球接触台面前后转速变化图

仪器误差主要来源于发球机，在同种速度下的出球速度不够稳定，转速也不够稳定。实验误差主要包括以下几点：

(1) 在使用 Tracker 软件取乒乓球每一帧的速度时存在误差，虽然总体上有递减的趋势，但是每一帧的速度仍不够稳定。

(2) 在使用截屏来求乒乓球视频转速时截屏本身就不够清晰，有些模糊，导致在 PPT 中求转速时存在一定的误差。

(3) 仅考虑重力和马格努斯等效力的理论模型还是不能极为精准地模拟出乒乓球的实际轨迹，不考虑空气阻力与浮力的理论模型仍然存在一定的误差。

(4) 乒乓球碰撞前后由于理论分析过于复杂，目前仅给出了比例值，且比例值仍存在误差。

7. 应用场景设计

目前所做的课题研究和分析是基于侧面拍摄者视角的乒乓球运动视频并进行分析的场景，可应用于乒乓球实际训练中侧面采集对手击球视频并分析球路轨迹，从而了解对手的击球习惯以及惯用打法，更好地进行赛前训练和准备。

但是作为技巧型小球运动，打法和球路千变万化，真正的核心是如何在赛场上准确判断球路，因此本课题以运动员视角进行轨迹、转速分析。在竖直方向，无旋转球只受重力作用，上旋球因伯努利效应而向下偏移；同理，下旋球上移（附图8-15)。偏移量 Δs 可由位移相减获得。

所以，通过分析乒乓球正面运动视频也可以推导转速，从而实现从乒乓运动员的视角出发，更好地训练运动员对来球转速的判断。

现实生活中，乒乓球旋转的可能性千变万化，角速度通常具有水平分量，而这个分量引起的伯努利效应会使乒乓球飞行轨迹产生侧向偏移，这在侧向视角中是无法观察到的，但是在正向视角下可量化测量。因此，本课题计划进一步研究正向视角下水平旋转对轨迹的影响，完善理论模型，为运动员训练临场判断提供理论基础和训练模型。

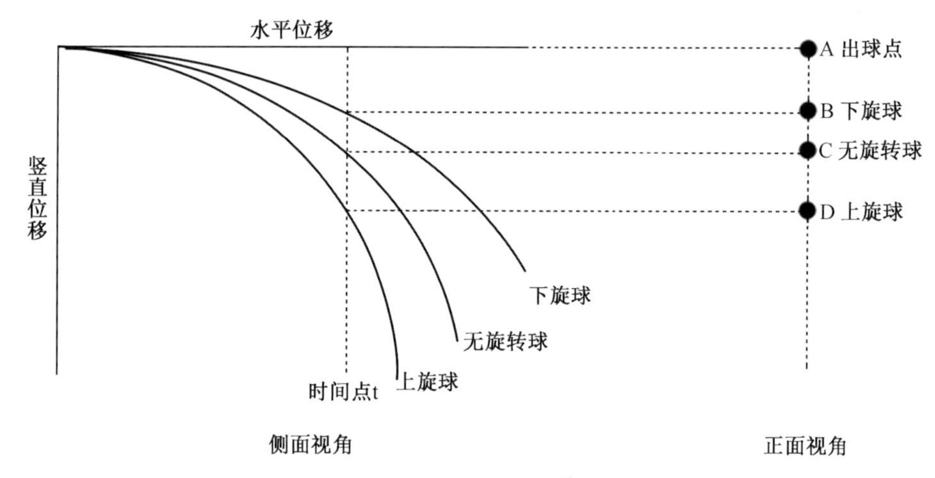

$$L_{AC}=S_C=S_v=V_vt+\frac{1}{2}gt^2$$

其中，S 表示竖直方向的位移，v 表示竖直方向的速度，g 表示重力加速度，t 表示时间

$$L_{AB}=S_B=S_v=V_vt+\frac{1}{2}a_1t^2\quad mg-F_{\text{马}}\cos\alpha=ma_1$$

$$L_{AD}=S_D=S_v=V_vt+\frac{1}{2}a_2t^2\quad mg+F_{\text{马}}\cos\alpha=ma_2$$

其中，a_1 为下旋球竖直方向加速度，a_2 为上旋球竖直方向加速度，m 为乒乓球的质量，g 为重力加速度，$F_{\text{马}}$ 为马格努斯等效力，α 为重力与马格努斯等效力的夹角

附图 8-15　乒乓球多视角下竖直方向理论分析

8. 结论与展望

本课题对乒乓球飞行过程进行了受力分析，建立了不同简化程度的理论模型，以及对应的轨迹参数方程。通过分析 27 组实验 162 组飞行轨迹总共约 1 万帧视频，并将实验结果与理论模型对比发现：

(1) 无旋转的飞行轨迹与仅考虑重力的理论轨迹接近，RMSE 仅 0.008 1 m，说明乒乓球不旋转时其飞行轨迹主要受重力影响，空气阻力、浮力影响较小。

(2) 上旋球和下旋球飞行轨迹与仅考虑重力的理论轨迹相差较大，平均 RMSE 达到 0.032 9 m 和 0.017 2 m，说明旋转时伯努利效应的影响不可忽略。

(3) 考虑伯努利效应后的理论轨迹与不同转速下乒乓球飞行轨迹接近，上旋球和下旋球的平均 RMSE 分别达到 0.007 0 m 和 0.007 6 m，证明了理论模型的准确性。

(4) 乒乓球接触台面后，其飞行轨迹仍与考虑伯努利效应后的理论模型吻合，上旋球和下旋球的平均 RMSE 分别小于 0.005 8 m 和 0.004 4 m。

(5) 乒乓球接触台面的过程较为复杂，但通过分析实验数据发现，上旋球与下旋球在碰撞后球速损耗均分布于 9%～27%，较为稳定。

基于上述发现和理论模型，可通过乒乓球部分轨迹反演转速，进而推算落点与反弹后轨迹、转速，一方面为专业运动员提供针对性训练的数据基础，另一方面为乒乓球爱好者提供训练指导，从而更好地帮助普通乒乓球爱好者及专业乒乓球运动员进行日常的训练。

下一步计划，一方面构建软硬件系统，通过采集运动员侧面的球路、分析球路视频，了解运动员击球技巧与球路特点；另一方面采集运动员击球后乒乓球正面运动视频，进行水平方向左右侧旋的分析，进而为训练乒乓球运动员对球路判断提供理论指导。这样既为专业运动员提供针对特定对手的训练，又为乒乓球爱好者提供判断球路的训练指导，从而更好地帮助普通乒乓球爱好者及专业乒乓球运动员进行日常的训练。

参考文献

[1] 武翟. 高校开展乒乓球双语教学可行性研究 [J]. 武术研究，2018，3（07）：129-133.
[2] 刘琨. 论中国与世界乒乓球运动的发展 [J]. 体育世界（学术版），2018（07）：30，33.
[3] 李彦兴，许余有. 里约奥运会马龙技战术分析 [J]. 体育世界（学术版），2017（10）：7-9.
[4] 霍军. 里约奥运会中国奖牌分布特征分析 [J]. 体育文化导刊，2017（03）：90-92，113.
[5] 向军，李红兵. 里约视野下我国奥运奖牌布局特征研究 [J]. 福建体育科技，2017，36（03）：12-15.
[6] 王锥鑫. 2016年里约奥运会乒乓球男单冠军马龙技战术分析 [J]. 成都体育学院学报，2017，43（06）：85-91.
[7] 杨华，关志明. 基于ODE的乒乓球运动轨迹仿真研究 [J]. 计算机仿真，2011，28（09）：230-233.
[8] 薛社教. 用数学方法研究乒乓球上旋球的飞行轨迹 [J]. 高教学刊，2016（06）：263-264.
[9] 吴珺. 基于学习的旋转乒乓球定位与轨迹预测 [D]. 杭州：浙江大学，2018.
[10] 衣燕慧. 基于双目视觉的乒乓球运动轨迹的建模研究 [D]. 沈阳：沈阳航空航天大学，2014.
[11] 周灵. 高校乒乓球教学方式多样化改革探索 [J]. 科技风，2018（20）：39.
[12] 王玉玮. 高校乒乓球教学中存在的问题与解决对策分析 [J]. 现代交际，2018（16）：156-157.
[13] 张锦兴. 乒乓球课堂教学方法的研究 [J]. 当代体育科技，2018，8（10）：88-89.
[14] 张静. 中国乒乓球的跨文化传播及其策略分析 [D]. 兰州：兰州大学，2018.

第九章　从变色龙到变色膜

说到变色，很多人第一反应就是变色龙。变色龙是一种表皮会变颜色的蜥蜴，做成玩具受到小朋友的喜爱。由于普遍认为变色龙变色就是因为受环境影响，因而契科夫将讽刺“见风使舵，媚上欺下的人”的小说起名为《变色龙》。在心理学上，人类的无意识模仿被称为“变色龙效应”(Chameleon Effect)。现在变色龙又有新名堂，市场出现几款变色龙鞋，不同方向的光照会反射不同的颜色（图9-1）。

图9-1　这是同一只变色龙鞋

思考讨论

变色龙鞋为什么会变色？是不是类似于阳光下色彩魔幻的肥皂泡？

会变颜色的变色龙真是一种特别的动物。

一、神秘变色龙

变色龙，学名避役，蜥蜴亚目避役科，爬行类（图9-2）。变色龙为什么会变颜色？我们先从物体为什么会有颜色说起。

图9-2　变色龙

物体之所以具有不同色彩，有两个原因，一是物体本身是光源，能够发出一定颜色的单色光或者不同颜色汇合在一起的复合光；二是物体本身不是光源，但是能够在一定的光照下反射某种颜色的光。

那么，变色龙变来变去的颜色是上述原因之一，还是原因之二呢？

思考讨论

生物体发光的原因是什么，有哪些种类？

目前尚未发现变色龙消耗自身能量，依靠体内化学反应而主动发光的报道，但是德国研究团队发表论文称在紫外光线照射下，变色龙的骨头能够闪烁荧光，也就是说变色龙骨头是光致发光的光源。首先说明，这一光致发光的现象和变色龙的皮肤变色机制无关，只是告诉我们变色龙的骨头还真是一种光源呢，这种光源有点像我们钞票上的紫外防伪油墨。图 9-3（a）是论文第一作者 DAVID PRÖTZEL 所摄的照片，刊登在国家地理中文网上[1]。荧光现象在陆生脊椎动物中很罕见。

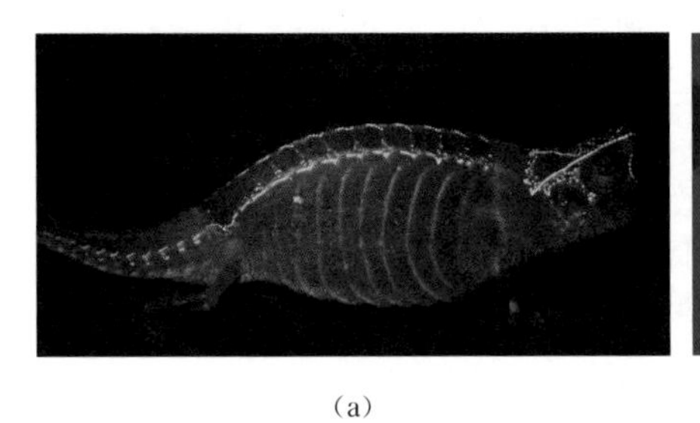

（a）

（b）

图 9-3　荧光可见变色龙和紫外防伪油墨

一般认为皮肤颜色源于反光，那么同样的白光下，变色龙为什么颜色会变呢？

白光是复合光，由若干种波长的可见光组合而成。白色太阳光的组成在可见光范围里是连续光谱，可见光范围的全光谱。

白光照射在物体上，有的物体可能几乎反射全部光，如白纸、白布、白花等；也有的物体可能选择性地反射其中一部分，如绿叶、红花、彩纸和花布的不同部位等。物体选择性吸收一定频率的光，余下的部分为物体的透射光（不透明物体没有透射光）或反射光。一般动物反射光的频率是不会变来变去的，就如狗身上的一根白毛不会一会儿白色，一会儿黑色，一会儿又变回白色。这是因为动物体毛的微观结构不会变来变去。

变色龙会变色，是否可以认为其皮肤上的反光组织发生了变化？如果是这样，那么是怎样的微观结构呢？

思考讨论

有人猜测变色龙皮肤上布满不同的微组织，有的反射红色，有的反射蓝色，有

[1] http://www.ngchina.com.cn/animals/facts/8384.html

的反射黄色，这些不同颜色的微组织可以缩小、扩张，或者被遮挡、凸显，只有一种微组织扩张或凸显时，就显示这种微组织反射的颜色，当两种微组织同时扩张或凸显时，反射的是这两种颜色的混合色。这有点像 LED 显示器，三基色可以组合成各种颜色。把水滴甩在白色屏幕上，通过水滴可以看到每个像素点都是三基色组成（图 9-4）。

你认为呢？

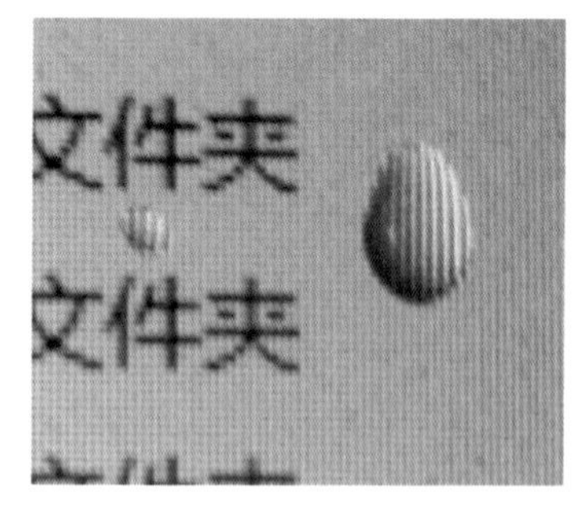

图 9-4 显示屏上的水滴放大了三基色组成的像素点

据一位两栖爬行动物学硕士在果壳网[1]撰文：

变色龙变色并不完全是为了适应外界环境的需要。变色龙改变体色最重要的原因是作为信息交流的工具，就像一种无声的语言，默默地诉说喜怒哀乐。

当然，变色龙变色也会受到外界环境、温度、身体状况等诸多条件影响，但这些只能算是次要因素了。

他这么说是有事实依据的，因为他在给一只人工饲养的高冠变色龙拍照时，惊扰了它，于是这个小东西竟然顺着他的胳膊爬上了这位两栖爬行动物学硕士的头顶，觉得安全了，便在黑色的头发上从布满斑点的警戒色，变成了较为均匀的绿色。绿色是高冠变色龙平静时的色彩。

那么变色龙是如何快速改变身体颜色的呢？瑞士日内瓦大学的学者在《自然通讯》（Nature Communications）杂志上提出了他们的观点：变色龙真皮细胞的表面有一层虹细胞，通过改变这一细胞层内部的鸟嘌呤纳米晶体的排列结构，变色龙就可以实现颜色的变化。所以说，变色龙不是身上有很多五颜六色的色素细胞，而是具有可改变排列状态的纳米级晶体！

看来这里的反射光不是一般意义上的反射光，而是因为晶体的反射。这种反射光由于晶格的整齐排列而发生相互间的干涉，于是，干涉相消的波长消失了，干涉相长的波长凸显了。

和色素有关的反射光颜色称为化学色，和结构有关的反射光颜色称为结构色。

实验研究

利用光盘、某些鸟的羽毛，或者蝴蝶翅膀，研究结构色。

[1] https://www.guokr.com/article/440227/

变色龙表皮具有和光的波长数量级相当的一种特殊微结构，从而产生光的衍射现象。这类似于布喇格衍射。由于在使用 X 射线衍射研究晶体原子和分子结构方面所作出的开创性贡献，布喇格父子（图 9-5）在 1915 年分享了诺贝尔物理学奖。图 9-6 为同济大学某老师关于布喇格衍射的一页 PPT，图中显示，晶体的晶格常数 d 的大小影响衍射光的波长。

图 9-5　布喇格父子

X射线在晶体上的衍射

布喇格条件(Bragg condition)

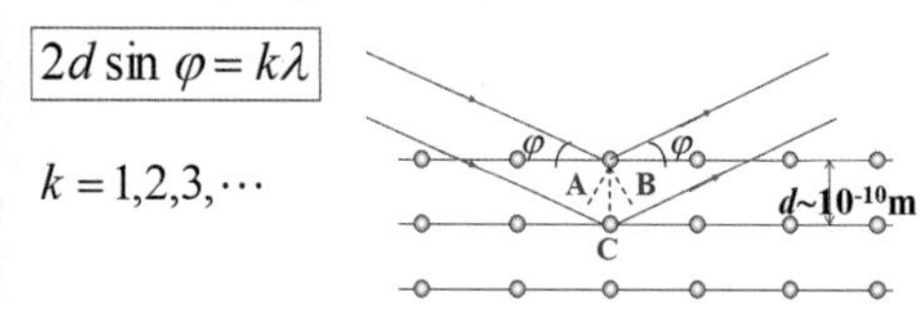

意义：通过衍射光谱的分析，确定晶体的结构；
也可根据已知的晶体结构，分析X射线谱。

图 9-6　晶体的布喇格衍射

电磁波 X 射线投射到晶体上，被许多晶格反射发生衍射。由图 9-6 可以看到，两束光线的光程差为 $2d\sin\varphi$，其中 φ 为光线与晶体表面之间的夹角，d 为晶格常数。若 λ 表示波长，k 为整数，根据光的干涉理论可推导出干涉加强的公式。

$$2d\sin\varphi = k\lambda$$

此公式称为布喇格公式，表示两束光的光程差为波长的整数倍，即为半波长的偶数倍时，干涉加强。若两束光的光程差为半波长的奇数倍时，干涉相消，此时公式为

$$2d\sin\varphi = k'\frac{\lambda}{2}$$

此时 k' 表示奇数。

当 $k=1$，为 1 级衍射，光强最强，由 1 级衍射图可通过公式计算晶体的晶格常数，了解晶体结构。

原来，变色龙表皮有类似晶体的结构。当光线通过这些微结构发生衍射时，光线中某些特定成分在某些角度下衍射加强，从而呈现对应的颜色。因为这是一个典型的物理过程，所以结构色又称为物理色。

变色龙皮肤中有两层致密重叠的虹细胞，这种细胞不单含有色素，亦含有无数的纳米晶体结构。变色龙通过皮肤的扩张和收紧来控制这些晶体的排列结构，也就是相当于改变上述公式中的晶格常数 d，从而实现体色变化。

图 9-7 和图 9-8[1] 表示变色龙从安静状态变为紧张状态的颜色变化，以及由于皮肤虹细胞中的纳米晶体松紧程度的变化而引起的衍射颜色变化在 CIE 色空间中的变化路径。

变色龙真厉害。

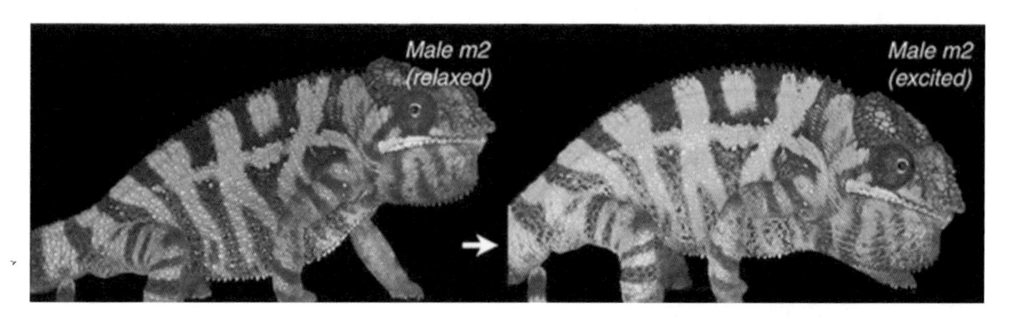

图 9-7　变色龙通过皮肤的松紧控制晶体的排列松紧实现体色变化

思考讨论

看布喇格公式，分析变色龙紧张时是如何控制皮肤的。猜测其为什么这么控制的心理因素。

课题拓展

1. 研究变色龙变色的机制。

2. 根据变色龙给我们的启示，研究仿生应用。

3. 研究其他生物产生结构色的微观结构。

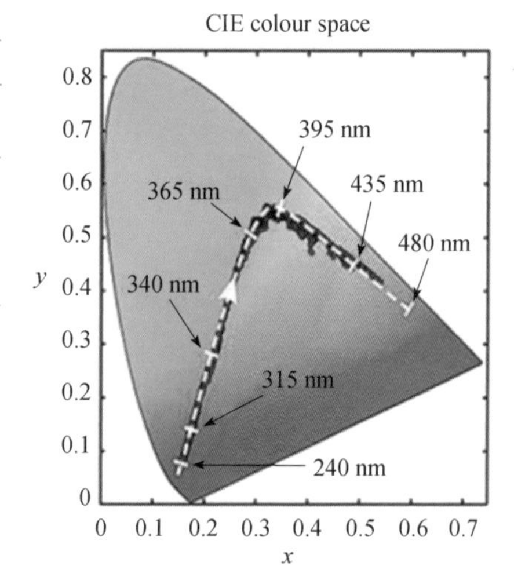

图 9-8　在 CIE 色空间中变色龙的变色路径

二、变色膜

我国建筑能耗约占社会总能耗的 1/3，且建筑能耗的总量逐年上升，在能源总消费量中所占的比例已从 20 世纪 70 年代末的 10%，上升至近年的 30%。建筑能耗中 40%的能量损失是由窗户造成的，为发达国家的 2～3 倍[2]。为此，节能玻璃的研究逐步受到重视。

[1] 图片来源：Teyssier J et al (2015) Photonic crystals cause active colour change in chameleons. Nature Communications 6：a6368. doi：10. 1038/ncomms7368

[2] 数据来源：建筑节能与绿色建筑发展“十三五”规划，中华人民共和国住房和城乡建设部，2017.

所谓节能玻璃，指具有隔热和遮阳性能的玻璃。隔热性能型的节能玻璃有中空玻璃、真空玻璃等；遮阳性能型节能玻璃有热反射镀膜玻璃等。这些玻璃能节约房子用于调节温度的能量，同时还保证了可见光具有较高的透过率。除此之外，同样具有隔热、防辐射、节能保温的各种镀膜变色玻璃由于其智能性和方便性，受到关注，研究还在深入进行。

1. 光致变色

光致变色指的是某些化合物在一定的波长和强度的光作用下分子结构发生变化，导致其对该光的吸收峰值相应改变，从而形成颜色的变化。这种化合物结构的转变一般是可逆的，如果将改变的光照条件复原，这种化合物结构又会恢复到原来的状态，颜色也会变回来。

目前已开发的光致变色材料大致可分为无机光致变色材料和有机光致变色材料两大类。传统无机光致变色材料有金属卤化物、金属羰合物、金属氧化物等，研究较为成熟、性能稳定、光色循环次数较高，但种类较少，颜色单调。有机光致变色材料，如螺环烃类、缩苯胺衍生物、染料类、邻硝基苄基衍生物、杂环化合物等，种类繁多、价格便宜、对光敏感度高，因而不仅已在高科技领域如光电信息记录材料方面得到应用，在民用行业中也崭露头角，可用于服装、塑料等民用产品。目前，国内外还在积极探索和开发新的高性能有机光致变色体系。

光致变色材料以其独特的隔热、防辐射、节能保温及装饰美化等功能，在未来建材市场显示出良好的应用前景。

图 9-9 所示的变色眼镜是因为玻璃中掺有卤化银微晶和氧化铜。当受到含有紫外线的光照射时，卤素离子放出电子，变成透明的卤素原子；银离子捕获电子，成为不透明的银原子，使镜片透光率降低。当一般可见光照射时，在氧化铜的催化作用下，银原子和卤素离子再次结合成卤化银，于是玻璃又会变成无色透明。

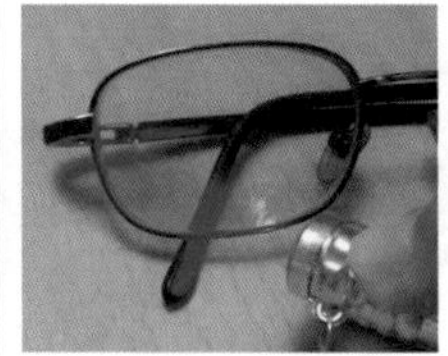

图 9-9　变色眼镜随光照中紫外线的加强而逐渐变暗

思考讨论

变色眼镜在房间里是无色透明，在烈日下会变成灰黑色的墨镜，为什么？

为什么当受到含有紫外线的光照射时，变色眼镜才会变色？

实验研究

研究不同配方的卤化银的变色速率，思考变色状态如何定标？

2. 气致变色

气致变色器件由两层玻璃或薄膜组成中空结构，玻璃或薄膜的一面内层镀有掺催化剂的致色薄膜。将小分子气体通入其中，经过不长时间后致色薄膜颜色逐渐变深。一般致色薄膜材料选用三氧化钨（WO_3），催化剂层选用氯化钯（$PdCl_2$）或者钯（Pd）。小分子气体一般选用还原性的氢气（H_2，安全浓度范围内）。致色过程中，H_2分子被催化剂分解为氢原子，通过扩散进入致色材料结构中引起光学特性的变化，从而导致薄膜材料透射率的连续减小。退色过程则选用氧化性较强的氧气或空气进入中空结构，最终形成可逆、任意地变化的致褪色过程。如图 9-10 所示为同济大学纳米多孔材料课题组研制的气致变色窗。图 9-10 上两图为气致变色玻璃致色和褪色的对比状态；图 9-10 左下为不同窗体的变色玻璃；图 9-10 右下显示气致变色玻璃变色的均匀度。

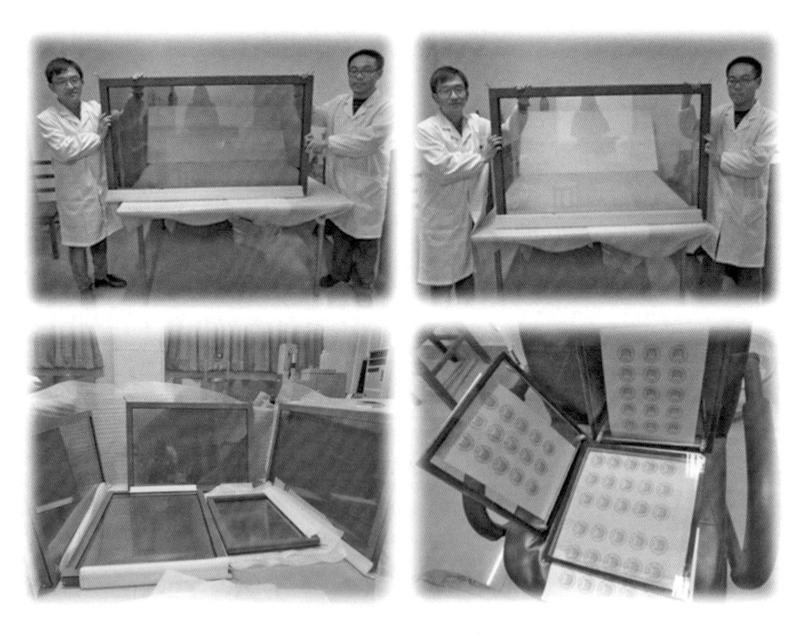

图 9-10　WO_3基气致变色智能窗的致褪色效果

气致变色的结构相对于电致变色较简单、影响因素少，致退色循环产物无污染，器件运行损耗率较低，并可以覆盖在多种透明基底上，如普通玻璃、塑料薄膜等。光谱调节范围更广，尤其是致热效果明显的近红外波段，且便于大面积生产，能与逐渐推广的双层中空绝热玻璃高效结合，可制作成光可控智能窗体应用在建筑行业中。

目前对于气致变色智能窗的研究，基于所选择的材料，主要可分为以下两类：

(1) 以 WO_3 薄膜为核心的气致变色器件的研究；

(2) 非 WO_3 薄膜材料的气致变色器件的研究，如 V_2O_5 薄膜、Mg/Ni 等合金材料、TiO_2/NiO_x 复合薄膜材料等。

相比于非 WO_3 薄膜材料，WO_3 基薄膜的气致变色深度更大、气致变色多样以及属于环境友好型材料等优点，因此获得了较高的关注度。

3. 热致变色

热致变色材料顾名思义是受热变色的材料。这类材料当温度升高到某一特定的值时，材料的颜色会发生改变，而当温度恢复到初温后，颜色也会随之复原。热致变色材料发生颜色变化时的温度叫变色温度。如图 9-11 所示，(a) 为杯子常温下的颜色；(b) 为倒入热水后，杯子温度变化而出现的显色状态。由于照片拍摄不够及时，水温下降，杯子颜色已开始变暗，特别是杯口滴水处，水蒸发较快带走热量，温度下降更快，从而先变黑。

(a)

(b)

图 9-11　变色杯

经过几十年的研究与发展，人们已开发出了无机、有机、液晶、聚合物以及生物大分子等各类具有这种特性的材料。按组成材料的物质种类分，热致变色材料主要分为热致变色无机材料和热致变色有机材料；按变色方式分，可分为可逆热致变色材料和不可逆热致变色材料。

近年来，热敏染料发展迅速，主要是三芳甲烷苯酞系、吩噻嗪系、荧烷系、吲哚啉苯酞系、三芳甲烷系有机化合物。它们具有色彩鲜艳、变色明显、对温差的灵敏度好，以及变色范围可通过调节不同结构的染料加以选择等优点，能获得红、绿、黄、蓝、黑等各种颜色。

热致变色材料应用范围广泛，如航天航空、能源利用、化学防伪、日用装饰品以及科研等领域，在一些特殊领域，更是具有其他材料不可代替的独特性。

课题拓展

用热致变色 3D 打印材料（图 9-12）制作你自己设计的，具有实用价值且艺术感强的器具。

图 9-12 热致变色 3D 打印线材

4. 电致变色

电致变色材料可以在外加电场或电流作用下发生颜色和透明度变化的现象。电致变色中的可逆电化学反应可使物质的光学性能（透射率、反射率或吸收率）发生的变化是稳定、连续、可逆的。顾名思义，电致变色必然要求材料具有良好的离子和电子导电性；要求成品在颜色或透明性上具有较高的对比度、变色效率、循环周期以及写/擦效率。

电致变色材料可以用于制作透射器件和被动显示器件。

电致变色材料按其结构和电化学变色性能可以分为两类。

(1) 无机变色材料

无机变色材料多为过渡金属或其衍生物，其光吸收变化是因离子和电子的双注入与抽取引起，化学稳定性好，与基板的粘附牢固、制备工艺简单、抗辐射能力强、容易实现全固化。目前，实用前途最好的三氧化钨（WO_3）是人们研究较多、较为深入的变色材料。

(2) 有机变色材料

有机变色材料，种类相对较多，主要有普鲁士蓝家族、金属有机螯合物、导电聚合物等。其光吸收变化来自氧化-还原反应，色彩丰富，易进行分子设计。同无机电致变色材料相比，有机电致变色材料具有成本低廉、循环可逆性好、光学性能好、颜色多变且转换快等优点。但也存在化学稳定性不好，抗辐射能力差，与基板黏附不牢等缺陷。

思考讨论

图 9-13 为波音 787 电致变色舷窗，飞机上安装这样的窗有何优劣?

图 9-13　电致变色的飞机舷窗

课题拓展

1. 在理解各种变色物理原理的基础上，研究如何利用这些变色现象解决我们身边的具体问题。

2. 电子墨水屏又被称为电子纸显示技术（EPD），由美国麻省理工大学研发团队经历 30 余年研发成功。了解其原理，讨论能否利用变色现象帮助我们实现彩色的电子墨水屏。

四、学生的电致变色研究

实验研究

我们也可以通过实验体验电致变色，并做出进一步的研究。

1. 准备 ITO 玻璃片两片，WO_3 溶胶 50 mL（不用时需冷藏），镀膜槽一个，提拉机一台，导线若干，10%稀硫酸烧杯，直流电源一个（电池亦可），烘箱 1 台；

2. 清洗 ITO 玻璃并在烘箱内烘干；

3. 将 WO_3 溶胶加入镀膜槽；

4. 将 ITO 玻璃固定在提拉机上，将镀膜槽放在提拉机内；

5. 以适当速度进行提拉，提拉前玻璃需要在镀膜槽内静置 1 min，具体提拉速度可以根据具体实验设定，也可作为实验探索的一部分；

6. 镀制好的薄膜在烘箱里热处理，具体温度可以根据具体实验设定，也可作为实验探索的一部分；

7. 将镀制好薄膜的ITO玻璃与电源负极相接，未镀制薄膜的ITO与正极相接，放入装有稀硫酸溶液的烧杯中，固定好；

8. 接通电源观察电致变色现象。

一名高中生在同济大学教师的指导下做了关于电致变色的应用研究。同济大学老师评价道：

> 电致变色的物理原理在于半导体材料的能带特性，不同的电压区间可以和能带填充相关，而不同的能带填充量导致半导体的价态降低即被还原，在宏观看起来为颜色发生变化。该同学的工作巧妙地利用了这个物理原理。电池的带电量和输出电压相关，而不同的电压导致电致变色材料的颜色发生不同程度的变化，这样就实现了一个小巧且方便识别的电池电量监测装置。该实验设计巧妙，突显了该同学的观察能力、思考能力和创新能力，也体现了物理学在发明中的重要作用。

这位同学的研究报告参见本章附录。

附录 微型可视化便携电池检测器件研究报告

——无辅助电源式电池量量计

摘要：当今是个电子设备广泛使用的时代，家庭和工作中往往会储备大量的电池，然而由于自放电等原因很多电池的电量比人们预期的要小很多，这样为生活和工作造成了很多不便之处。

电池是通过正负极之间的电压降来实现的电子移动和转移，电池电量的降低直接体现在电压的变化上。研究表明在离子和电子注入金属氧化物中时会实现金属氧化物颜色的变化。

本项目即基于此原理，制备出一种在电池电压范围内能主动变色的金属氧化物材料，并将其制作在透明电极上，最终制成小巧、可视、方便携带的变色玻璃器件。

一、研究背景

日常使用的电池，如锂离子电池，通过锂离子在正负极之间往返嵌入和脱嵌来储存电能。锂离子电池是指以锂离子嵌入化合物为正极材料电池的总称。商用的锂离子电池以碳素材料为负极，以含锂的化合物作正极，没有金属锂存在，只有锂离子。锂离子电池的充放电过程，就是锂离子的嵌入和脱嵌过程。在此过程中，同时伴随着与锂离子等当量电子的嵌入和脱嵌（习惯上正极用嵌入或脱嵌表示，而负极用插入或脱插表示）。在充放电过程中，锂离子在正、负极之间往返嵌入/脱嵌和插入/脱插，被形象地称为“摇椅电池”。

当对电池进行充电时，电池的正极上有锂离子生成，生成的锂离子经过电解液运动到负极。而作为负极的碳呈层状结构，它有很多微孔，达到负极的锂离子就嵌入碳层的微孔中，嵌入的锂离子越多，充电容量越高。同样，当对电池进行放电时（即我们使用电池的过程），嵌在负极碳层中的锂离子脱出，又运动回正极。回正极的锂离子越多，放电容量越高。

可见电池的电量与电池中注入的电子和离子的含量有关，而注入的量又与电池的电压有关，因此寻找一种外部设备通过电压来驱动，进而实现眼睛可见的颜色变化就可以实现我们的便携可视检测。变色材料就可以实现这样的功能，目前有温致变色、气致变色、电致变色等材料。其中，电致变色材料就是通过电压实现的颜色改变。

电致变色是指材料的光学属性（反射率、透过率、吸收率等）在外加电场的作用下发生稳定、可逆的颜色变化的现象，在外观上表现为颜色和透明度的可逆变化。具有电致变色性能的材料称为电致变色材料，用电致变色材料做成的器件称为电致变色器件。电致变色材料在外加电场作用下发生电化学氧化还原反应，得失电子，从而使材料的颜色发生变化。

电致变色器件的结构（附图 9-1）从上到下分别为：玻璃或透明基底材料、透明导电层（如 ITO）、电致变色层、电解质层、离子存储层、透明导电层（如 ITO 玻璃）、玻璃或透明基底材料。器件工作时，在两个透明导电层之间加上一定的电压，电致变色层材料在电压作用下发生氧化还原反应，颜色发生变化；而电解质层则由特殊的导电材料组成，如包含有高氯酸锂、高氯酸纳等的溶液或固体电解质材料；离子存储层在电致变色材料发生氧化还原反应时起到储存相应的反离子，保持整个体系电荷平衡的作用，离子存储层也可以为一种与前面一层电致变色材料变色性能相反的电致变色材料，这样可以起到颜色叠加或互补的作用。如：电致变色层材料采用的是阳极氧化变色材料，则离子存储层可采用阴极还原变色材料。

电致变色层是电致变色器件的核心层，也是变色反应的发生层。电致变色材料按照类型可分为无机电致变色材料和有机电致变色材料。无机电致变色材料多为过渡金属氧化物或其衍生物，第一次发现的电致变色现象就是无定形三氧化钨（WO_3）薄膜的变色。过渡金属、电子层不稳定，有未成对的单电子存在。过渡金属元素的离子一般都有颜色，且基态与激发态能量差较小，在一定的条件下价态发生可逆转变，形成混合价态离子共存状态。随离子价态和浓度的变化，颜色也会发生相应的变化，这就是过渡金属氧化物具备电致变色能力的原因。有机电致变色薄膜种类相对较多，可以分为有机小分子电致变色材料和导电聚合物电致变色材料两大类。

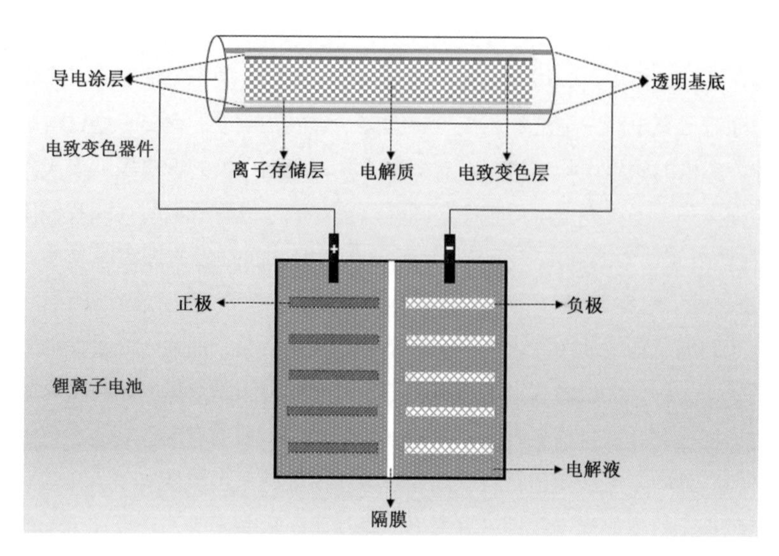

附图 9-1　电致变色器件工作原理图

二、研究目的

发明一种小型的透明装置，类似体温计一样小巧，可以让其在与电池接触的时候根据电量的不同而发生颜色的变化，以实现直观、方便的功能需求。

三、思路介绍

第一阶段：调研。认真学习电池和电致变色的工作原理及表征测试方法。

第二阶段：寻找多种可以在多电压下形成多种颜色变化的电致变色材料。

第三阶段：实验室制备需要研究的电极变色材料。

第四阶段：制备透明电极并组装器件。

第五阶段：检测。

四、研究内容

1. 寻找可以发生颜色改变的电极材料。
2. 设计透明的导电体系。
3. 电极材料与透明导电体系的稳定的结合。

五、研究方法

寻找一种电极材料，使其不同电压范围展现不同的颜色，设计一种透明的类电池结构使该材料能够稳定地安装在内部，在与外电路相接触的时候发生小电流的移动使电子进入该电极材料，并发生相应的变色。本项目选择 WO_3和 V_2O_5作为电致变色材料。

1. WO_3作为电致变色材料

附图 9-2 是 WO_3溶胶的制备过程。

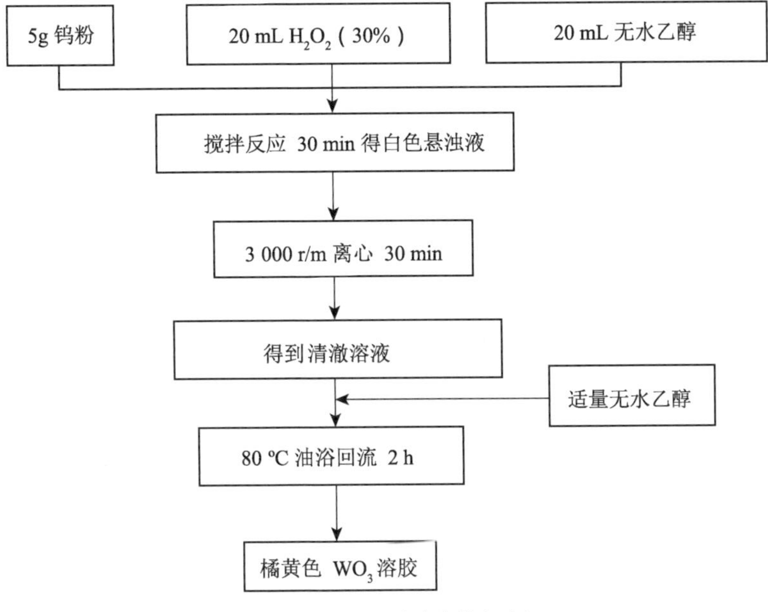

附图 9-2　WO_3溶胶的制备过程

将 WO_3溶胶通过提拉镀膜法均匀镀在 ITO 透明导电玻璃表面，得到透明电极。镀膜时，设置室温干燥的环境，将溶胶在室温下预置后放入提拉机，将基底夹于提拉口。薄膜厚度与溶胶粘度、浓度、提拉速度、基底有关。本文中的测试并不涉及不同种基底上的比较，因此统一采用匀速提拉，浸渍时间为 1 min，提拉速度约为3 cm/min，制得的膜厚度约为 500 nm。附图 9-3、附图 9-4 为所测量数据。

附图 9-3　WO_3透明薄膜电极的电致变色过程

将氧化钨溶胶通过提拉镀膜法均匀涂敷在 ITO 透明导电玻璃表面，干燥后得到 WO_3透明薄膜电极。在未加电压时，薄膜电极为白色透明状。当连接电压后薄膜很快变为蓝色，体现出明显的电致变色性能。通过紫外可见光光谱可以看到，褪色态的薄膜具有 60% 左右的可见光和近红外透射率，连接电压后，致色态透射率能达到 5% 左右。附图 9-5 是典型的 WO_3电致变色薄膜循环伏安特性图，该种材料的 CV 过程只在褪色态有氧化还原

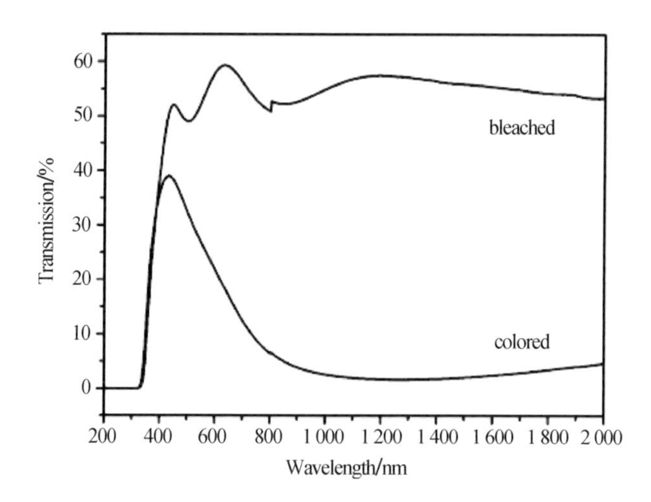

附图 9-4 WO_3透明薄膜电极变色前后的紫外可见光光谱

峰，对应于还原态的着色。起始电压 0.3 V，电势达到0.2 V左右开始致色，这个电压对应了参比电极（浸润饱和 KCl 溶液的 Ag/AgCl）在室温下的电极电势。

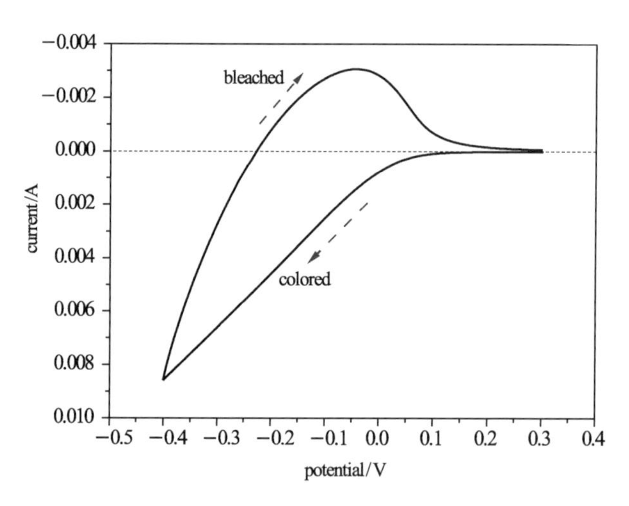

附图 9-5 WO_3电致变色薄膜可逆循环伏安过程

2. V_2O_5作为电致变色材料

附图 9-6 是 V_2O_5溶胶及薄膜电极的制备过程。将 V_2O_5粉末（分析纯，纯度≥99.6%）、异丙醇（IP，$(CH_3)_2CHOH$，分析纯，纯度≥99.7%）、苯甲醇（BA，$C_6H_5CH_2OH$，分析纯，纯度≥99.0%）以一定摩尔比混合，在常温环境下搅拌 30 min 后，放在 110℃ 油浴环境中加热搅拌 4 h，搅拌结束后，待溶液冷却至室温，真空抽滤，过滤掉溶液中未反应完

的 V_2O_5粉末，形成黄色透明状的 V_2O_5溶胶，此时溶胶稳定，可在常温常压干燥的环境中保存数月。将得到的溶胶在 110℃ 温度下蒸馏至原体积的 1/3，此方法可将溶胶中的固含量提高至 5%。再将溶胶以 2 500 r/min 速度离心 30 min，去除溶胶中的颗粒、大分子，提高成膜的均匀性，留作备用。提拉镀膜在充满饱和丙酮蒸气的环境中进行，制得的 V_2O_5薄膜利用表面张力小的有机溶剂丙酮和环己烷进行溶剂替换，常温真空干燥后得到 V_2O_5多孔薄膜电极。附图 9-7、附图 9-8 为所测量数据。

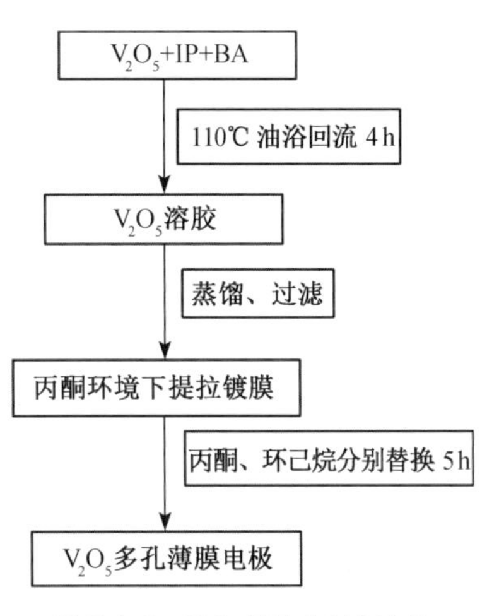

附图 9-6　V_2O_5 溶胶的制备过程

将 V_2O_5溶胶通过提拉镀膜法均匀涂敷在 ITO 透明导电玻璃表面，干燥后得到 V_2O_5透明薄膜电极。在未加电压时，薄膜电极为棕黄色，这是 V_2O_5 中 V^{5+} 的颜色。当连接电压后薄膜很快变为绿色，这是因为通电后锂离子注入 V_2O_5导致 V^{5+} 被还原成 V^{4+}，从而体现出明显的电致变色性能。通过红外光谱可以看到，致色后出现了许多红外吸收峰，这主要是由于锂离子嵌入 V_2O_5中导致的。附图 9-9 是典型的V_2O_5 电致变色薄膜循环伏安特性图，在未发生电致变色之前，锂离子未嵌入 V_2O_5中，此时对应 CV 曲线中的氧化峰，当锂离子嵌入后会发生变色，此时对应 CV 曲线中的还原峰。

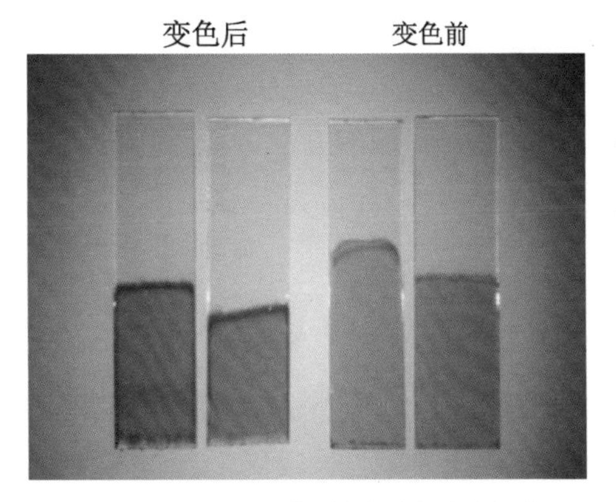

附图 9-7　V_2O_5透明薄膜电极的电致变色过程

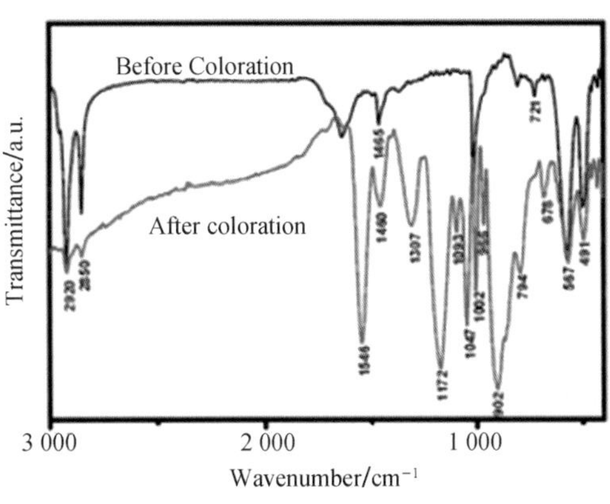

附图 9-8　V_2O_5透明薄膜电极变色前后的红外光谱

对 WO_3和 V_2O_5的电致变色性能做进一步研究发现，WO_3和 V_2O_5的电致变色机理是当把电极连接到电路中后，电解液中的 H^+，Li^+，Na^+ 等离子嵌入到 WO_3和V_2O_5 的晶体结构中，WO_3形成蓝色的钨青铜（M_xWO_3）结构，V_2O_5则形成绿色的钒酸锂（$Li_xV_2O_5$）结构，从而使薄膜电极变色。

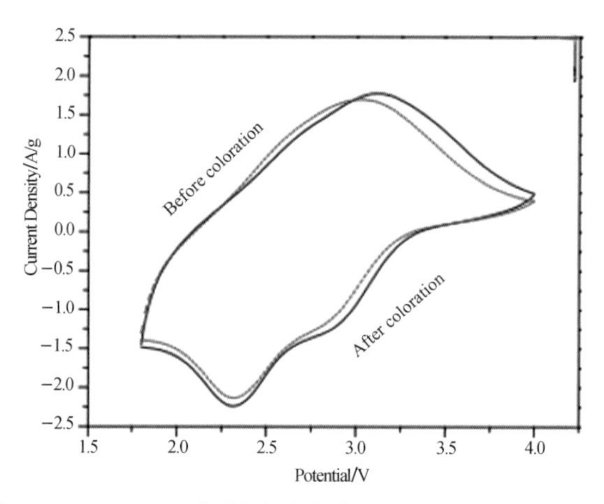

附图 9-9 V_2O_5透明薄膜电极致色前后的两个循环的伏安曲线图

六、结果及应用

基于以上对 WO_3和 V_2O_5薄膜电极的电致变色性能的研究，把两片通过电致变色材料制备的透明薄膜电极组装在透明的玻璃容器中，容器中填充电解液（主要成分是 $LiPF_6$）并从透明电极上分别引出导线，便得到了微型可视化便携电池检测器件。在使用时，只需将导线与待检测电池正负极相连接，通过电极颜色的变化实现对电池电量的检测：当电池电量充足时，由于 WO_3的电致变色性能，薄膜电极显蓝色；而当电池电量低时，无法使 WO_3电极变色，因此薄膜电极的颜色不发生改变，是初始的无色透明状。对于 V_2O_5变色材料来说，当电池电量充足时，由于 V_2O_5的电致变色性能，薄膜电极显绿色；而当电池电量低时，无法使 V_2O_5电极变色，因此薄膜电极保持原有的棕黄色。研制的这种电池检测器件基于 WO_3和 V_2O_5的电致变色性能，实现了电池检测的微型化、可视化和便携化，在日常生活中有广泛的应用前景。

参考文献

[1] 陈立泉. 锂离子电池正极材料的研究进展 [J]. 电池，2009 (z1)：6-8.

[2] 司玉昌，邱景义，王维坤，等. 锂钒氧系锂离子电池正极材料的研究进展 [J]. 稀有金属材料与工程，2013，42 (005)：1096-1100.

[3] Runnerstrom E L，Llordes A，Lounis S D，et al. Nanostructured Electrochromic Smart Windows：Traditional Materials and NIR-Selective Plasmonic Nanocrystals [J]. Chemical Communications，2014.

[4] Tong Z，Hao J，Zhang K，et al. Improved electrochromic performance and lithium diffusion coefficient in three-dimensionally ordered macroporous V_2O_5 films [J]. Journal of Materials Chemistry C，2014，2 (18)：3651-3658.

第十章　自制手机光谱仪

一、从五颜六色说起

当你看到五颜六色的大自然，如图 10-1，你会想到颜色是什么，颜色是怎样形成的吗?

图 10-1　五颜六色的大自然

人对于出生就看到的现象，往往习以为常，很难再有疑问。如果对从小习以为常的现象还能提出疑问的人，不简单！如果对自己的这个不简单的疑问能够进行研究的人，了不起！如果不但能研究，而且能够克服困难坚持研究，研究出一定规律的人，那就算伟大了。我们都知道牛顿的色散实验。牛顿准备了一间暗室，只留下一个小孔能透过太阳光，他将一块三棱镜放在小孔前，发现对面的墙壁上看到了一条“人造彩虹”——一条红、橙、黄、绿、蓝、靛、紫相继排列的七色光带，后来，牛顿称之为“光谱”。我们用 LED 手电和三棱镜也可以做出白光 LED 光谱(图 10-2)。现在你已经是中学生了，物理学习了一段时间，做了很多物理计算题，也做了一些物理定量测量方面的实验，我们在佩服

图 10-2　LED 手电光的三棱镜色散

牛顿之余，关于色彩，你没有什么疑问吗？

思考讨论

爱因斯坦曾说：“提出一个问题往往比解决一个问题更重要。”上海市面向全国开展了征集“中国学生好问题”的活动，目的是鼓励大家好奇、质疑，也鼓励质疑者尝试自己解决疑惑。那么什么样的问题是好问题呢？你心中的好问题是什么标准？

关于色彩，提出自己的问题，收集大家的问题，评出其中你觉得有意思的问题。

复色光（如太阳光）经过色散系统（如三棱镜）后，复色光中的单色光按波长大小（或频率高低）依次排列的图案（如色散的彩色图谱）称为光学频谱，简称为光谱。图 10-2 中我们只能见到可见光谱，但太阳辐射的电磁波谱中还有人眼不可见的很大一部分光谱。

太阳、各种灯、荧光物质等都是光源，一切光源所发生的光谱称为发射光谱。不同光源物质具有不同的发射光谱。

不同的物质还具有不同的吸收光谱。当波长连续分布的光照到物质上，处于基态或低激发态的原子或分子，吸收了某些波长光的能量而跃迁到某激发态，被吸收的某些波长便在连续光谱中消失，形成了按波长排列的暗线或暗带组成的光谱。这样的光谱称为吸收光谱。

实验研究

设计实验，像牛顿的三棱镜实验一样，证明物质的折射率与通过该物质的光波长有关。

看看同学们有多少种方法，可以制造出美丽的彩色光谱。

是否可以进行一个“美丽光谱”摄影大赛？

课题拓展

合色棱镜（图 10-3）是投影显示用的部件，却也成了网红玩具。为什么这样的棱镜没有对白光形成想象中的光谱？你有兴趣对它进行研究吗？

图 10-3　神奇的合色棱镜

如果你问“研究什么”，请打住。不要问别人，问自己！

二、光谱——物质的名片

由于不同物质的原子结构不同，内部电子的分布和运动情况也不同，所以它们的发射光谱和吸收光谱都不同。可以这么说，光谱是物质的名片。光谱学研究不同物质的发射光谱和吸收光谱，通过光谱来研究电磁波与物质之间的相互作用，不但涉及物理学、化学，也涉及材料学、生命科学等，是一门现代科技不可或缺的重要交叉学科。

关于光谱研究的重要性，下面的故事也许能让你有所感悟。

1. 光谱揭开能级面纱

19 世纪，虽然氢原子在可见光区域的四条光谱线（图 10-4）已经被观察到，对应的四个波长也已测得，656.3 nm（红）、486.1 nm（蓝）、434.1 nm（蓝紫）、410.2 nm（紫）。但是这四个数字说明什么？和氢原子结构中哪些因素有关？当时谁也不知。

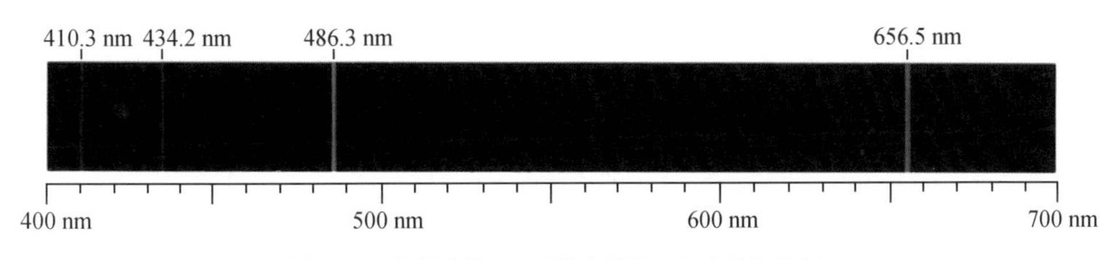

图 10-4 氢原子的四条可见光谱线（左边两条很暗）

思考讨论

如果是你，你如何着手去分析这四个数字？换算成频率值？试图找出某种数列关系？通过某种几何关系？这四个数字是否可以通过一个公共因子而构成一个关系式？

当物理学家们百思不得其解时，一位在瑞士巴塞尔大学研究光谱的物理学教授哈根拜希想到在自己学校兼课的中学数学教师巴耳末，哈根拜希鼓励巴耳末挑战一下氢原子光谱这几个数字的规律。

数学教师巴耳末果然出色，经多年分析氢原子光谱数据，走过一些弯路后，于 1885 年用一个简单的式了给出了氢原子光谱中可见光部分的谱线波长规律，止式发表。巴耳末始终认为这几个数字有一个公共因子，没错，果然找到了，就是下面公

式中的恒量 $B=364.56\ \text{nm}$。

$$\lambda=\frac{Bn^2}{n^2-4}$$

当正整数 $n=3,\ 4,\ 5,\ 6$ 时，上式分别给出氢原子光谱中可见光部分四条谱线的波长。这个公式被称为巴耳末公式，这几条谱线被称为巴耳末系。按照巴耳末公式，所求出的计算值与实验观测值符合得较好（表 10-1）。

表 10-1　氢原子巴耳末系的波长（单位：nm）

n	谱线记号	颜色	观察值	计算值	误差
3	H_α	红	656.3	656.1	+0.2
4	H_β	绿	486.1	486.1	+0.0
5	H_γ	蓝	434.1	434.0	+0.1
6	H_δ	紫	410.2	410.1	+0.1

巴耳末公式十分引人注目的是，一条条分立的谱线和公式中的 $n=3,\ 4,\ 5,\ 6$ 对应，暗示着原子内部某种结构所对应的能量处于量子化分立状态！巴耳末公式对光谱学和近代原子物理学的发展产生了非常重要的影响。

巴耳末对自己的工作并没有满足，认为自己总结出来的公式应该不仅仅是一个特例，一定存在一个更为普适的公式，反映所有谱线的规律。里德伯把巴耳末公式改写为两项相减的形式，用波长的倒数表示巴耳末公式。

$$\tilde{\nu}=\frac{1}{\lambda}=R_{\text{H}}\left(\frac{1}{4}-\frac{1}{n^2}\right),\quad n=3,\ 4,\ 5,\ \cdots$$

式中，波长的倒数 $\tilde{\nu}$ 称为波数，$R_{\text{H}}=4/B=1.097\,373\,153\,4\times10^7\ \text{m}^{-1}$，称为里德伯常量。1890 年，里德伯给出了更普遍的表达式

$$\tilde{\nu}=\frac{1}{\lambda}=R_{\text{H}}\left(\frac{1}{m^2}-\frac{1}{n^2}\right)=T(m)-T(n),\quad n>m,\quad n \text{ 和 } m \text{ 均为整数}$$

式中，$T(n)=R_{\text{H}}/n^2$，称为光谱项。波数表达为两项光谱项相减，意义重大，因为这样形式的公式为玻尔氢原子能级理论的奠定提供了数学基础。

思考讨论

1. 你如何理解“波数表达为两项光谱项相减，意义重大，因为这样形式的公式为以后玻尔氢原子能级理论的奠定提供了数学基础”这句话？

2. 如何评价巴耳末和里德伯各自的功绩？

3. 图 10-5[1] 中的氢原子能级与发射的光谱波长和里德伯公式有什么关系？

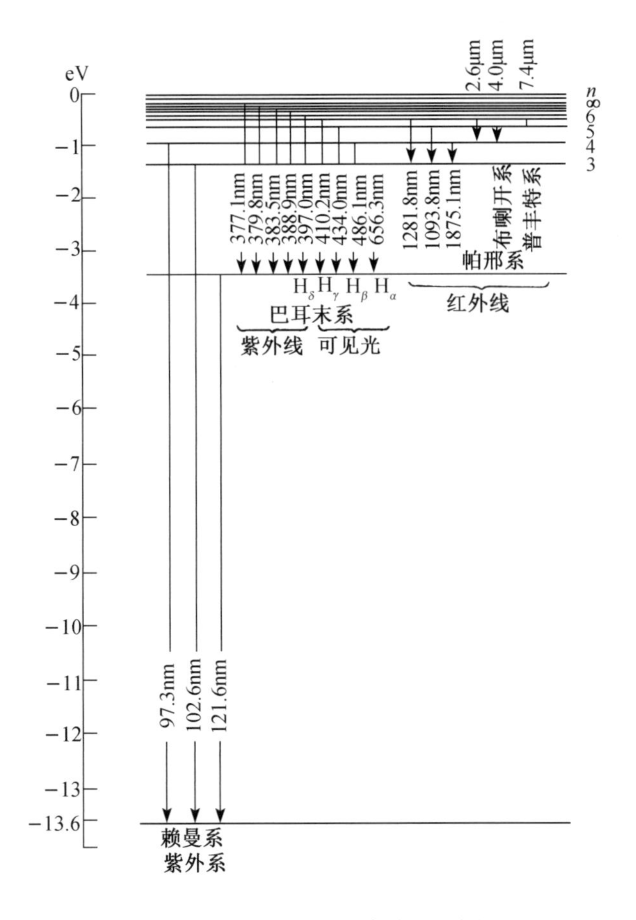

图 10-5　氢原子能级图与发射的光谱波长

4.“光谱解开能级面纱”的说法有道理吗？

虽然巴耳末公式的提出引起一些物理学家的关注，但是著名的丹麦物理学家尼尔斯·玻尔却一直不知道。巴耳末公式之谜底埋藏了近 30 年，直到 1913 年 2 月，有人告诉他有氢原子光谱的经验表达式时，他才恍然大悟有这么个好东西。他还说，过去他以为“原子光谱太复杂”，不是属于基础物理可以破解的呢。但是他又说，“我一看到巴耳末公式，整个问题对我来说就全都清楚了”[2]。光谱就是原子的“照

[1] 源自：《原子物理学》，杨福家，高等教育出版社。
[2] 同上。

片"！玻尔立即根据巴耳末公式构建自己的理论之路。

2. 玻尔的类氢光谱说

玻尔不但成功地提出了氢原子理论，成功地推导出里德伯常数 R_H 的理论值（这在普通物理教材中都会涉及），他还研究了类氢离子光谱问题。

氢原子核外只有一个电子。原子核外类似氢，只有一个电子，但原子核内有质子数 $Z>1$ 的离子称为类氢离子。类氢原子只含有一个原子核与一个电子，如 He^+，Li^{2+}，Be^{3+} 与 B^{4+} 等，都是简单的二体系统。

玻尔推出了类氢离子光谱的规律式

$$\left(\frac{1}{\lambda}\right)_A = R_A\left\{\frac{1}{\left(\frac{m}{Z}\right)^2} - \frac{1}{\left(\frac{n}{Z}\right)^2}\right\}$$

天文学家毕克林 1897 年发现一星体发出的光谱有好几条和巴耳末系几乎重合，有人认为就是氢光谱，如图 10-6[1]。玻尔知道后，用自己的理论研究出这是 He^+。经英国物理学家埃万斯实验验证，完全正确。

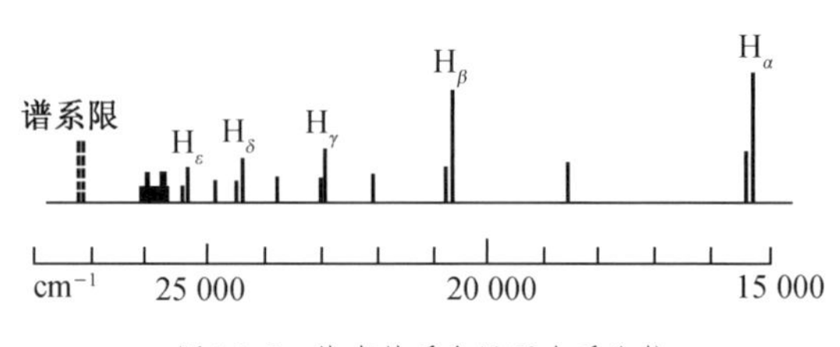

图 10-6　毕克林系和巴耳末系比较

3. 光谱分析案例

光谱研究在科学发展史上地位重要，在现代技术发展中也是不可或缺的技术。

有些同学在某些研究中需要了解物质成分时，也常寻求大学实验室或某些研究机构的帮助，做些光谱测试实验。有的中学实验室为了满足学生科学研究的需要，也购置了光谱仪。

图 10-7　洗衣球外观

一名初中同学看到有可以替代洗衣粉的洗衣球（图 10-7）时很好奇：塑料外壳中的洗衣球是什么材料，洗衣效果如何？于是他便买了不同产地的几种洗衣球，

[1] 源自：《原子物理学》，杨福家，高等教育出版社。

用同样的洗涤方法，洗涤同样的污染物，清洁效果不一样，发现新加坡白球洗涤效果最好。他利用红外光谱仪进行测量，获得结果如图 10-8（图中小字是原研究报告中的文字），于是他明白了……

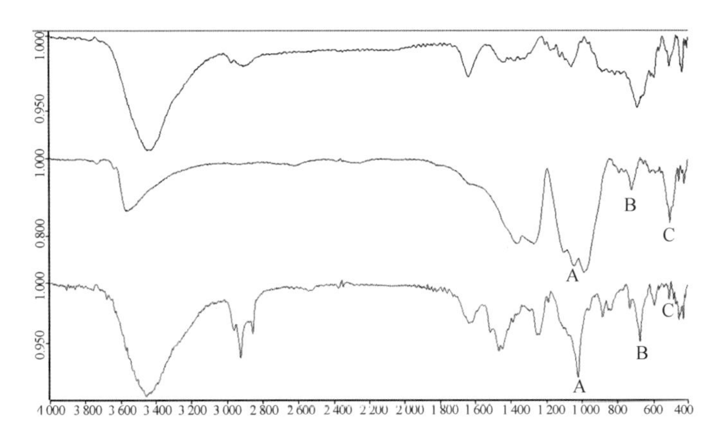

图 6 红外光谱，自上而下：1. KBr 本底；2. 电气石；3. 新加坡白球。可以明显看到，新加坡白球含有与电气石原石完全吻合的特征吸收峰 A、B、C。

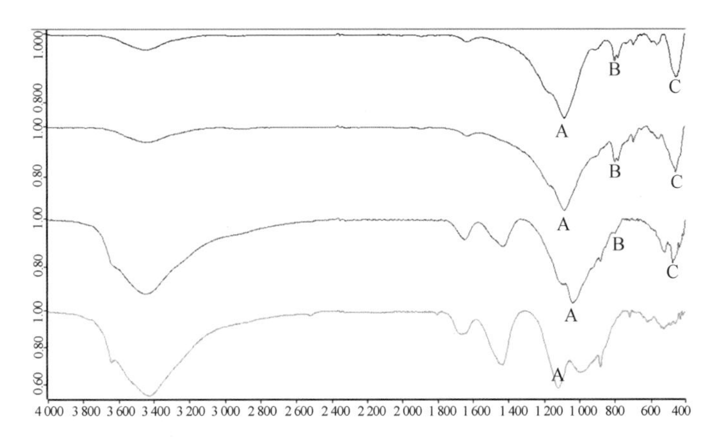

图 7 红外光谱，自上而下：韩国产洗衣球中的 1. 红球 2. 白球 3. 灰球 4. 黑球，可以明显看到，红、白、灰三种球中均含有电气石的特征吸收峰 A、B、C。

图 10-8 几种洗衣球的红外光谱

思考讨论

看了洗衣球的红外光谱图，这名同学明白什么了？

二、最大光谱仪——LAMOST

研究光谱需要光谱仪。光谱仪使用棱镜或衍射光栅等将光按照波长分解。利用光谱仪可测量物体表面反射的光谱或物体的透射谱。

样品光在光谱仪中的主要路径是：进入一狭缝→通过准直元件变为平行光→通过色散元件使光信号在空间上按波长排布→通过聚焦元件其在焦平面上形成像→进入焦平面的探测器阵列。

光谱仪的种类很多，根据光谱仪所能正常工作的光谱范围分类，可分为紫外光谱仪、可见光光谱仪、近红外光谱仪、红外光谱仪和远红外光谱仪等。

有的光谱仪小到火柴盒大小，不知是否可称为最小的光谱仪，但是最大的光谱仪可能要算我国研制的“大天区面积多目标光纤光谱天文望远镜”（The Large Sky Area Multi-Object Fiber Spectroscopic Telescope，LAMOST）。

图 10-9　LAMOST 望远镜

LAMOST 被冠名为郭守敬望远镜，如图 10-9 所示。图 10-10 为其结构及光路示意图，焦面置有 4 000 根光纤（图 10-11），4 000 个光纤定位单元可通过 8 000 个微型电机组成的光纤定位系统同时获得 4 000 个星体的光谱信息，因而是巡天探测的重器。[1]

图 10-10　LAMOST 结构及光路示意图

[1] LAMOST 图片来源 http：//lssf. cas. cn/

2018 年 8 月，中国科学院国家天文台宣布，LAMOST 已圆满完成一期光谱巡天观测（图 10-12）。一期巡天共发布光谱 901 万，其中高质量光谱（信噪比大于 10）777 万，确定 534 万组恒星光谱参数。LAMOST 发布的光谱数是世界上其他巡天项目发布光谱数总和的 1.8 倍。该数据集（DR5）已于 2017 年 12 月 31 日对国内天文学家和国际合作者发布。

图 10-11　LAMOST 天文望远镜焦面

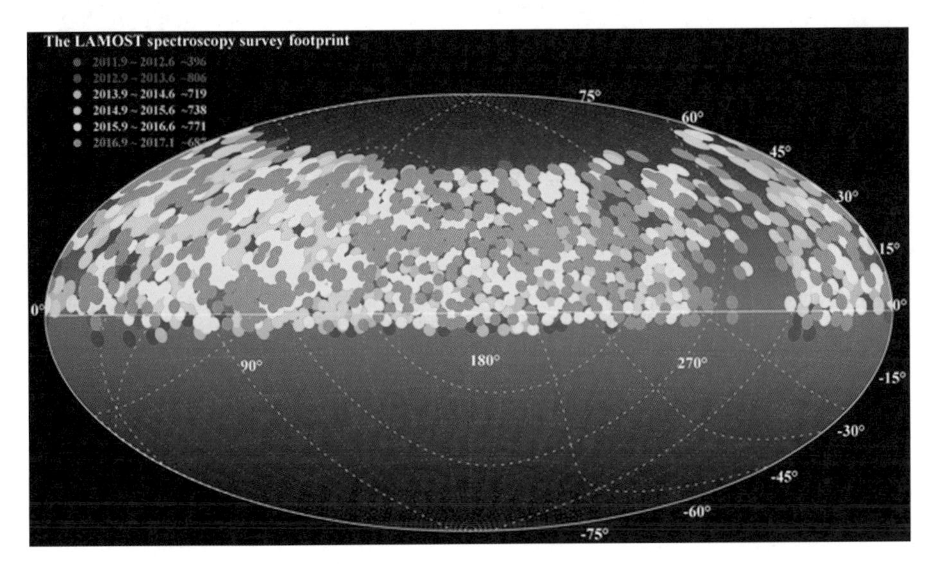

图 10-12　LAMOST 先导巡天和一期巡天天区覆盖（国家天文台袁海龙绘制）

如果你是天文爱好者，可登陆 LAMOST 网站，在大量数据中寻找奥秘。也许，在艰辛和枯燥的数字背后，有一条通向辉煌的路。图 10-13 为 LAMOST 第一、第三批次向全球数据开放的网站。目前已公开五个批次数据。LAMOST，带你领略浩瀚星海。

实验研究

1672 年，牛顿在光的色散实验中发现，物质的折射率与通过该物质的光波长有关。折射率 n 是波长 λ 的函数。从三棱镜实验、彩虹现象、可见光薄膜干涉实验中，我们都可以看到折射率 n 随波长 λ 的增加而减小。折射率 n 随波长 λ 的增加而减小的色散称为正常色散。1836 年，科希（Cauchy）通过实验得到描述正常色散的经验公式

$$n=A+\frac{B}{\lambda^2}+\frac{C}{\lambda^4}$$

式中，A，B 和 C 是由透明介质特性决定的常数。对一种透明介质所做的折射率和波长的关系曲线称为这种透明介质的色散曲线。

你能否对你所拥有的棱镜或其他透明物质进行光的色散特性研究，绘出它的色散曲线，并求出该色散曲线的经验公式？

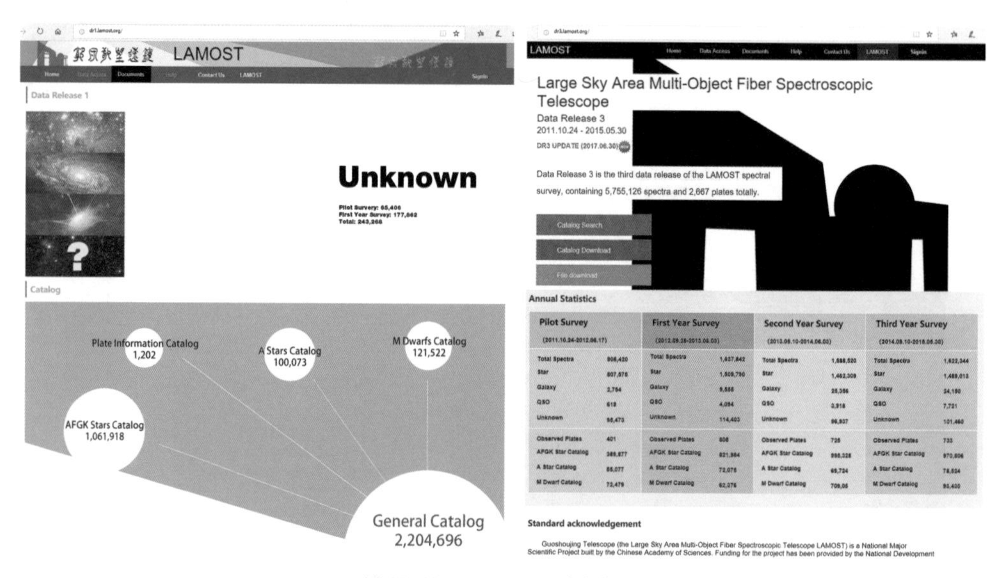

图 10-13 LAMOST 网站截图

课题拓展

了解反常色散，关于反常色散的研究如有兴趣，可设法尝试。

随着物理科学和技术的发展，各种光谱、波谱、电子能谱等探测装置不断发展。1999 年，诺贝尔化学奖得主艾哈迈德·泽维尔的研究成果和光谱有关。他应用超短激光闪光飞秒（10^{-15}s）成照技术观看化学反应中原子的化学键断裂和新形成的过程。利用激光飞秒技术可以观测化学变化中原子光谱的瞬间变化，可以更为精细地研究电子转移、能量转移的过程，从而为整个化学及其相关科学带来具有革命性意义的新技术。

课题拓展

还有一种图谱，称为相干散射谱，其产生源于物质中的电子与 X 光子的相互作用。了解相干散射在生命科学中的应用，了解我国同步辐射技术的发展历程，了解第四代 X 射线自由电子激光相比于第三代光源的优势。请学校组织参观我国相关科学研究机构，参观后撰写综述，并向同学们介绍。

四、自制光谱仪

现在，上海市大同中学的一位高中生和你分享基于智能手机的简易光谱仪的制作（见本章附录）。你是不是已经跃跃欲试了？

附录　基于智能手机的简易光谱仪

摘要：基于智能手机的简易光谱仪通过智能手机和一个简易的外接装置来实现光谱仪的主要功能。其原理是将一束光从固定光源射入衍射光栅或者棱镜中，形成光谱图，通过智能手机将形成的光谱拍照并储存于手机中，最后通过手机程序来分析。由于光源、手机镜头与分光设备位置固定，故可以获得固定的光谱图。通过程序将拍得光谱图中一条平行线上每一个像素点的 RGB 色彩读出，换算成亮度（I），绘制成谱线。由于不同物质的谱线不同，通过特征吸收峰可以鉴定溶液特征。不同浓度溶液的谱线形状一致，但峰值不同，通过峰值的差异可以判定溶液浓度。相比实验室的分光光度计，此装置体积小，便于携带，制作成本低且流程简单，操作过程简单，无需预热，适合学生实验。

关键词：智能手机、光谱仪

1　课题背景

自智能手机问世以来，我们的生活得到了极大的便利，我们也越发依赖智能手机。最初的智能手机功能并不多，后来的机型增加了便携式媒体播放器、数码相机和闪光灯、GPS 导航、NFC、陀螺仪、重力感应水平仪等功能，使其成为了一种功能多样化的设备。通过 Wi-Fi 和移动宽带，智能手机还能实现高速数据访问、云访问等。近年来，移动 App 市场及移动商务、手机游戏产业、社交实时通信网络的高速发展也促进了人们对智能手机的选用。智能手机的拍照以及图像处理能力也迅速发展，以前需要专业设备才能做到的拍摄和图像处理功能，现在的智能手机都能胜任。

1.1　光谱仪原理

光谱仪是将成分复杂的光分解为光谱线的科学仪器，由棱镜或衍射光栅等构成，利用光谱仪可测量物体表面反射的光线。阳光中的七色光是肉眼能分辨的部分（可见光），但若通过光谱仪将阳光分解，按波长排列，可见光只占光谱中很小的范围，其余都是肉眼无法分辨的光谱，如微波、红外线、紫外线、X 射线等。通过光谱仪对光信息的抓取、以照相底片显影，或电脑化自动显示数值仪器显示和分析，从而测知物品中含有何种元素。这种技术被广泛地应用于空气污染、水污染、食品卫生、金属工业等的检测中，如附图10-1

是实验室常见的紫外光谱仪。

1.2 棱镜分光

附图 10-2 中所示是三棱镜分光的效果图。因为同一种介质对各种单色光的折射率不同，所以通过三棱镜时，各单色光的偏折角不同。白光为复色光，因此白光通过三棱镜后，各单色光会分开，产生了光的色散。白光散开后单色光从上到下依次为红、橙、黄、绿、蓝、靛、紫七种颜色。复色光经过色散系统分光后，被色散的单色光按波长大小依次排列的图案为光谱。

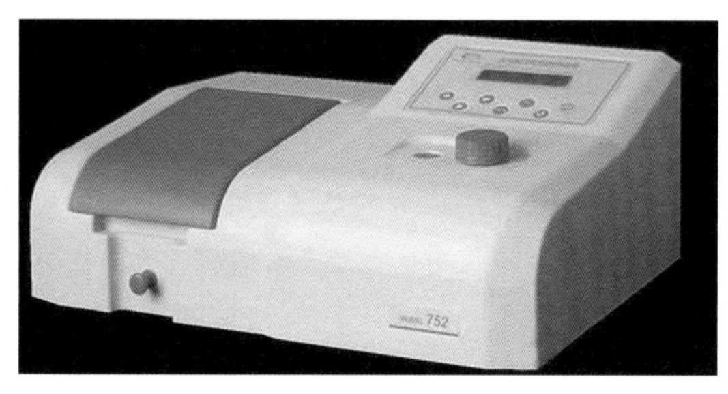

附图 10-1 实验室中的紫外光谱仪

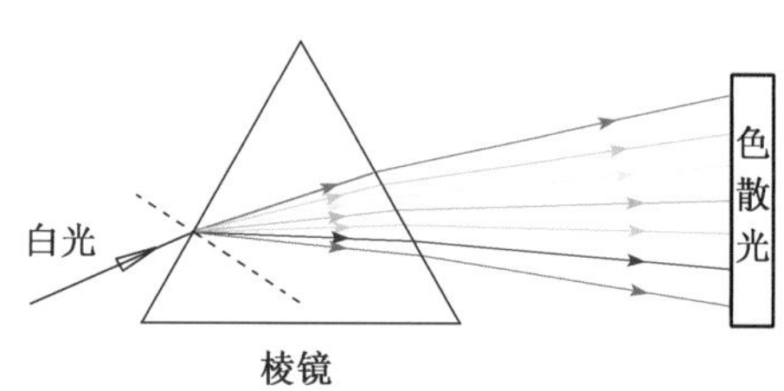

附图 10-2 三棱镜分光

1.3 光栅分光

光栅也称衍射光栅，是利用多缝衍射原理使光发生色散并分解为光谱的光学元件。光栅由大量等宽、等间距的平行狭缝构成。一般常用光栅是在玻璃片上刻出大量平行刻痕制成的，刻痕为不透光部分，两刻痕之间的光滑部分可以透光，相当于一狭缝。精制的光栅，在 1 cm 宽度内刻有几千条乃至上万条刻痕，光源通过光栅每个缝的衍射和各个缝隙之间的干涉，形成光谱。

2 装置制作

本研究设计制作两个不同的外接分光装置，第一个采用棱镜装置分光，第二个采用衍射光栅分光。

2.1 棱镜简易光谱仪制作步骤

(1) 棱镜分光装置采用简易手持直视分光镜(附图 10-3)，该装置多用于中学物理教学，操作简易，成本较低。本项目使用强光手电筒作为光源，首先通过肉眼观察手持分光镜中光谱，查看光谱图是否清晰。

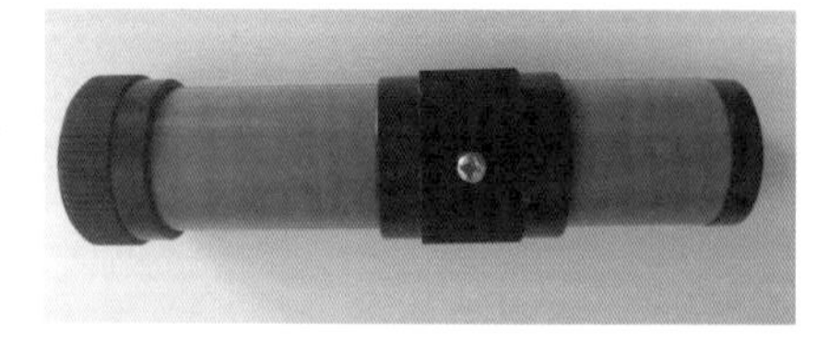

附图 10-3 手持分光镜

(2) 将手机镜头对准手持分光镜的观测面（附图 10-4），调节焦距获得清晰的光谱图，并将分光镜中可调节的主体固定，获得固定光谱图（附图 10-5）。

(3) 用黑色胶带将分光镜包裹，减少外界光源对实验的影响。

(4) 使用不透光黑色卡纸制作圆柱体固定结构，将手持分光镜和光源分别固定在圆柱体中，光源在最前端，二者空开一定距离。

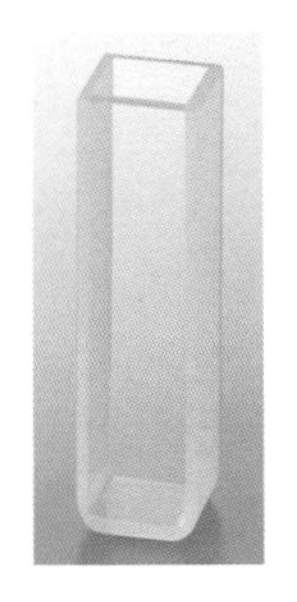

附图 10-4 分光镜的观测面

附图 10-5 光源在分光镜中光谱图

(5) 在光源和分光镜中间的圆柱体上方裁剪一个正方形小口，插入比色皿（附图 10-6）。根据比色皿大小制作黑色盖子，覆盖整个比色皿。比色皿用于存放被测试溶液。

(6) 最后调整好角度，将整个外接装置固定在智能手机外壳，避免直接触碰到手机镜头。至此，基于棱镜原理的棱镜光谱仪完成（附图 10-7）。

附图 10-6 比色皿

附图 10-7 棱镜光谱仪完成

2.2 棱镜光谱仪装置改进

(1) 用固定的小型 LED 灯代替手电筒，配上小型电池盒提供电源以及外接开关，便于在外部开关灯源。

(2) 用直角金属板，将手机与分光装置固定，与先前模型相比更加牢固。

(3) 在实验装置外套上塑料模具，使内部装置不与外界接触，提高安全性和稳定性（附图 10-8）。

附图 10-8 改进后的棱镜光谱仪

2.3 光栅分光简易光谱仪制作步骤

在项目初期使用空白 DVD 光盘中的塑料拨片代替光栅，后期使用爱德蒙特公司 500 槽/mm 胶片衍射光栅。

(1) 用黑色卡纸按照图纸折出模具（附图10-9），注意密封性，防止外部光线透过。图纸左侧横线为狭缝，划开卡纸即可，图纸右上方正方形空缺为光栅放置处，制成分光装置（附图 10-10）。

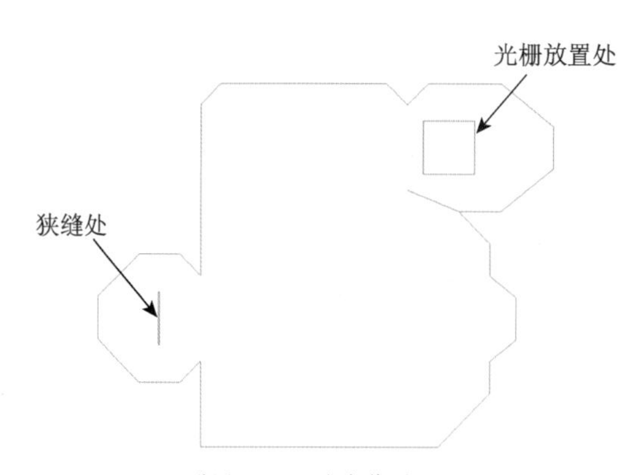

附图 10-9　分光装置图纸

附图 10-10　分光装置

(2) 获取透明光栅：合理裁剪空白 DVD 光盘取其中一小块（附图 10-11），从中间剥离透明部分（附图 10-12），剥离时注意尽量避免占到最外层蓝色涂层，将剥离的光栅浸泡在加有洗洁精的热水中，静置 10 min，待其表面蓝色染料褪去。

附图 10-11　空白 DVD 光盘

附图 10-12　剥离 DVD 光盘中透明部分

(3) 将光栅黏贴在分光装置预留的方格处。

(4) 搭建外部长方形固定装置：在最外端固定光源所在位置，其次在长方体上端开一个正方形小口用来插入比色皿，在比色皿后端固定分光装置，狭缝端在前，光栅端在后（附图 10-13）。

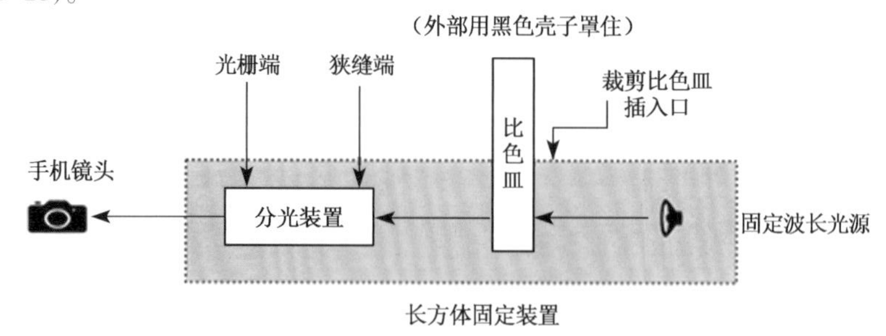

附图 10-13　外部长方体固定装置

(5) 选择合适的位置，将整体外部装置和手机壳固定。

(6) 制作一个黑色外壳，罩住暴露在外面的比色皿。至此，基于光栅分光原理的光栅光谱仪完成（附图 10-14）。

2.4　光栅分光装置改进

为获得更好的分光效果，采用爱德蒙特光学公司生产的全息衍射光栅胶片（附图 10-15）。全息衍射光栅胶片可将白色复合光分成各种颜色光谱，减少了杂散光，是光谱分析的理想选择。波长范围为 400～700 nm。同时用专业狭缝代替手工切割的狭缝，规格为狭缝宽 0.2 mm，狭缝长 6 mm。

附图 10-14　光栅光谱仪完成

附图 10-15　全息衍射光栅胶片

3　基于 web 的图像分析

图片均由手机装置拍摄所得，将图片传输到电脑上，通过基于 Web 开发的分析软件得到光谱图中一条直线上所有像素点的 RGB，再将 RGB 数值转化为亮度绘制图像即可。将光谱图在相同位置截成相同大小的长方形，控制图片的差异，减小误差。

3.1　蒸馏水样本

如附图 10-16 所示得到蒸馏水样本图。

3.2　蒸馏水的复现

考虑到智能手机的对焦功能会对拍摄得到的光谱造成影响，因此对同一样品，选取不同的对焦点拍摄图片进行复现分析。

通过对附图 10-17 的分析发现，同样的样品，在不同的位置对焦，会导致谱线位置以及峰值大小发生变化，存在误差。猜测其原因可能是由智能手机中相机的对焦以及补光功能导致。智能手机在拍摄时，会对成像有不同程度的修改，比如改变光亮和对比度等，使得我们拍出来的照片更加清晰明亮，但智能手机的自动修正功能在本研究中增大了误差。随着手机的照相技术的发展，不少品牌的手机已经提供专业选项的拍照模式，拍摄者可自己确定相机的全部参数，这将大大减少误差。

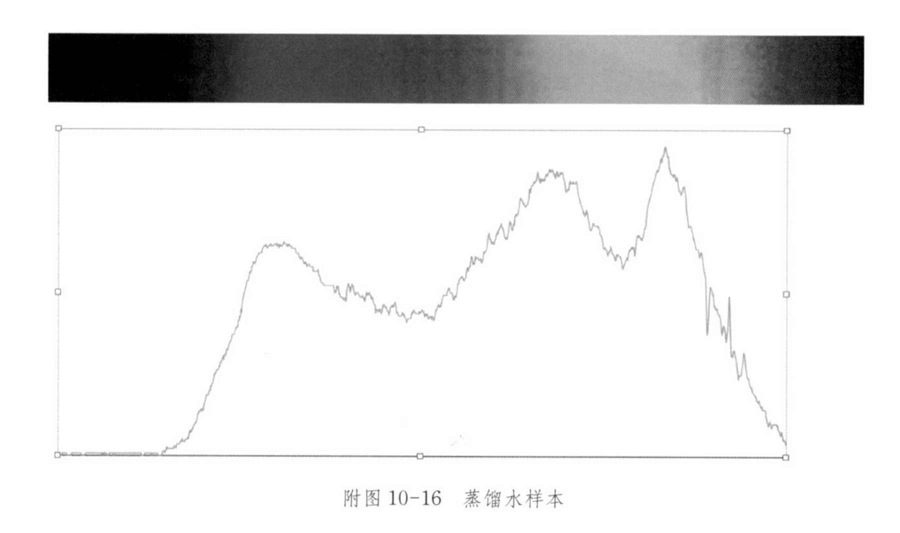

附图 10-16　蒸馏水样本

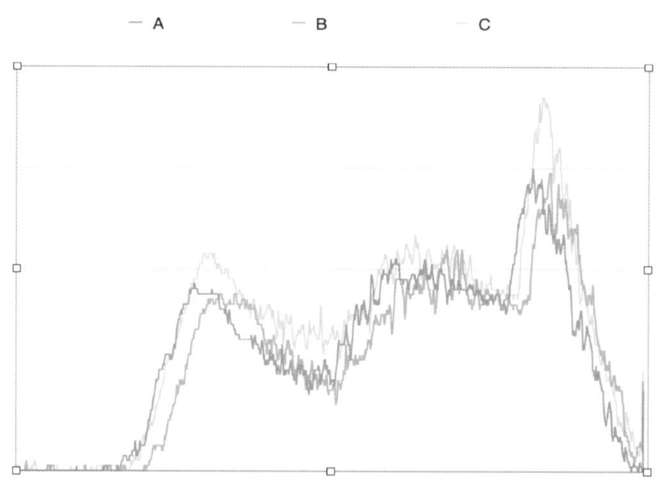

附图 10-17　蒸馏水复现分析

3.3　甲基橙样本

对比本实验仪器（附图 10-18）与光谱仪分析出的图像（附图 10-19），可以发现形状大致是相同的，出现特征吸收峰，但是在本研究中，简易光谱仪无法确定波长，从而无法和光谱仪分析出的数据比对。

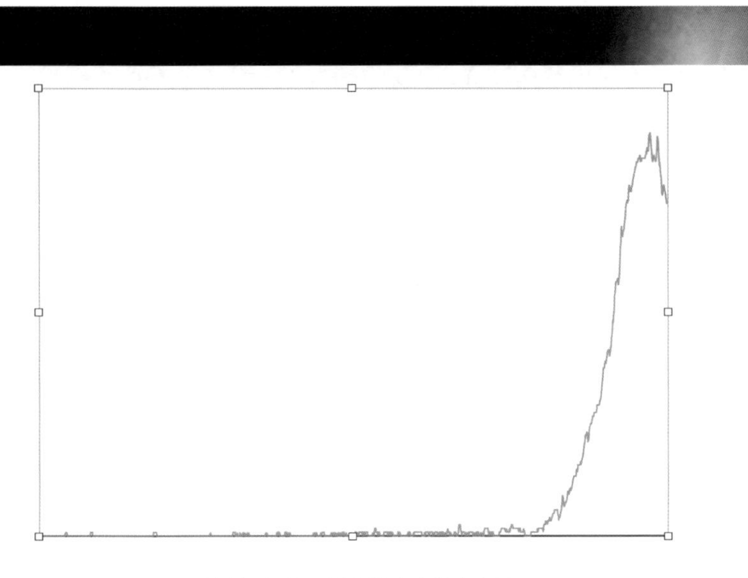

附图 10-18　甲基橙溶液样本分析

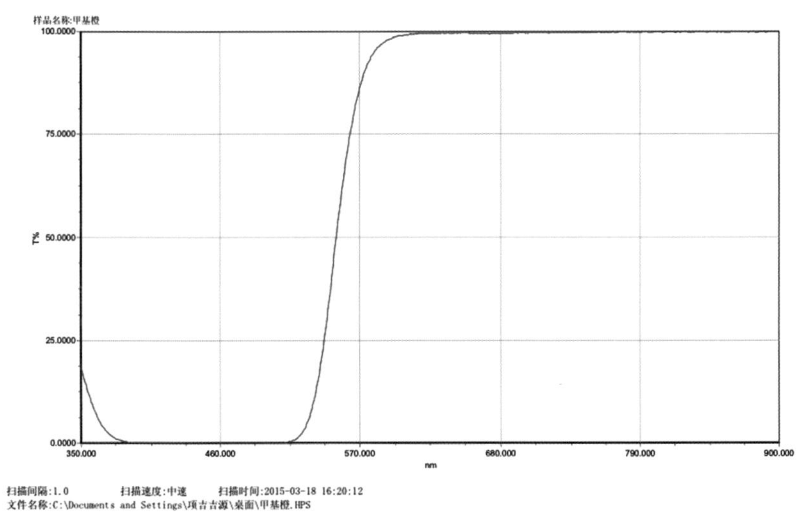

附图 10-19　实验室紫外光谱仪对甲基橙溶液分析

3.4　甲基橙、硫酸铜、黄血盐样本对比

我们还相继测量了硫酸铜、黄血盐、甲基橙等溶液的吸收光谱（附图 10-20）。图中，紫色为黄血盐溶液、绿色为甲基橙溶液，红色为硫酸铜溶液。对比不同溶液的图像，发现光谱图以及谱线已经能显示出不用物质对光的吸收程度不同，可以起到鉴别溶液的功能。

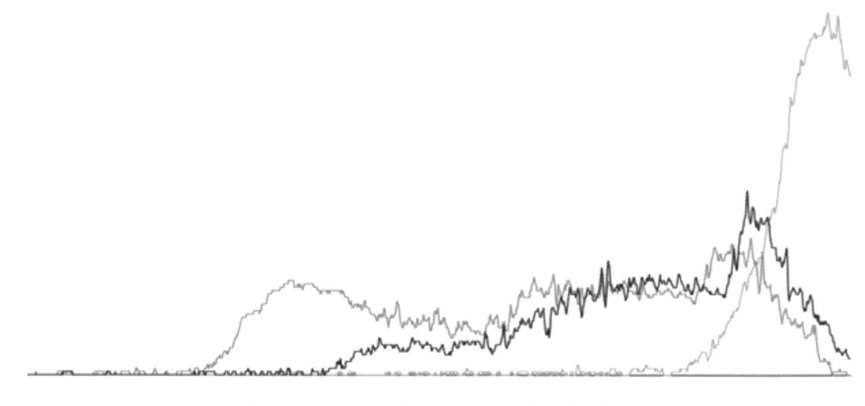

附图 10-20 甲基橙、硫酸铜、黄血盐对比

3.5 不同浓度黄血盐溶液分析

如附图 10-21 所示，黄色线为蒸馏水样本，红色线代表浓度为 0.001 的黄血盐溶液，绿色线代表浓度为 0.01 的黄血盐溶液。通过对比发现黄血盐溶液与蒸馏水有明显不同的特征峰，而在不同浓度的黄血盐溶液中，谱线整体趋势相同，但峰值不同，显示出不同浓度之间的溶液对光的吸收效果不同。证明了简易光谱仪可以起到鉴别溶液浓度的功能。但是从图中也可以看出，峰值的位置出现了偏差，表明实验仍存在明显误差，只能起到定性分析而无法做到定量分析。

4 基于移动端程序分析

4.1 开发背景 App Inventor2

本研究采用 Google App Inventor2，用户能够通过该工具软件使用谷歌的 Android 系列软件，自行研发适合手机使用的任意应用程序。这款编程软件的特点在于，编写者不一定非要是专业的研发人员，甚至根本不需要掌握任何的程序编制知识。因为这款软件已经事先将软件的代码全部编写完毕，用户只需要根据自己的需求向其中添加服务选项即可。使用者所要做的只是写简单的代码拼装程序。

4.2 主要实现功能

读取手机相册中拍摄好的光谱图，选取一条平行直线，读出每个像素点的 RGB，通过公式转化成光的亮度 I。通过画布，将每一个横坐标与 I 值对应，画出图像。

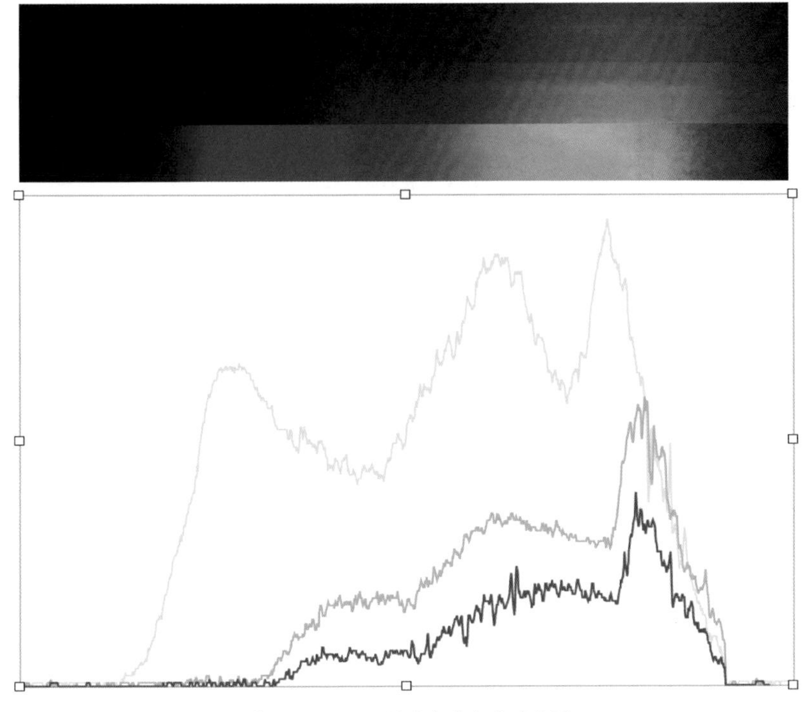

附图 10-21 不同浓度黄血盐对比图

4.3 程序代码

程序代码 1、程序代码 2 分别如附图 10-22 和附图 10-23。

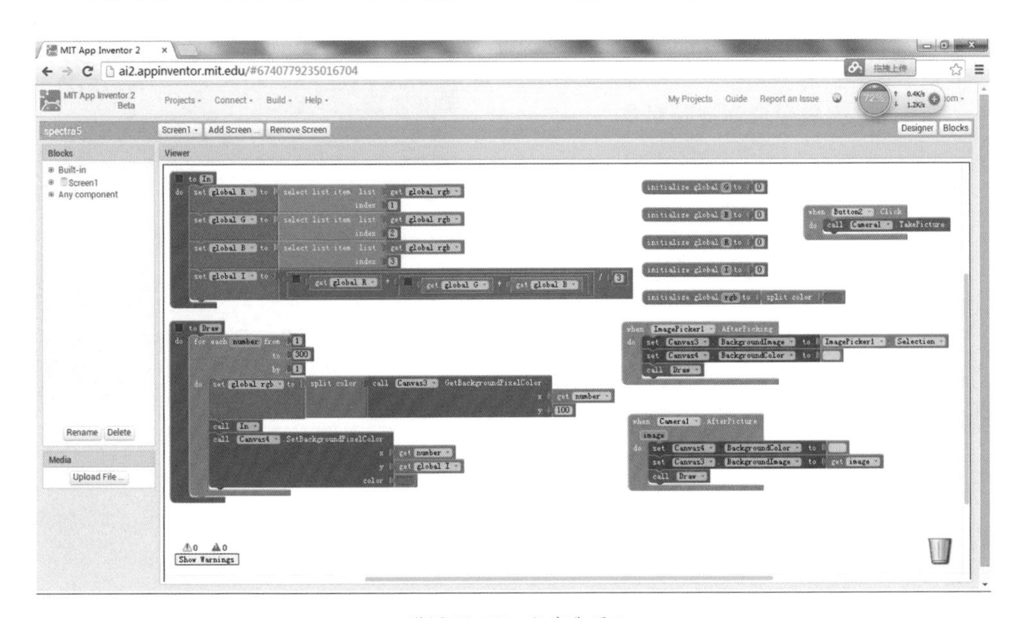

附图 10-22 程序代码 1

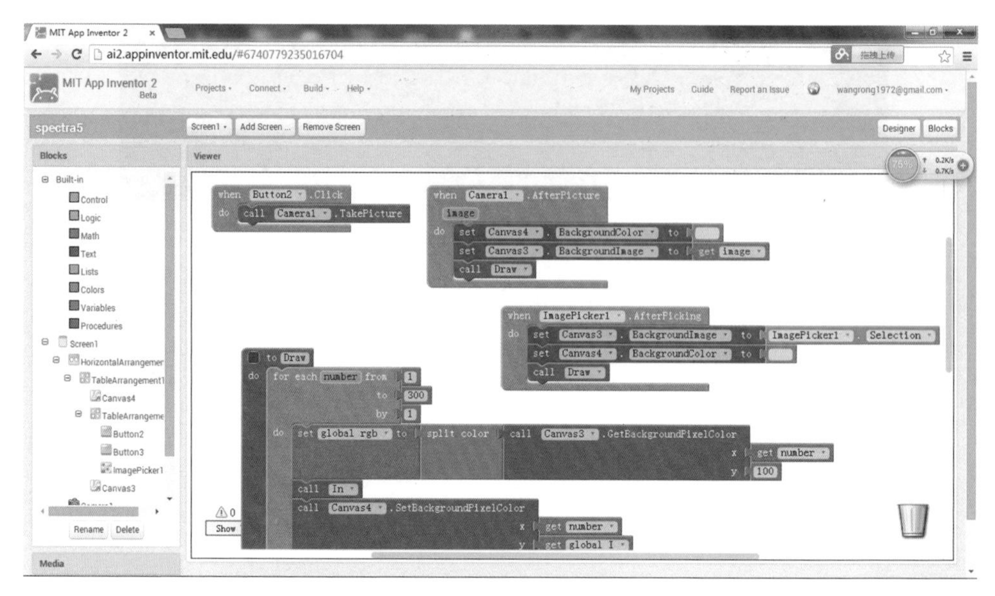

附图 10-23　程序代码 2

4.4　使用实例

CAL 实现校准功能，Pho2 实现拍照功能，Img 实现读取手机相册功能。程序会读取光谱图当中一条线上所有的像素点 RGB，并转化为亮度同时绘制成折线图（附图 10-24）。但在现阶段绘制结果较为粗糙，仍有较大改进空间。

附图 10-24　移动端效果展示

5　未来研究方向

5.1　图像横坐标与波长对应

将画出的折线图与波长一一对应后，才能计算出每个溶液的特征吸收波长，以此进行半定量或者是定量实验。确定波长的方式为利用已知特征吸收峰值的几组溶液来进行标定。利用实验室紫外光谱仪上测得波长对简易光谱仪进行标定。标定后计算出实际波长与本课题所绘制的谱线图像横坐标的对应关系，即可将横坐标换算成波长，达到实验目的。

实验室常见的紫外光谱仪大多是采用光栅分光的原理，而光栅分光与棱镜分光的效果不用，涵盖的波长范围也不同，即便是用于标定的两个准确的波长点，中间的波长分隔也不是均等的，对应关系并不是成线性的，因此如果用紫外光谱仪的数据来校准棱镜分光的结果就会出现较大误差。本课题其中一个模型采用的是棱镜分光的原理，为校准该模型需要使用更高级的棱镜分光仪器。

5.2 提高分析精度

下一阶段的研究将在保证装置的便捷、易操作、成本低等特点的情况下进一步提高分析精度。具体包括以下几点：

(1) 继续改进分光装置，设置可调节的狭缝，来适应不同的测量状况。

(2) 使用已知波长光源。

(3) 缩小设备体积，改进棱镜精度。

(4) 控制手机照相机，做到控制变量，取消相机的自动修补功能。

6 实际应用

本课题的制作过程简单，分光原理简单，制作成本低，可用于中学光学原理介绍以及分析化学的实验，让同学有更直观的理解。本装置制作难度较低，可由中学生自己独立完成，锻炼动手能力，可运用于食品安全检测、环境污染检测、物质浓度测定等众多方面，并且对于应用方面的探索，有利于增强学生的创新能力。

参考文献

[1] 王向辉，张国印，谢晓芹. 可视化开发Andrioid应用程序——拼图开发模式［M］. 北京：清华大学出版社，2013.

[2] 徐杰. 数字图像处理［M］. 武汉：华中科技大学出版社，2009.

[3] 王寅峰，许志良. AppInventor实践教程——Android智能应用开发前传［M］. 北京：电子工业出版社，2013.

[4] Gallegos D，Long K D，Yu H，et al. Label-free biodetection using a smartphone[J]. Lab on a Chip，2013，13 (11)：2124-2132.

第十一章　电磁武器的启迪

武器装备常常代表了一个国家、一个时代最高的科技水平，因此，科技发展和武器装备的进步常常是同步的。集高科技于一体，并不断更新换代的航空母舰便是一例。

图 11-1 是目前世界比较主流的航空母舰，而图 11-2 是我国的第一艘航空母舰——辽宁舰，是在苏联时期建造的航空母舰瓦良格号的基础上改建而成的。从图中我们可以清晰地发现——辽宁舰的头部有一个 15°的翘起，这是采用滑跳起飞的航空母舰甲板的典型形态，而目前世界上比较先进的飞机起降方法是采用电磁加速的弹射起飞，故而航空母舰不再需要翘起的甲板（图 11-1）。辽宁舰受制于它开始建造时的科技水平，并没有配备。

图 11-1　目前世界比较主流的航空母舰

图 11-2　我国的第一艘航空母舰——辽宁舰

物理学的应用在科技的发展中起到了至关重要的作用，所以在武器装备的发展中自然至关重要。作为武器，必然具有直接杀伤、破坏，或运送某装置至某目标实施杀伤、破坏的能力，这都需要能量的传递和转换。在现代战争中，随着电磁技术的高速发展，电磁武器以其易操控、射程远、速度快、精度高、操作安全方便，以及技术发展前景好等优势，越来越引起军事科技界的重视。

我们探索武器中的电磁能利用问题，目的在于研究电磁理论的现代先进运用，开拓思路，启迪创新。军事科技转化为民用科技，造福社会，是我们的愿望。本章的研究与学习以电磁武器物理原理探索和实验为主，同时鼓励同学们利用电磁能进行创意设计。

一、电磁炮

电磁炮，是一种将电磁能转为炮弹动能的高效率杀伤性武器。显然，它是利用电磁力对炮弹做功，使炮弹在炮膛中加速。

思考讨论

1. 利用电磁的相互作用使物体加速，有哪些方式？

2. 有一 IYPT 题目——磁力小火车（详见本书第十二章），是否可利用其原理设计电磁炮？

3. 上海有磁悬浮列车，其驱动原理如图 11-3 所示，请描述其轨道两边驱动系统的控制原则。这种驱动方式可以用于电磁炮发射吗？

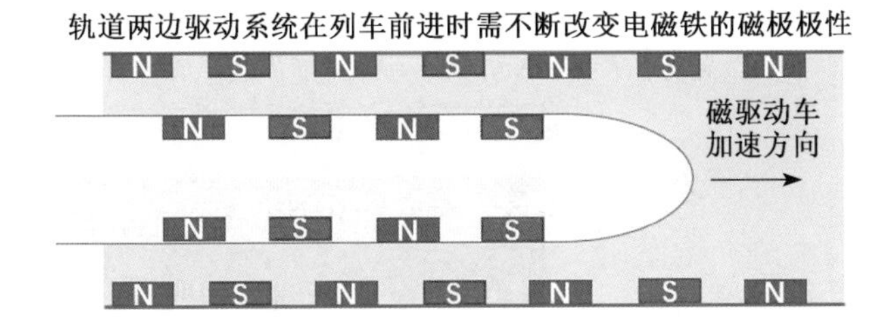

图 11-3　磁驱动车原理示意图

4. 你认为电磁炮使用什么方法比较合理？画出你的设计示意图。

一般电磁炮按照加速方式，可以分为轨道式电磁炮（Railgun）、线圈式电磁炮（Coilgun）两种。

1. 轨道式电磁炮的设计原理

看过《变形金刚 2》的军事迷们应该记得美军战舰上那架威力巨大的电磁炮。这是一架轨道式电磁炮（图 11-4），号称“7 倍音速”。观察这个炮，两根轨道十分明显，但这毕竟是电影。

真实世界中，美国海军于 2010 年 12 月中旬成功试射了轨道式电磁炮，据报道，电磁炮炮弹速度超过 5 倍音速，射程达到 200 km，炮口动能达到了 32 MJ[1]。

---

[1] 详见《物理与军事》陈蕾蕾著，高等教育出版社。

图 11-4 变形金刚 2 中的美军原型武器——轨道式电磁炮

思考讨论

举例说明 1MJ 能量有多大威力？

根据"电磁炮炮弹速度超过 5 倍音速，射程达到 200 km，炮口动能达到了 32 MJ"这些数据，你可以编出多少运动学动力学物理题？

制造轨道式电磁炮的基本原理就是依据磁场对电流产生作用力的安培定律，结构示意图如图 11-5[1]所示。

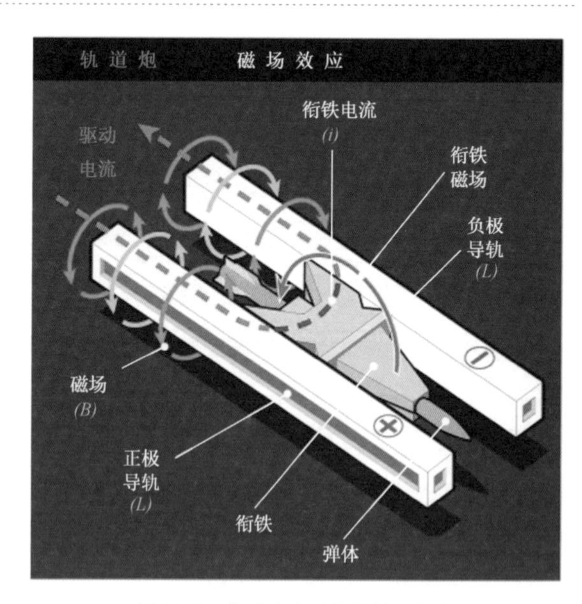

图 11-5 轨道式电磁炮结构示意图

对轨道式电磁炮作简化物理模型，其结构如图 11-6（a）所示。两根互相平行的长直金属导轨间距为 L，投射体可以在两根导轨之间滑行，并和导轨亲密接触。当强大的脉冲电流 I 从一根轨道经由投射体上的电枢，传到另一根轨道沿相反方向流回时，电流所产生的磁场方向可用右手螺旋定则判断，如图 11-6（b）

[1] 参考来源：science. howstuffworks. com

所示，因而如图 11-6（a）所示，正极导轨和负极导轨上电流产生的磁场均由纸面内指向外。此时，根据图 11-6 的电流方向、磁场方向，应用左手螺旋定则，可判断出投射体所受到的安培力向右。

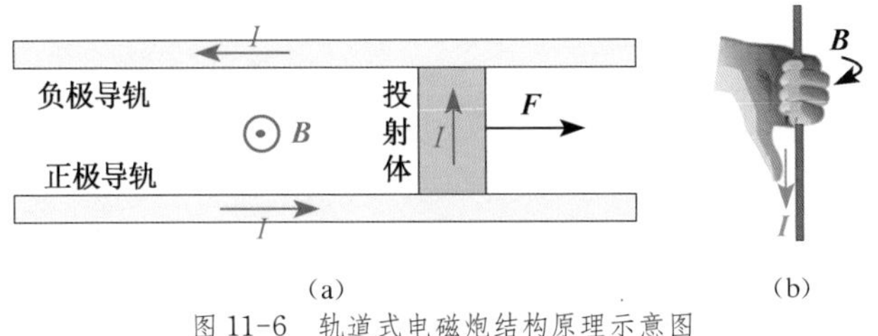

(a)　　(b)

图 11-6　轨道式电磁炮结构原理示意图

在中学物理的学习中，对于安培力考虑的都是理想状况，亦即假定导体电流方向和磁感应强度方向垂直，导体上的磁感应强度处处相等，则安培力大小为

$$F = BIL \tag{11-1}$$

其中，B 为磁感应强度；I 为受力导体上的电流大小；L 为受力导体的长度。也就是说，式（11-1）中的 B 是匀强磁场的磁感应强度大小。

那么，在计算实际的电磁炮模型中的投射体能用这一公式吗？不能，因为电磁炮中的投射体并没有处在匀强磁场中。

在图 11-7 所示模型中，若将导电导轨视作长直圆柱导体，因而投射体处的磁感应强度可看成两个半无限长直电流产生的磁感应强度的叠加。设导体圆截面半径为 R，电流在圆柱圆截面上均匀分布，根据毕奥-萨伐尔定律可算得距离半无限长电流中轴线 x 处 A 点的磁感应强度大小为

$$B = \frac{\mu_0 I}{4\pi x} \tag{11-2}$$

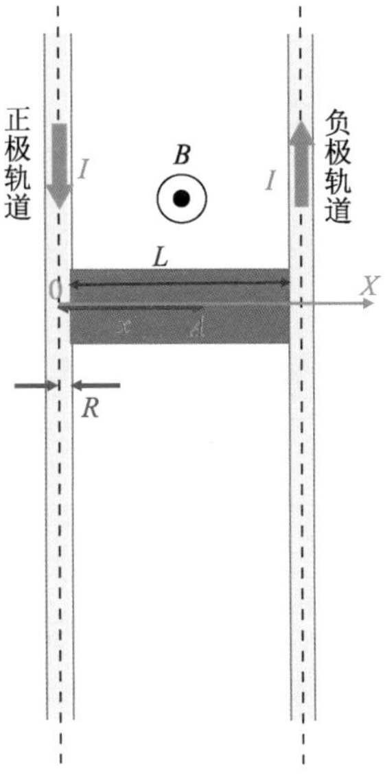

图 11-7　投射体位于半无限长电流的磁场中

式中，μ_0 为空气中的磁导率。因投射体长度为 L，则两根导轨轴线之间距离为 $L + 2R$，两个半无限长直电流在投射体上 A 点处的磁感应强度为

$$B = \frac{\mu_0 I}{4\pi x} + \frac{\mu_0 I}{4\pi(L + 2R - x)} \tag{11-3}$$

对于非匀强磁场，投射体所受安培力需用公式

$$\mathrm{d}\boldsymbol{F} = I\mathrm{d}\boldsymbol{l} \times \boldsymbol{B} \tag{11-4}$$

即将 L 上的电流看成是无数电流微元 $I\mathrm{d}\boldsymbol{l}$ 上电流的集合。每一小段电流微元上的磁感应强度 $\boldsymbol{B}$ 看成是均匀的，因而可套用公式（11-1）。

因导轨半径为 R，整个投射体 L 长度上所受的安培力为每一小段 $\mathrm{d}x$ 上所受到的安培力的积分。

$$F = \int_R^{L+R} \mathrm{d}F = \int_R^{L+R} IB\mathrm{d}x = \int_R^{L+R} I\left[\frac{\mu_0 I}{4\pi x} + \frac{\mu_0 I}{4\pi(L+2R-x)}\right]\mathrm{d}x$$

上式积分可求得

$$F = \frac{\mu_0 I^2}{2\pi}\ln\frac{L+R}{R}$$

上述计算是轨道电磁炮的一种简化模型。实际电磁炮远比这一模型复杂，如轨道形状不是简单的圆柱形，那么磁场分布也更为复杂。

思考讨论

从上述电磁炮简化模型中安培力的计算过程可以看到，当我们知道均匀磁场中安培力计算公式后，对于非均匀磁场中的安培力计算，需要先求出磁场的分布式，然后将均匀磁场中安培力计算公式转化为微分式，用微积分的方法计算总的安培力。请联想，如果掌握了微积分，你可以用已有的物理知识去解决哪些现在不会解决的问题。

由图 11-6 可知，投射体和轨道之间的亲密接触有助于电流尽可能少地损失在电阻上，从而可以获得尽可能大的安培力 $\boldsymbol{F}$，但是又必须尽可能减小投射体和轨道之间的摩擦力，怎么办？科研人员设计了等离子体电枢，即投射体上的电枢由金属薄箔制成，当大电流通过时金属箔被迅速汽化形成等离子体，使投射体和导轨之间形成良好的导电性能，且几乎没有摩擦力，从而获得沿轨道方向很高的发射速度。但是，由此而产生导轨的烧蚀很严重、修理代价大，因而也是一个值得研究的问题。

思考讨论

1. 你认为电磁炮用于航天器推射的前景如何？
2. 是否可利用电磁轨道炮技术，用现有火车轨道，设计电磁轨道火车？
3. 若利用电磁炮原理设计船舶推进器，主要应进行哪些改动？

4. 从原理上看，电磁炮和航空母舰上发射舰载机的电磁弹射装置是一回事，你是否有更为大胆的创想？

2. 线圈式电磁炮的设计原理和制作

图 11-8 为中国载有电磁炮的 936 号实验舰。有人分析，这一电磁炮是线圈式电磁炮。

图 11-8　中国载有电磁炮 936 号实验舰

线圈式电磁炮，是利用线圈磁场来给弹体加速。可多极线圈加速，能量转换效率高，内部弹体若采用磁悬浮技术，可得到更高的速度。

美国也一直在积极研制电磁炮，根据美国国防部声明，目前正在研制长度不超过 6 m，产生脉冲能量可使质量 3.5 kg 的弹头达到 2.5 km/s 初速度的线圈炮。

(1) 线圈式电磁炮原理

现在我们一起来分析线圈式电磁炮加速的基本原理。顾名思义，线圈式电磁炮的驱动力源于炮筒上的线圈。

我们知道，密绕螺线管线圈中磁感应强度的分布如图 11-9 所示。螺线管内中部为匀强磁场，磁感应强度值最大；两个管口附近磁感应强度降为最大值的一半；管子外部在轴线方向上距管口越远，磁场越弱。

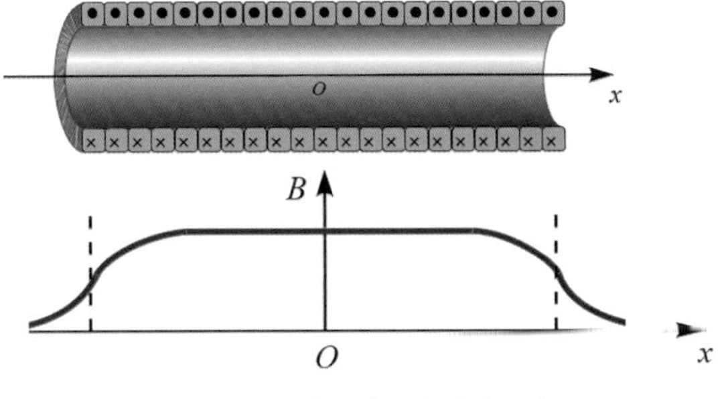

图 11-9　密绕螺线管磁场分布示意图

思考讨论

为什么两个管口附近磁感应强度是最大值的一半？

根据自己已有知识分析，炮筒上的线圈通什么样的电流，可以使什么样的炮弹沿线圈轴线加速？

你是否想到可能有两种炮弹被一定程序控制的线圈电流加速？

图 11-10 显示在线圈后端有一铁磁性弹体。铁磁性弹体是指弹体的组成部分有铁磁性物质。铁磁性物质可以在磁场中被强磁化，如铁、钴、镍等金属及其合金，都是因为被强磁化，所以可以和永磁体或电磁铁相互吸引。

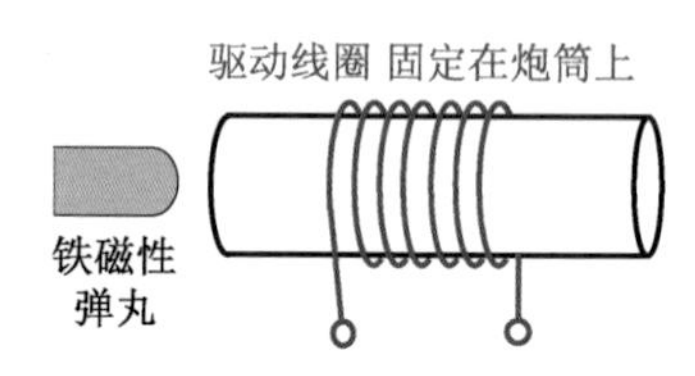

图 11-10　铁磁弹体示意图

思考讨论

要使铁磁性弹体从后端穿过单线圈圆筒，加速并从圆筒前端穿出，需要采取什么措施。

图 11-11 显示在线圈后端有一线圈式弹体。弹体上的线圈如果没有电流通过，是不会和固定在炮筒上的通电驱动线圈相互作用的。如果弹体线圈和驱动线圈都通有电流，那么二者都成为电磁铁，显然二者之间就可能产生相互作用。驱动线圈是可以供电的，弹体线圈呢？

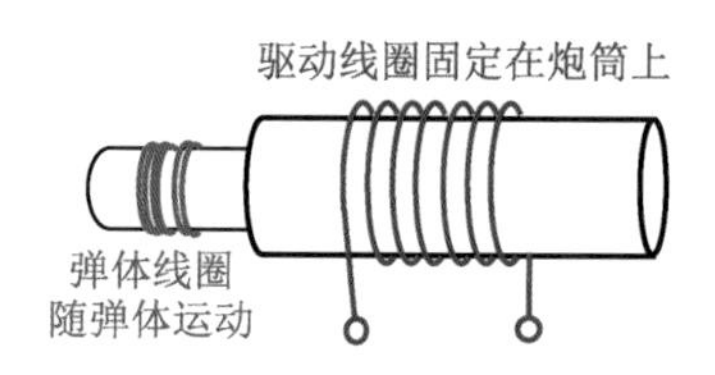

图 11-11　绕有线圈的弹体示意图

思考讨论

1. 弹体线圈有几种方法可以载有电流？

2. 采取什么措施才可以将绕有线圈的弹丸发射出去？

3. 若弹体用金属做成，是否可以不在弹体上绕线圈，利用感应的涡电流和炮筒上的通电驱动线圈相互作用，推动弹体运动？

实验研究

设计装置，用电磁炮模型验证楞次定律。

课题拓展

电磁炮原理对你是否有启发？电磁驱动高速直线运动的和平利用有哪些？你是否有用于实际的创意？

(2) 多级线圈加速器的自发控制原理

为了尽可能提高炮弹出膛速度，电磁炮采用多级线圈加速技术。但由于无论是被吸引加速的铁磁性弹体，还是被排斥而加速的载有感应电流的弹体，都需要精准控制驱动线圈电流的通、断电。由于弹体在炮膛中的运动时间大约处于 1～2 ms，故而采用自动定位控制电流很有必要。即在弹体到达某一位置，恰好需要关闭前一级线圈电流或接通下一级线圈电流的时刻，弹体导轨对应位置处的触发器被触发，即刻控制相应开关，使对应的线圈级断或通电流。

多级线圈的控制流程图如图 11-13 所示。

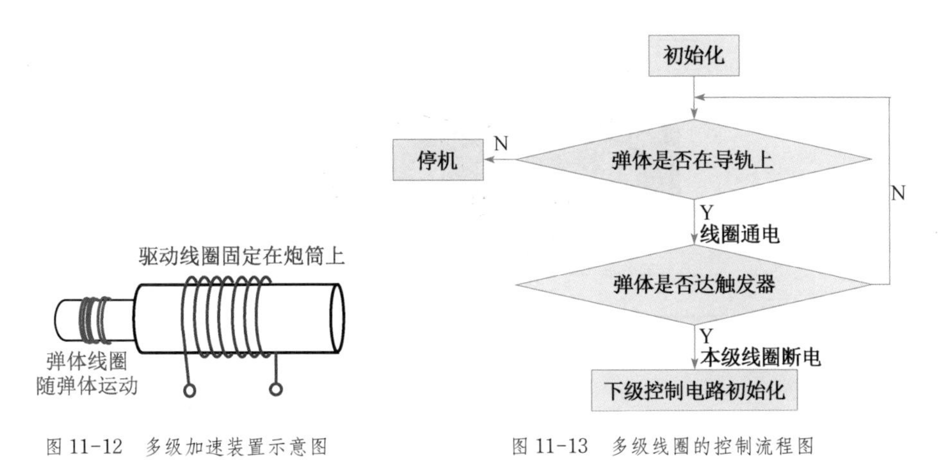

图 11-12　多级加速装置示意图　　图 11-13　多级线圈的控制流程图

思考讨论

1. 采用上述控制逻辑和控制电路制作而成的多级线圈加速器的加速效果受到哪些因素的影响？

2. 该加速器的加速效果是否存在理论的速度上限？（提示：需要考虑处理器的处理速度。）

课题拓展

通过基于 Arduino 的多级线圈控制器的设计与制作，研发轨道列车的加速装置。（参考附录 1）

二、撞针式电磁炮

在上述电磁炮的分析中，我们可以发现：无论是轨道式电磁炮还是线圈式电磁炮，使用的弹体都有一定的限制。如果使用轨式电磁炮，则要求其炮弹必须导电。而如果使用线圈式电磁炮，则使用的弹体或者必须含有铁磁质，且磁化效率越高，发射效果越好；或者弹体带有线圈。如果我们希望仅仅弹射重量较轻的塑料，有什么办法？

借鉴传统的火枪结构，引入“撞针”的概念，设计撞针式电磁炮，可解决这一问题。

图 11-14 是将电磁炮进行撞针化改造示意图。在炮壁两边分别制作滑槽，撞针使用限位装置卡在滑槽中，撞针为金属，弹体改为塑料。当撞针被电磁炮驱动加速之后，会撞到炮管中的弹体上，将能量传递给弹体，使之加速射出。

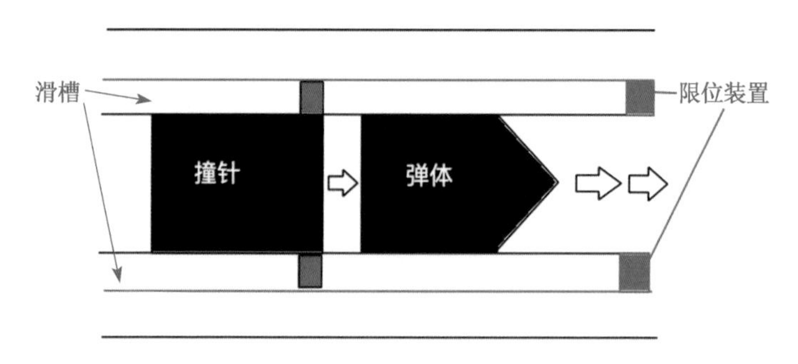

图 11-14　撞针式电磁炮的原理示意图

思考讨论

线圈式或者轨道式炮膛设计不变，撞针位置不变，弹体所在位置有以下不同，分析其加速效果。

(1) 弹体靠近撞针，随着撞针一起被加速；

(2) 弹体离撞针较远，靠近炮口的位置，撞针撞击到弹体后迅速激发弹体飞出。

实验研究

利用超级电容放电电流产生磁场，设计撞针式单级线圈电磁枪，打自己设计的靶子。

图 11-15 为利用超级电容器放电的单级线圈加速器模块示意图。将图示加速器改装为撞针式加速器，发射玩具枪用的泡沫软弹，如图 11-16 所示“打我鸭”射击玩具泡沫球。

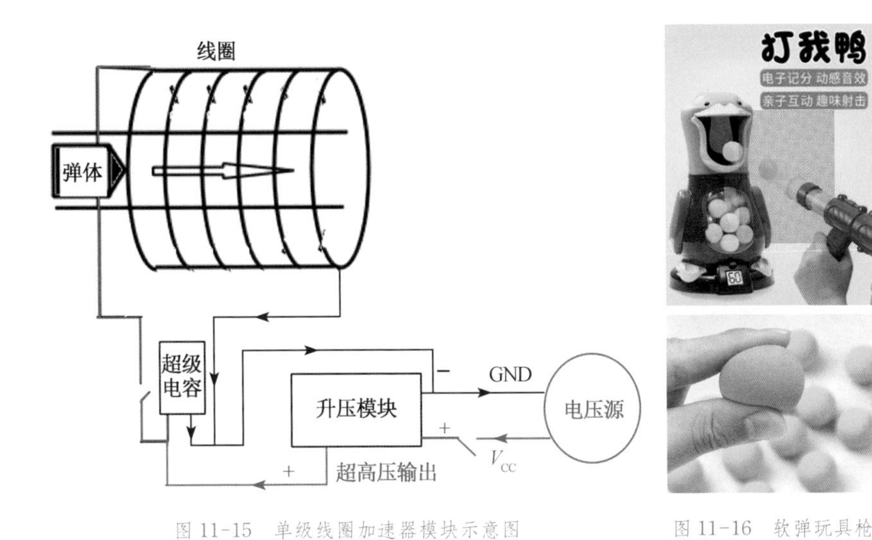

图 11-15　单级线圈加速器模块示意图

图 11-16　软弹玩具枪

安全提示：

（1）实验时戴好防护眼镜。

（2）绝对不许填充其他弹体。

（3）应对他人尊重，任何弹体都不要对着人打。

（4）做好防护设施，防止弹体撞击物体后弹射到人或其他物体。

（5）升压部分建议使用输入 3 V，输出 12 V 或以下的升压器件，也可以自己动手绕变压器。

课题拓展

进一步研发利用自制的“撞针式单级线圈电磁枪”研究抛体运动的装置，如枪打“枪响自由落体靶”装置。

三、电磁脉冲武器

信息社会的今天，失去电磁波传递的信息，不但使人处处不便，还可能使整个社会运转瘫痪。战争中，信息的准确传递更是重要，利用电磁脉冲武器对敌方电子信息系统进行大规模破坏，其打击力可堪比核武器。

电磁脉冲武器的发明源于核武器试验的发现。

1962 年 7 月，美车在约翰斯顿岛进行了一次代号“海盘车“的高空核试验。结果这次 140 万吨 TNT 当量的核试验，使得 1 400 km 之外的檀香山地区供电网发生跳闸，近百个防盗系统发生误报，高压线的避雷装置全部被烧毁，因此引起了军方的强烈关注。研究发现，核爆所产生之强烈的射线以光速由爆点向四周辐射，大量光子和空气中的氧、氮等原子相撞击，致使大量电子脱离原子核的束缚，产生瞬间极强电磁场——电磁脉冲。这个电磁场可能会对用电设备或电子设备发生耦合，并产生具破坏性的电流和浪涌。于是，利用这一效应研发的武器——电磁脉冲（Electromagnetic Pulse，EMP）武器便诞生了。

电磁脉冲武器工作原理示意图如图 11-17。[1]

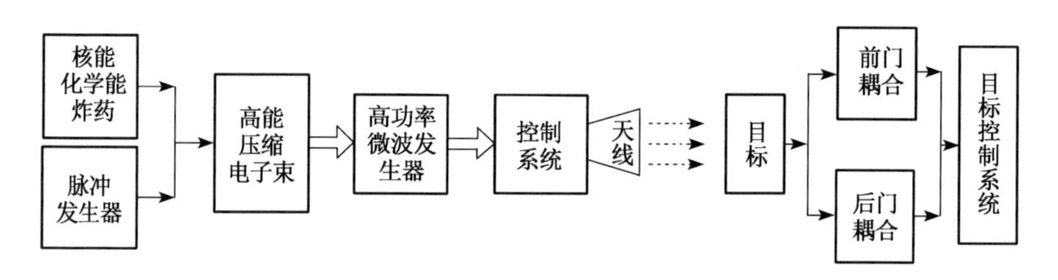

图 11-17　电磁脉冲武器工作原理示意图

图中前门耦合是指脉冲能量通过目标上的天线、传输线等媒质破坏其前端电子设备；后门耦合是指脉冲能量通过目标上的缝隙或孔洞进入系统，干扰或烧毁其电子设备。

电磁脉冲的最长时间只持续一秒钟。任何没有受到保护的电器和任何连接到电线的东西，如电力系统、电子设备、微芯片等都将会受到电磁脉冲的影响而导致无法修复的损坏，而且电磁脉冲会造成大气层电荷密度的剧烈改变，对超高频以下的各种波段产生干扰，而使通信暂时阻断。

一般而言电磁脉冲对生物体没有任何影响，但在电磁脉冲发生时靠近电力及电器设备等足以大量聚集电磁脉冲波物品的生物体可能因瞬间超高电压而灼伤、休克甚至造成死亡。

电磁脉冲武器和传统电子武器相比，优势非常明显。传统电子武器，大多数只能对敌对方进行干扰和欺骗，而电磁脉冲武器可以说是一个全能的杀手，因此被称为“第二核弹”。

现在，电磁脉冲干扰性“武器”也逐渐出现在我们视野中。比如对付无人机的干扰枪就是一种微波辐射器，天线方向角大，无需瞄准，可使无人机悬停或偏离航向。图 11-18 为我国生产的便携式无人机反制枪。[2]

---

[1] 详见：孟范江. 电磁脉冲武器发展和应用 [J]. 光机电信息，2010 年第 9 期.
[2] http：//www. appraiserchina. com/index. php/index/Product/detail? id = 1

图 11-18　便携式无人机反制枪

据报道，一些发达国家的警察还装备有一种更大功率的微波辐射器，这种装置主要是用来对付可疑车辆，它辐射的微波会干扰现代汽车电喷发动机的电子燃油喷射器，造成发动机熄火，它的功率也很小，只要关闭装置，汽车就能重新启动。

其实，电磁脉冲广泛存在于我们身边，因此现在的传输光纤都会采用隔离、滤波、屏蔽等防护措施，防止自然界中偶尔发生的电磁脉冲对我们的生活产生巨大的影响。

思考讨论

是否有办法防止电磁脉冲武器的大规模打击？

四、水雷磁感应接收器

我们都知道雷达，其中多普勒雷达可以检测到物体的接近和远离的速度。那么在水中有没有这样的检测方式，能够检测到船只的远离与靠近，来提高水雷的杀伤力呢？这就需要了解舰船磁场了。

一般情况下，在离舰船1倍于船宽的距离处，舰船磁场的磁感应强度为 $1\times10^{-6}\sim5\times10^{-6}$ T，随着距离的增加，舰船磁场会剧烈衰减，离舰船5倍船宽距离时，舰船磁场的磁感应强度只有 $2\times10^{-8}\sim10\times10^{-8}$ T。要知道，地磁场的磁感应强度似乎很弱，但也达到 5×10^{-5} T。水雷的磁感应接收器灵敏度较高，通过连续测量自身线圈内磁感应强度随时间的变化率 $\frac{\mathrm{d}B}{\mathrm{d}t}$ 来检测目标舰船是否在“头顶”通过。

思考讨论

请同学们猜测，水雷的磁感应接收器是什么样的？

具有磁感应接收器的水雷本身可以被探测到吗？是否存在无法被探测到的水雷？如果有这样探测不到的水雷，需要满足哪些条件？

由于磁感应接收器针对的仅仅只是会在周围产生感应磁场的铁质或钢制船舰，因此面对玻璃钢或者木料制作的“猎雷舰”时，无法做出有效的判断。

实验研究

你有兴趣研发模拟水雷磁感应接收器吗？它和地雷探测、地下金属探测装置（图 11-19）[1] 的原理和结构有什么异同？

图 11-19　地雷探测、地下金属探测装置

附录 2 是利用霍尔传感器模拟磁感应接收装置。利用霍尔元件的原理，自己设计制作一个磁性传感器并能通过 DIS 实验传感器进行数据的采集和计算。

有兴趣的同学是否挑战线圈式感应接收装置？

课题拓展

利用电磁技术感应金属的存在，有多少种方法？安检门、车流量检测地下感应圈等工作原理是什么？了解这些技术，并研究是否存在新的应用领域或场所，解决某些需要解决的问题。

从“火”到“电”，人类的这一动力革命细数起来涉及方方面面，从家居、饮食到出行、生产……如今，战争中的武器也越来越彰显“电气化”。电磁学在现代科学技术中的角色举足轻重。中学物理中的电磁学内容被很多同学视为高难而惧怕，希望大家通过电磁武器的探索获得灵感和兴趣。

[1] 图片来源：百度爱采购网

附录 1　基于 Arduino 的多级线圈控制器设计与制作

多级线圈加速器的自发控制应该有很多种方法，下面介绍一种简单的方法，即金属弹体电阻法，并介绍其控制电路和控制逻辑如何实现，希望能抛砖引玉。

如附图 11-1 可知，我们可以在弹体两侧布置系列电极导轨，通过测试电流对应高低电极之间的导通状态感知线圈内部弹体的瞬间位置，从而控制多级线圈电磁炮各级线圈在适当的时刻通电。当弹体处于电极导轨 0，0′和 1，1′之间的位置时，0，0′之间和 1，1′之间处于导通状态；显然，如果弹体只处于 0，0′之间，即处于 0 级之内，0，0′之间导通，而其他各级电极间均为断路。这样设计，就可以把导轨间何处有弹体的检查，等价为一个对导轨间何处电阻是否接近零的测试。这种传感设计是不是简单又巧妙？

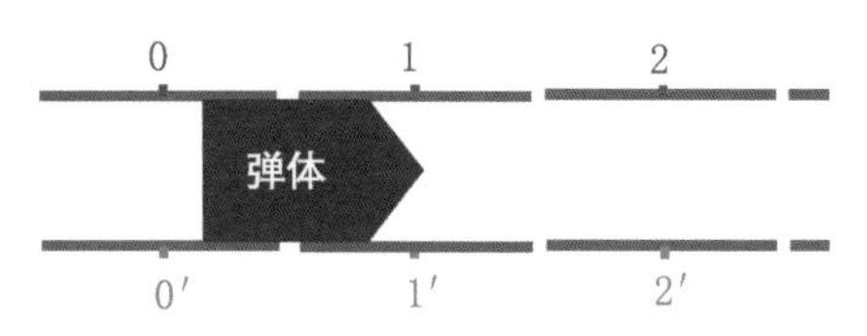

附图 11-1　弹体在轨道内的控制原理示意图

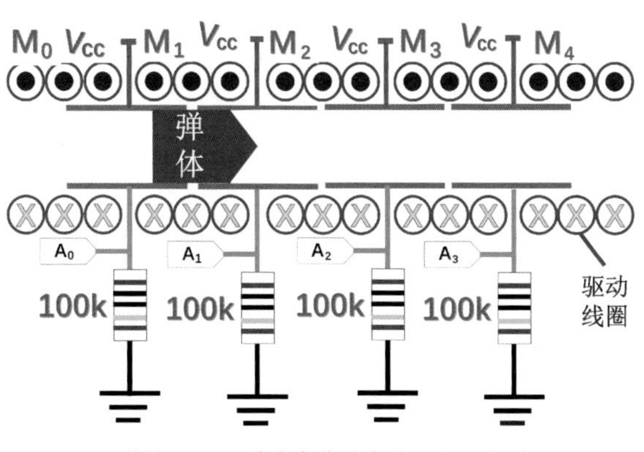

附图 11-2　弹体在轨道内的运行示意图

附图 11-2 是上述金属弹体电阻法电路示意图。电极导轨接入统一的电源 V_{cc}（电压 5 V），为了尽量减少额外电流对弹体造成的影响，生成的电流应该尽可能小，因此每一节下导轨分别连接一个独立的 100 k 欧姆的分压电阻，同时将下导轨分别连接到 Arduino UNO 板的模拟信号输入端（A_0 到 A_n 端口），由于螺线圈中需要通过极大量电流，因此使用 Arduino 对电源的控制应采用非接触式，可以考虑使用继电器控制电源的通断。

控制方面：开始加速时，Arduino 控制第 i 个螺线圈通电，开始弹体的加速过程，之后不断运行 AnalogRead（A_i）的查询指令（A_i 为控制第 i 个螺线圈断电第 $A(i+1)$ 个螺线圈通电的 Arduino 模拟信号采集口），当读取到 A_i 的电压值从接近零的值突然跳变到接近 255 的峰值时，Arduino 发出指令，控制继电器 i 断电，同时 $i+1$ 继电器通电，依次类推直到 A_n（最后一个传感器）的读数再次回归接近零的值时，代表此时弹体已经离开了整个螺线圈的加速范围，让 Arduino 将最后一个继电器的电切断，完成整个加速过程。

示例代码：假定共有 3 级线圈，当线圈级数增加时，只需修改 railNum 即可，核心代码：

```
// 定义电路阈值，如果传感器读取到的模拟输入量>=highThread 则认为弹体进入了本级轨道（导
```

通了上下轨)，<=lowThread 则认为弹体离开了本级导轨

```
// ********* 常数定义 ******************
consthighThread=200
constlowThread=50
constrailNum=3  // 定义导轨级数
// ********* 变量定义 ******************
intsensorPin [8] = {A0, A1, A2, A3, A4, A5, A6, A7};  // 定义传感器引脚序列，传感器将按照这个顺序被读取
intrelayPin [8] = {13, 14, 15, 16, 17, 18, 19, 20};  // 定义控制继电器的引脚
intsensorValue = 0;  // variable to store the value coming from the sensor
// ********* 程序区 ******************
    // ********* 程序初始化 ******************
voidsetup () {
  // declare the ledPin as an OUTPUT:
  for (i=0, i<railNum, i++)
   {
    pinMode (relayPin [i], OUTPUT);  //将继电器控制引脚设为输出模式
  }
}
  // ********* 正式程序 ******************
voidloop () {
  i=0;  // 开始加速
  digitalWrite (relayPin [i], HIGH);
  while (i< (railNum-1) )
   {
    while (analogRead (relayPin [i] ) <=lowThread)
     {
      // 不断读取传感器数值直到传感器数值有效
    }
    digitalWrite (relayPin [i], LOW);  // 断开上一级加速
    i++;  // 传感器有效，弹体进入了本级
    digitalWrite (relayPin [i], HIGH);  // 下一级加速开始
  }
  // 最后一级螺线圈
  while (analogRead (relayPin [i] ) >=highThread)
   {
    // 不断读取传感器数值直到传感器数值有效
  }
```

```
  digitalWrite (relayPin [i], LOW);    // 断开本级加速，整个加速过程完成。
}
```

注意　由于不同性质、不同用途的被弹射体被多级线圈加速时，可能需要不同的加速线圈导通流程，因而上述参考代码的运行逻辑可根据需要调整设计。

附录 2　利用霍尔传感器模拟水雷磁感应接收器的制备

现在我们使用一块磁铁来模拟舰船的感应磁场，使用霍尔传感器来模拟水雷磁感应接收器。在 Arduino 的信号输出部分，可以根据自身的材料拥有情况，使用 LED、语音模块等来模拟水雷的爆炸。

附图 11-3 为霍尔传感器来模拟水雷磁感应接收器装置示意图。可用手操控舰艇通过某接收器上方，看磁感应接收器是否可准确探测并指令"水雷爆炸"。

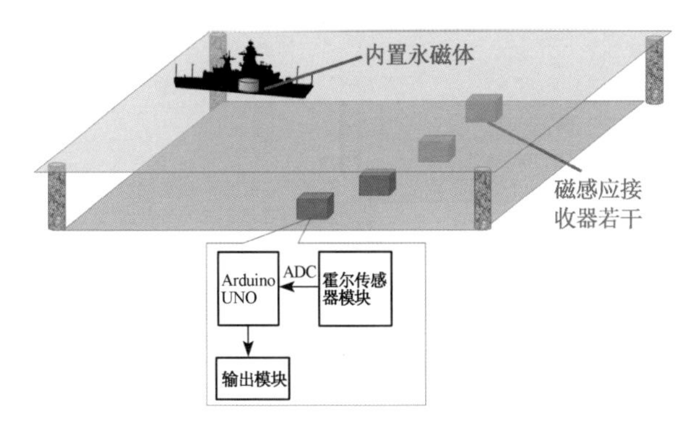

附图 11-3　弹体在轨道内的运行示意图

霍尔传感器模块内部电路如附图 11-4。

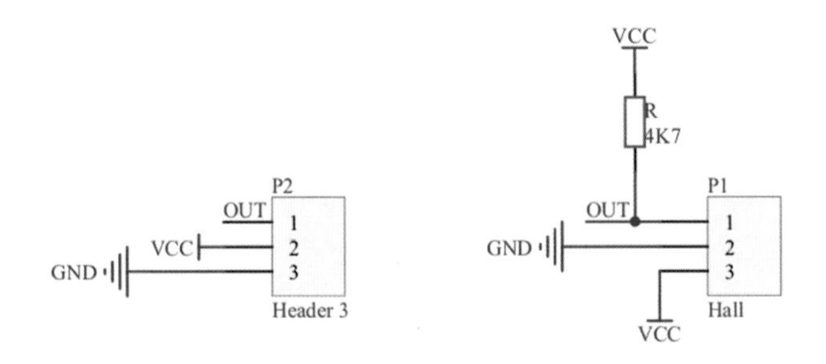

附图 11-4　弹体在轨道内的运行示意图

Arduino 程序如下·

```
}
//*************** hall sensor ************************
```

```
// *** hardware map ******************************
intSensor_pin = 2;    // 霍尔传感器的输入引脚
intLED_OUT = 13;    //使用 LED 来模拟水雷爆炸时的光
intbuzzer_out = 14; // 使用蜂鸣器来提示水雷和舰船（磁铁）之间的距离
intvoice_out= 15; // 使用预先录制好爆炸声音的语音模块来模拟水雷引爆时的声音
// *********   constant definition ********************
constthread_hall = 200; //设置霍尔元件读取值的上限，超过上限则认为“水雷”比较靠近，进入引
爆阶段
// *********   globalvariable definition ********************
intsensorValue;
// ********* hardware configuration *****************
voidsetup () {
  Serial. begin (9600); // 开启电脑和 arduino 之间的串行通信
  pinMode (LED_OUT, OUTPUT);       //配置爆炸仿真光输出引脚
  pinMode (buzzer_out, OUTPUT);    // 配置蜂鸣器提示输出引脚
  pinMode (voice_out, OUTPUT);     // 配置声音输出引脚
}
// ********* main program *****************************
 voidloop () {
    // 初始化
    digitalWrite (LED_OUT, LOW); //蜂鸣器长叫报警
    digitalWrite (voice_out, LOW);    //播放水雷爆炸的声音
    digitalWrite (buzzer_out, LOW);    //蜂鸣器长叫报警

   intsensorValue = digitalRead (Sensor_pin);    // 读取霍尔传感器的值
   if (sensorValue>=thread_hall)
   {

    digitalWrite (LED_OUT, HIGH);    //仿真水雷爆炸过程

    digitalWrite (buzzer_out, HIGH); //蜂鸣器长叫报警
    digitalWrite (voice_out, HIGH);    //播放水雷爆炸的声音
    delay (50);
    digitalWrite (voice_out, LOW);    // 语音模块出发完成，将触发引脚重新置 0 等待下一次触发
    // 此处模拟水雷爆炸后光慢慢消失的过程
    for (lightVal=255, lightVal>0, lightVal--)
    {
      analogWrite (LED_OUT, lightVal); // 光逐渐减弱
```

```
      delay (3) // 每一个亮度级别延时 3 ms，全部 255 个亮度级别的点亮需要约 0. 8 s
    }
  }
// 整个延时过程结束，系统重新回到初始化状态，注意，如果不需要和系统进行通信，这里的println和delay语句可以注释掉不用。
  Serial. println (sensorValue);
  delay (100);
}
```

第十二章　一个展示物理研学的绝佳舞台

一、特殊的物理竞赛

自2015年起，每到暑假7月份，在上海的某所大学校园（图12-1）中的若干个教室里，就会上演一场场高中生的激烈“辩论”！辅以PPT实验研究展示，有理有据，唇枪舌剑，精彩绝伦。

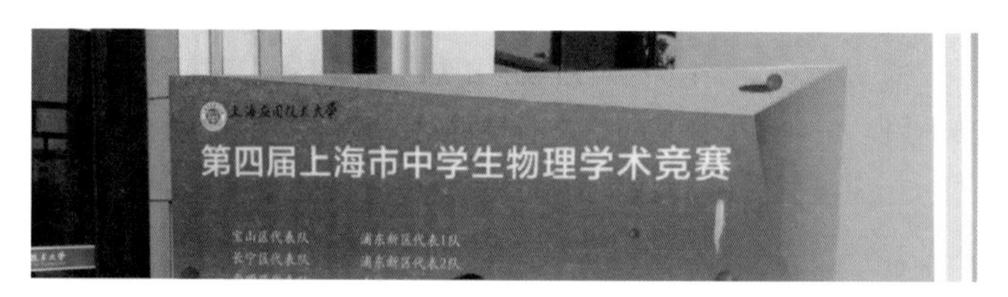

图12-1　2018年第四届SYPT在上海应用技术大学进行

这不是一般意义的辩论赛，是关于物理研究的辩论，是近年来迅速普及和备受关注的中学生物理学术竞赛，是展示各校中学生物理研究水准的绝佳舞台。该项物理竞赛全称是“上海市中学生物理学术竞赛”（SYPT），是在上海市高中学生中开展的以团队合作的形式研究实际物理问题、以辩论的形式进行现场竞赛的学生团体学术竞赛。以往的物理竞赛以纸笔考试为主，考题在开考前严格保密。而这个中学生物理学术竞赛，十几个赛题开放且近乎怪异，一年前便公开。学生自行组队研究，从查资料到搭建装置、实验研究，俨然一副真的科学研究的态势。正式比赛时四面八方汇集而来的学子，就各自的研究进行展示和辩论，并接受同学和老师、专家的评价。

如此赛事，够刺激，够挑战，其教育价值非凡，值得我们介绍，值得大家都积极尝试。

上海市中学生物理学术竞赛是借鉴国际青年物理学家锦标赛（International Young Physicists' Tournament，IYPT）的模式创办的地区性赛事。若想更好地了解SYPT，那则有必要先了解IYPT。

1. IYPT简介

IYPT与国际物理奥林匹克竞赛（IPHO）、国际中学生物理项目研究竞赛并称为三大国际中学生物理竞赛。图 12-2 为 IYPT 赛标。

(1) IYPT 的发展

IYPT 这样形式的比赛，最早由苏联科学家发起的。1987 年莫斯科大学组织莫斯科地区的高年级中学生开展物理竞赛，学生通过参与开放性物理问题的研究，以团队合作的形式研究题目并以辩论的形式进行比赛，其目的是为大学招收物理人才。1994 年首次在荷兰举行，竞赛语言改为英语。目前 IYPT 组织隶属于欧洲物理学会，每年举办一届（图 12-3）。越来越多的国家和地区参与该项比赛。

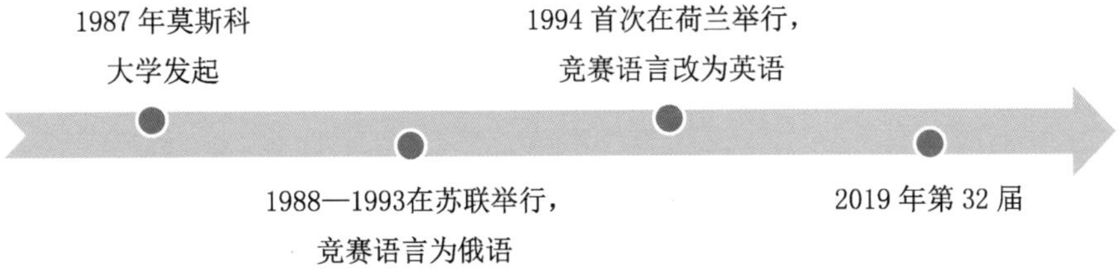

图 12-2　IYPT 赛标

1987 年莫斯科大学发起

1988—1993在苏联举行，竞赛语言为俄语

1994 首次在荷兰举行，竞赛语言改为英语

2019 年第 32 届

图 12-3　IYPT 发展主要历程

(2) IYPT 的赛制

组织：大学组织、中学生参与。

题目：17 个物理问题，提前一年公布。

队伍：每个国家一个代表队（5 学生 + 2 领队）。

比赛时间：每年 5—7 月，由地方组织委员会确定。

比赛语言：英语。

(3) IYPT 的比赛形式

学生组队对赛题进行研究和准备后，即可参加比赛。每支队伍参加三轮对抗赛，每一轮对抗赛分为三个或四个阶段，若有三支队伍参加，这三支参赛队在不同的阶段扮演三种不同角色，即正方（Reporter）、反方（Opponent）和评论方（Reviewer），进行三个阶段的竞赛（表 12-1）。若有四支队伍参加，则这四支参赛队扮演四种不同角色，即正方、反方、评论方和观摩方，进行四个阶段的竞赛。

表 12-1　三支队伍时每轮比赛的对阵表

	队 1	队 2	队 3
1 阶段	Rep（正）	Opp（反）	Rev（评）
2 阶段	Rev（评）	Rep（正）	Opp（反）
3 阶段	Opp（反）	Rev（评）	Rep（正）

(4) IYPT 的比赛流程

每一阶段竞赛定时 55 min，具体流程（表 12-2）如下：

表 12-2　IYPT 每阶段的比赛流程

流程	限时/min
反方向正方挑战竞赛题目	1
正方接受或拒绝反方挑战的题目	1
正方准备	5
正方进行所选题的报告	12
反方向正方提问，正方回答	2
反方准备	3
反方的报告（最多 5 分钟），正反方讨论	15
评论方提问，正、反方回答	3
评论方准备	2
评论方报告	4
正方总结发言	2
裁判提问	5
总计	55

2. SYPT 缘起

上海市中学生物理学术竞赛正是参照 IYPT 竞赛的赛制和规则，亦是采用 IYPT 的赛题。

我国南开大学最先了解和参与 IYPT 竞赛，他们从 2008 年起负责中国队的选拔、培训和参赛。在承担这些工作同时，他们积极将 IYPT 竞赛在中国进行推广。2010 年，南开大学发起中国大学生物理学术竞赛（CUPT），赛题和赛制以及比赛流程全部采用 IYPT 模式，只不过比赛语言为汉语。影响和规模逐年提升。

在 CUPT 的影响下，全国各地类似的竞赛逐渐举办起来。上海于 2014 年举办了首届上海市大学生物理学术竞赛（SUPT），比赛流程和赛题同 IYPT。2015 年第一届上海市中学生物理学术竞赛（SYPT）举行（图 12-4），比赛流程同 IYPT，赛题选自 IYPT。

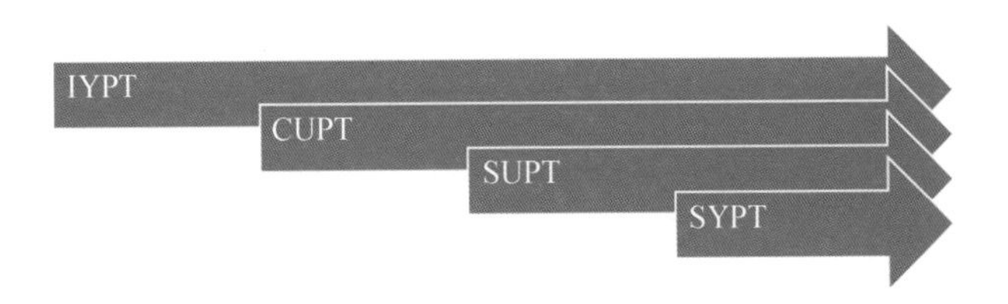

图 12-4　SYPT 起源示意图

3. 学术竞赛的价值

之所以学术竞赛近年被广泛关注，影响力逐渐增大，各地竞赛相继开展，是因为与以往纸笔竞赛相比，它对人的培养是多方面的。研究赛题的过程可以培养科研素质，锻炼研究复杂而又真实的科学问题的能力，寻求帮助的能力，培养开放性思维能力，培养协作精神和合作能力；在竞赛辩论环节，锻炼表达和辩论的能力，加强团队之内及之间的交流和友谊。整个过程促进知识、能力和素质的全面协调发展。

另外，从参与该项竞赛的同学的体会中普遍可以看出，这一竞赛的参与有利于培养和提升学习物理乃至研究物理的兴趣，因此，对目前国内的物理学习方式是一个很好的补充。

怎么样，你有兴趣了解和参与进来吗？

实践活动

1. 查找关于 IYPT 的资料，对其加深了解（图 12-5）。

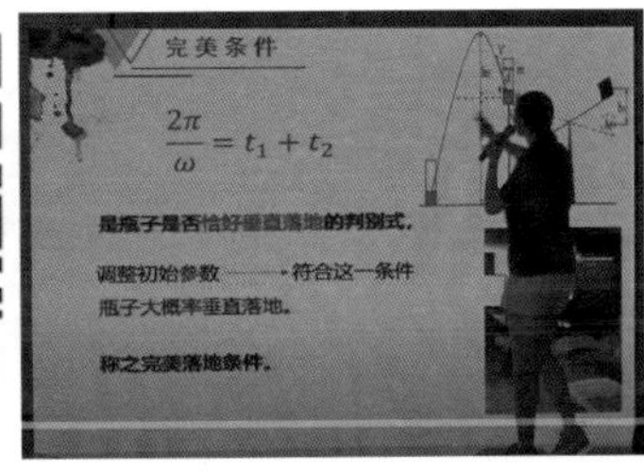

图 12-5　IYPT 青年物理学家公众号上的资源

2. 观看一场 SYPT 的比赛录像，了解比赛的过程。

二、特殊竞赛的特殊赛题

咖啡杯

物理学家们喜欢喝咖啡，但端着一杯咖啡在实验室间行走会很麻烦。研究杯子的形状、步行速度和其他参量如何影响走路时咖啡溅出的可能性。

煮熟鸡蛋

想出一个非攻击性破坏性的方法来探测鸡蛋被沸水煮熟到什么程度。探究你的方法的灵敏度。

水瓶

近来十分流行的翻水瓶中有一个动作，将部分充满的塑料瓶扔到空中，让它翻个跟头，然后稳稳地直立落在水平面上。研究这个现象，确定动作成功的影响因素。

什么?！你没和我开玩笑吧，这是很严肃的科学研究问题吗?

没开玩笑！以上的试题就来自于 IYPT。每年公布的 17 道题涉及物理学的力、热、声、电、光各个领域。试题也有不同类型，但有一点是共同的，就是这些题目都是开放性问题，没有标准答案，并且是来自身边的真实问题。每一题的研究从何入手，研究哪些影响因素都需要参赛者自己决定，这些影响因素如何定性、定量地进行研究，方案需要自行设计，做的结果及深浅程度由参赛者个人素质、投入程度等决定。

1. IYPT 赛题

要了解和走进学术竞赛，让我们从了解它的赛题开始。首先我们来看看这些赛题有什么特点?

(1) IYPT 赛题特征

① 真实性

这些赛题由专门的命题委员会，从经典的物理问题、当下研究热点、身边生活的物理现象等各方面命制而成。总之，这些题目都来自现实的真实问题，影响的因素十分复杂，而不像我们传统的习题，那些已经是高度模型化、理想化，给定了充分限定条件，解决问题的路径和最终的结果几乎是唯一的习题。这里我们把它叫做“真问题”！

② 开放性

开放性体现在 IYPT 赛题的分析思路的开放性、解决方法的开放性、结果的开放性上。没有特定的研究方法、更没有确切的答案，这就对参加比赛的同学在开拓、缜密的思维，刻苦投入、精益求精的精神方面有更高的要求。

③ 研究性

正如上一条所说 IYPT 赛题开放度高，要想对提出的问题有合理的解释，就必须用科学的方法进行研究。这就要求参加比赛的同学思维缜密、敢于尝试、大胆猜想、不怕失败。不仅要能进行理论分析，还要反复用实验求证，一步步接近问题的物理本质。

④ 综合性

正因为 IYPT 题目来自实际生活，往往就不是单一的物理问题，而具有一定的综合性。这就要求参加比赛的同学有较广的知识面，对事物存在强烈的好奇心。

(2) IYPT 赛题类型

若想较好地进行学术竞赛的赛题研究，在比赛中取得佳绩，对赛题的解读是第一步。虽说 IYPT 的赛题千姿百态，但仔细分析一下，还是可以划分为不同的类型。把握不同类型问题的特征和要求，利于我们对问题的解决。

① 现象解释型

现象解释型题目最典型的特点是描述出一个现象，让同学们对此进行研究。题目中往往有“explain”“induction”“phenomenon”等字样。如 2016 年的第 8 题“磁力小火车”：将纽扣型磁体吸附在一个小的圆柱形电池两端就做成了一个“小火车”，把这个装置放置于一个铜线圈中，只要磁体与铜线圈一接触，这个“小火车”就开始运动。解释这个现象并研究影响小火车速度及功率的相关参量（图 12-6）。（Magnetic Train：Button magnets are attached to both ends of a small cylindrical battery. When placed in a copper coil such that the magnets contact the coil, this “train” starts to move. **Explain the phenomenon** and investigate how relevant parameters affect the train’s speed and power.）

图 12-6　磁力小火车

（源自 2016 _ IYPT _ Reference _ kit）

② 实验探究型

探究性赛题一般会描述出一个特定的物理情境，并不给出具体的实验方案，而是让同学们根据此情景，自己选取实验器材、设计实验方案进行探究，进而得出结论，题目中往往会用“explore”“investigate”等字样。通过对 IYPT 历年赛题的分析我们可看出，IYPT 赛题中大多是实验探究型题目。此类题目比现象解释型题目的开放度高，不仅仅考察同学们运用所学知识解释物理现象的能力，还对同学们的实验设计能力有一定要求。例如 2017 年的第 10 题“把玻璃拉开”：在两片玻璃中间夹一层薄薄的水膜，然后尝试把这两片玻璃分开。研究哪些因素会影响分开玻璃所需的力。(Pulling Glasses Apart: Put a thin layer of water between two sheets of glass and try to separate them. **Investigate** the parameters affecting the required force.)(图12-7)

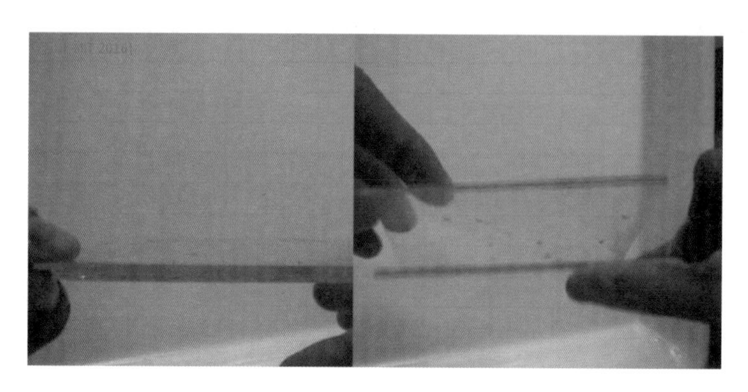

图 12-7 把玻璃拉开[1]

③ 发明创造型

发明创造型题目一般是提出一些要求，要求同学们能按照题目要求自行搭建一个实验装置，并用该装置测量某些所需物理量，题目中往往会用“invent”“construct”“built”等字样。这类题目是IYPT赛题中开放度最大的，题目中一般既没有对实验器材的限定，也没有对研究方法的限定。这也就意味着在应对这类题目时，同学们既要选取合适的实验器材，又要选择合适的实验方案，也就是说每一个材料、每一种方法都要进行有效筛选。例如2018年的第1题“你来发明”：构造一个简单的地震仪，能通过机械、光学或电气方法放大局部干扰。确定设备的典型响应曲线并调查阻尼常数的参数。您可以实现的最大放大倍数是多少？(**Invent** Yourself: **Construct** a simple seismograph that amplifies a local disturbance by mechanical, optical or electrical methods. Determine the typical response curve of your device and investigate the parameters of the damping constant. What is the maximum amplification that you can achieve?)(图12-8)

如果你想了解更多IYPT赛题信息，请登录IYPT官网(http://iypt.org/Home)去查询。

实践活动

1. 尝试按照上述分类法，对你收集来的IYPT试题进行分类。
2. 就生活中你感兴趣的或者感到困惑的物理现象，提出问题。

[1] 源自2017_IYPT_Reference_kit

图 12-8　自制简易地震仪[1]

课题联想

IYPT 的题目都是真问题，学习研究真问题是必要的。公众号“返朴”上一篇文章提出了一个值得思考的现象：世界上有两种物理，一种是物理，一种是考试物理。即一种是真物理，另一种是为了考试，把物理问题简化到不可思议的程度的物理。建议阅读此文，然后分析自己做过的物理题，尝试把一些考试物理题目还原成真物理题；并设计一些不失真物理面貌的考试题目，写出研究心得，和大家交流。

三、物理真问题的研究

对 IYPT 赛题有了大概的、整体的认识之后，我们就以其中一些题目为例来看看对物理真问题的研究。无论哪种类型的试题，它要求的都是利用科学研究的过程解决问题，所以对于 IYPT 赛题的研究，或者说真问题的研究，可以概括为下图所示的一个大致的程序（图 12-9）。

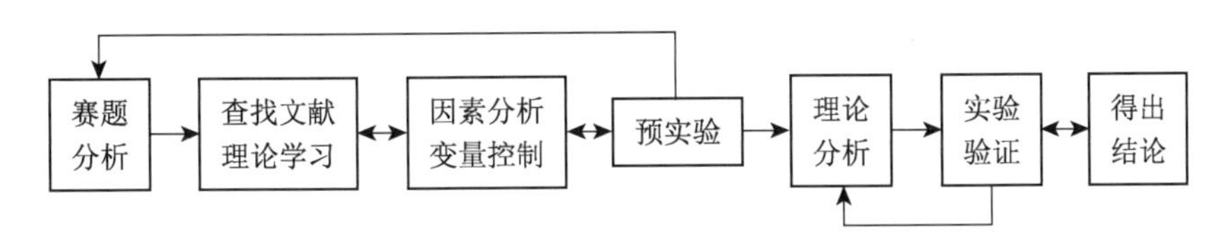

图 12-9　赛题研究流程

需要说明的是，上述流程只是对实际研究过程进行的一个大致的概括，上述流程中各步骤也不是严格独立的，流程也不是单向的，实际操作中有可能相互交叉、重叠和反复。

[1] 源自 2018 _ IYPT _ Reference _ kit

由于篇幅所限，下面挑其中的几个环节以实例说明一下。

1. 赛题分析

IYPT 赛题用文字向我们描述了一个物理现象，并提出研究的要求，不过需要自行确定研究的角度和研究方法。为了更好地找准研究角度和方法，弄清所要研究的问题，我们需要先对赛题进行分析。通过解读题目，确定出研究对象、研究条件、研究过程等信息。下面我们以上节的题目类型分别阐述。

(1) 现象解释型

对这类问题，可以从分析英文原版题目的句子结构入手，找到完成研究所需的信息。以 2016 年“磁力小火车”为例。

Magnetic Train：Button magnets are attached to both ends of a small cylindrical battery. When placed in a copper coil such that the magnets contact the coil，this “train” starts to move. Explain the phenomenon and investigate how relevant parameters affect the train’s speed and power.

首先找出题目中的名词，这些往往是后续实验过程中需要准备的材料及需要重点研究的对象。比如题中的“button magnets”“a small cylindrical battery”“copper coil”等，明确指出了后续实验中要用到的器材为：“纽扣式磁体”——常见的为铷磁铁，“小型圆柱形电池”——常见的为 5 号、7 号干电池，“铜线圈”——联想到我们物理实验中用到的线圈。“train’s speed and power”告诉我们需要分析研究的对象是“小火车的运动速度及功率”。这些都是研究的基石。

然后关注谓语动词，动词往往告诉了我们在实验过程中需要完成的动作，及研究对象发生的物理过程。比如题中的“are attached to”告诉我们磁体与电池是如何组合的。我们知道电池有正负极，磁体有 N、S 极，题目中并没有告诉我们电池正极与磁体的 N 极或者 S 极相连，也没有告诉我们两个磁体间是同名磁极还是异名磁极相对，排列组合后，可以得出四种连接方式、两种放入线圈的方式。“this train starts to move”——小火车开始运动，指出了研究对象的物理过程是“从静止到运动”。根据既有的知识——“力是改变物体运动状态的原因”，我们不难得出，本实验的关键点在以下几个问题：小火车受哪些力？各力的施力物体是什么？为什么会产生这个力？各力的大小与什么因素有关？各个力对小火车的运动起什么作用？至此，研究的基本思路有了雏形。

句子的状语、定语部分也给我们提供了重要信息，他们往往点明了实验的条件、场所、特征等。比如上题中的“small”就使得我们将目光聚焦到“5 号”“7 号”电池，放弃了“1 号”电池。“When placed in a copper coil such that the magnets contact the coil”告诉我们“小火车”不仅仅是放入线圈中就可以了，还要与铜线圈相接触。因为线圈需要和磁铁和电池组成回路，所以不能用漆包线，要用裸铜丝缠绕。我们知道，铜是优良的导体，与铜线圈接触是否会使铜线圈中产生电流？题目中用到了磁体，是否与安培力有关？磁体的非均匀磁场，是否在线圈中产生感应电动势？我们通常先根据一个物理量进行发散思考，而后再将多个物理量进行有机组合，最后思考所有的可能。

对于现象解释型题目一定要细心分析，尽可能详尽地研究实验的条件、列举实验的可能操作，耐心做出题目中描述的现象，在此基础上寻找解释的原因。

(2) 实验探究型

对该类型的问题，往往分为两步：提炼名词和优化实验。以 2017 年“拉开玻璃”这题为例。

Pulling Glasses Apart：Put a thin layer of water between two sheets of glass and try to separate them. Investigate the parameters affecting the required force.

首先提炼出题目中的名词，对该名词进行头脑风暴式的发散，找出其所有可能的变化。例如本题中的“water（水）”“glass（玻璃）”，我们可以进行如图 12-10 的头脑风暴。水膜的温度、厚度，水的类别，水膜与玻璃板接触的面积大小等，都是后续实验中要考虑的因素。玻璃的相关变量就更加多，玻璃的厚度、面积，玻璃内部的元素种类，玻璃边缘的形状，玻璃表面的平整度、光洁度等，也是后续实验中需要考虑的因素。通过查阅文献，对实验进行理论分析，进而找到影响拉开玻璃所需力的主要因素。

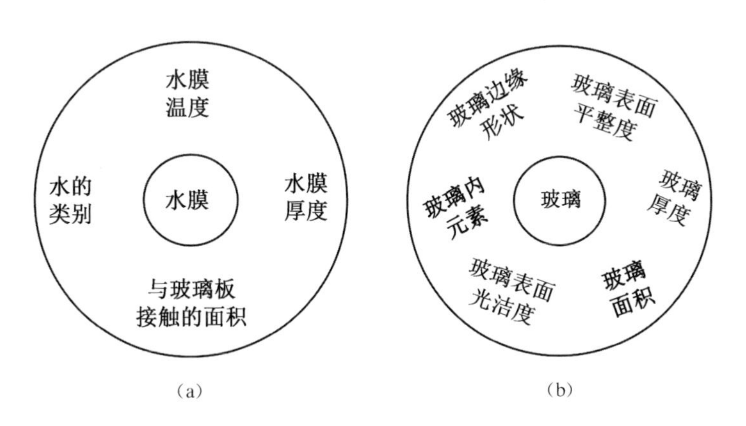

图 12-10 水膜和玻璃的可能影响因素

变量分析结束后，就可以给出初步的实验方案，然后一步步进行优化。例如本题中，要想测量拉开玻璃所需的力，需要使用数字实验系统（如 DIS）中的力传感器，力传感器不仅能准确得到力的大小，而且能读出力随时间的变化过程。应用力传感器，需要在玻璃上固定一个提拉装置，以固定力传感器的挂钩。为了尽可能少地破坏玻璃结构，采用强力胶进行黏贴，制造一个类似于手机指环的装置。实验所需的器材如图 12-11 所示，初步的实验装置如图 12-12 所示。预实验后，就可以进一步优化实验方案了。

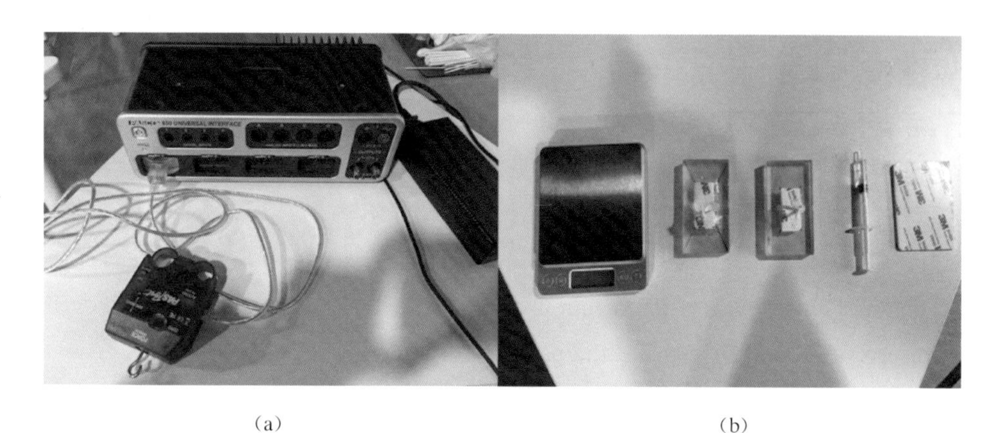

(a) (b)

图 12-11　力传感器与玻璃

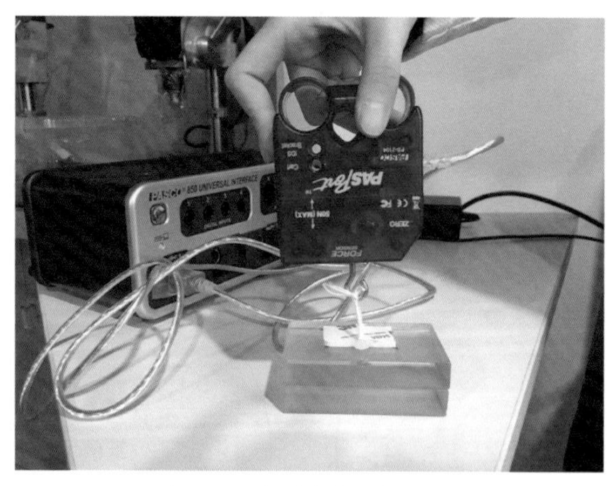

图 12-12　搭建完成的实验装置

(3) 发明创造型

对于此种类型题目一般先要根据题目要求做出一个设备，然后在此基础上进行相关性的研究。以“真空火箭筒”这题（2017 年第 17 题）为例。

Vacuum Bazooka：A “vacuum bazooka” can be built with a simple plastic pipe, a light projectile, and a vacuum cleaner. Build such a device and maximise the muzzle velocity.

“vacuum bazooka”（真空火箭筒），查找文献了解“bazooka”的结构、原理，设计出基本结构。找出题目中的关键名词进行头脑风暴，完善该名词的可变参量，例如“plastic pipe”的长度、口径、材质等；“projectile”的材质、形状、大小、质量等。然后进行理论分析，再根据制作好的设备进行实验验证。

无论是何种类型的题目，都建议先从英文原版题目理解入手，吃透题意，充分分析，在此基础上，才能很好地完成此课题。在分析题目过程中往往还会遇到无法理解题目所描述现象的问题，为了准确获取题目的含义，可以查阅 IYPT 的参考文档 Reference Kit（可前往 http：//kit. ilyam. org/进行下载）。在该文档中可以看到每一个问题对应的参考图片、参考资料及视频链接，通过阅读观看这些资料，可以帮助我们明确题目所描述的究竟是怎样具体的现象，从而进行更准确的研究，如图 12-13所示。

Problem No. 5 “Drinking straw”

When a drinking straw is placed in a glass of carbonated drink, it can rise up, sometimes toppling over the edge of the glass. Investigate and explain the motion of the straw and determine the conditions under which the straw will topple.

Background reading

- Wikipedia: Buoyancy, https://en.wikipedia.org/wiki/Buoyancy
- Why does a straw float so high in a bottle of Coke? (quora.com, 2012), https://www.quora.com/Why-does-a-straw-float-so-high-in-a-bottle-of-Coke
- S. F. Jones, K. P. Galvin, G. M. Evans, and G. J. Jameson. Carbonated water: The physics of the cycle of bubble production. Chem. Eng. Sci. 53, 1, 169-173 (1998)
- G. Liger-Belair. The physics and chemistry behind the bubbling properties of champagne and sparkling wines. J. Agric. Food Chem. 53, 8, 2788–2802 (2005)
- S. Jones, G. Evans, K. Galvin. Bubble nucleation from gas cavities—A review. Adv. Colloid Interface Sci. 80, 27-50 (1999)
- P. Epstein and M. Plesset. Stability of gas bubbles in liquid-gas solutions. J. Chem. Phys. 18, 1505–1509 (1950)
- W. Zijl. Departure of a bubble growing on a horizontal wall (Eindhoven Univ. Tech., 1978), https://pure.tue.nl/ws/files/3977093/33762.pdf
- STRAW RISES IN FULL GLASS OF COKE (youtube, Random Poop, Jan 3, 2017), https://youtu.be/BbwhTdFshH0

图 12-13　2018 年试题“吸管”的参考资料

实践活动

对你感兴趣的题目研读，并写一份题目分析报告吧。

2. 理论分析

在完成物理学术竞赛的研究过程中，对物理问题进行理论分析是必不可少的。有些实验现象的原理，我们可以通过查阅资料获取，而有些则需要我们自行建模分析。我们可以根据对现象的观察和思考，提出产生该现象的大致原因的假设，接下来通过建立物理模型并运用物理规律分析的方法，尝试推导出一些可观测的结果，并与实验现象进行对照，从而验证我们的假设。

进行理论分析，首先要建模。建模是科学研究中的重要方法之一。我们生活在一个十分复杂的世界，想把任何一个问题的影响因素考虑完全是不现实的，于是可以将一个实际情境中的复杂问题，抽象简化成一个简单的模型再进行分析。我们在物理学习中接触的“光滑斜面”“绝热气缸”“单摆”“匀速直线运动”等都是模型。

建模通常是一个简化的过程，不仅可以对物体的几何形状进行简化，也可以对条件进行合理的假设。例如，我们可以把物体简化成质点、球、杆等简单的形状，也可以在一些推算中忽略空气阻力，或是将碰撞视为弹性碰撞，等等，这些简化可以帮助我们更容易地分析问题。当然，所进行的假设应当有一定的依据，若假设与实际差别过大，则可能使你的理论分析结果没有太大的价值。

下面还是通过 Vacuum Bazooka（真空火箭筒）这题为例进行实例分析。这一题向我们描述了一种火箭筒装置，如图 12-14 所示，使用一根长管作为炮筒，在其一段开口附近连接一只吸尘器。打开吸尘器同时在这一开口处放置一张纸片，纸片将由于空气吸力从而固定在管口，此时在管另一端装入一件重物作为炮弹，重物将在管中加速，最终击破纸片飞出。

图 12-14　真空火箭筒（源自 2017 _ IYPT _ Reference _ kit）

该题目要求我们设计上述的这样一个装置，并调整装置中的一些参数，使炮弹的出射速度最大化。

某研究小组在研究过程中希望通过理论分析，解释产生这一现象的原因，并从中找出影响出射速度的因素，在此基础上再进行有理论指导的制作。该小组首先将这一装置简化为一个简单模型，并研究球形炮弹，如图 12-15 所示。

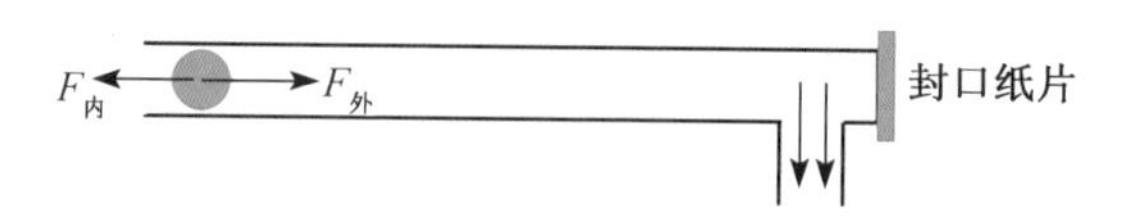

图 12-15　真空火箭筒简化模型

在这个模型中，该小组提出了产生这一现象的基本解释：当打开吸尘器时，管内气体开始流动，管内炮弹右侧气体压强减小，炮弹两侧产生压强差。管中炮弹内外两侧气体压力大小如图所示，$F_{外} > F_{内}$，从而炮弹加速，最终撞击封口纸片后飞出。

为具体分析影响炮弹在管中加速情况的因素，该小组继续做出一些基本假设：

◇ 吸尘器与炮管连接处右侧的长度忽略不计。

◇ 炮弹横截面积与炮管内横截面积相等。

◇ 炮弹加速过程中空气的黏滞力忽略不计。

◇ 当炮弹速度与管内气体流速相同时，将不再加速。

◇ 由于炮弹撞击封口纸片后往往会带着纸片共同向前运动，因此碰撞过程可视为完全非弹性碰撞。

◇ 参考工程流体力学，由于气体流速不及音速 0.3 倍，为计算简便，可将气体看作不可压缩流体，即不考虑气体密度的变化，此时满足连续性方程。

通过以上假设可以发现，只要炮管足够长，炮弹速度就能够达到管内气体速度，因此要提高炮弹的出射速度，应提高管内气体流速。为分析气体流速的影响因素，该小组建立第二个模型，将吸尘器电机与炮管简化为图 12-16 模型。

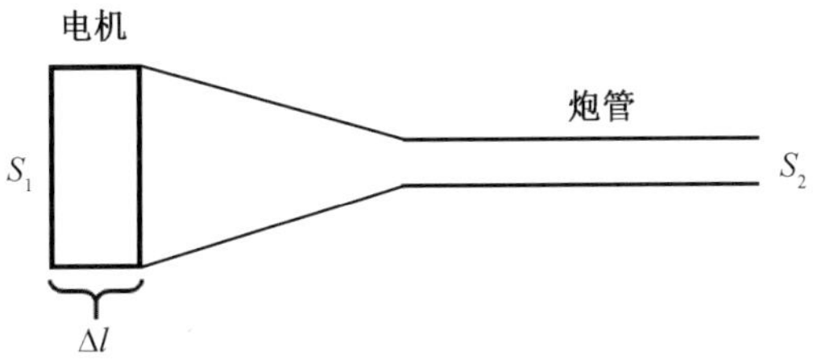

图 12-16　吸尘器电机与炮管的简化模型

设电机处气体流速为 v_1，炮管内气体流速为 v_2，则根据不可压缩流体的连续性方程，有

$$v_1 S_1 = v_2 S_2$$

假定吸尘器排气功率一定，大小为 P，则对于电机内 Δl 长度的气体，根据能量关系，有

$$P = \frac{\Delta m v_1^2}{2\Delta t} = \frac{\rho S_1 \Delta l \cdot v_1^2}{2\Delta t} = \frac{1}{2}\rho S_1 v_1^3$$

由以上两式可知，炮管内气体流速 v_2 与吸尘器排气功率及炮管横截面积有关，吸尘器排气功率越大，炮管横截面积越小，则炮管内理论气体流速越大。

接下来该小组又对炮弹与封口纸片碰撞过程进行分析，设最终炮弹出射速度为 v_3，炮弹质量为 m_1，纸片质量为 m_2，由于是完全非弹性碰撞，根据动量守恒定律可知

$$m_1 v_2 = (m_1 + m_2) v_3$$

根据上式计算可得

$$v_3 = \frac{m_1}{m_1 + m_2} v_2$$

从上式中可以发现，小球质量与纸片质量的比值越大，出射速度越大。通过以上的分析，该小组作出了以下三点假设：

◇ 炮弹在管内速度存在上限，只要炮管足够长，就能达到这一上限。

◇ 在炮管足够长的情况下，炮管内直径越小，炮弹出射速度越大。

◇ 炮弹质量越大，封口纸片质量越小，炮弹出射速度越大。

通过上述理论分析，该小组也由此确定了后续的研究方向。接下来，该小组需要通过实验对上述假设进行验证，若实验结果与上述假设相符，则可以得出实验结论；若发现不相符，则可以进一步思考原因，或修正理论计算，从而得出更符合实际的结论。

实践活动

对你感兴趣的题目进行理论分析。

3. 实验验证

理论分析为实验设计提供了方向，明确实验要解决什么问题，构建何种装置结构，测量哪些物理量，以及如何获取这些物理量等，从而大大提高研究的效率。下面我们仍以“真空火箭筒”这一题的实验设计为例进行说明。

鉴于该小组已经提出了三点假设，为了验证这三点假设，他们进行了如下实验设计：

验证假设Ⅰ：该小组需要改变炮管长度，测量炮管长度不同情况下，同一炮弹的出射速度，若该速度随着管长增加逐渐趋于一个定值，则说明假设Ⅰ正确。

验证假设Ⅱ：在验证假设Ⅰ实验的基础上，确定炮管的长度后，改变炮管的内径，测量炮管内径不同情况下，同一炮弹的出射速度，若该速度随着内径减小而增大，则说明假设Ⅱ正确。

验证假设Ⅲ：则需改变炮弹和纸片质量，并测量相应出射速度，从而验证实验结果是否与假设相符。

通过以上的实验设计可知，在物理学术竞赛的研究中，**控制变量法**是最常用的实验方法。在研究变量之间的关系时，一定要注意在改变某一变量时不能使其他变量也发生改变。因此，如何改变和测量这些变量是实验设计中最关键的部分。

接下来，该小组开始选定搭建实验装置所用的材料并选择测量方案。为获得与物理模型接近的装置，该小组选择了不同长度、内径的 PVC 电线管作为炮管，并在管口处安装三通管以连接吸尘器。而在选择炮弹时，为便于控制炮弹的质量，该小组使用 3D 打印机制作了与炮管内径相匹配的可拆卸空球壳，通过填充不同材料从而改变其质量。而封口纸片则可以选择不同纸张、卡纸等来进行变量实验。

通过上述的分析，本实验中最关键的测量量是炮弹的速度。但在设计测量方案时，该小组发现球形炮弹速度难以直接用实验室内的测量工具进行测量，因此决定尝试使用拍摄视频的方法测量并分析炮弹速度，其装置示意图如图 12-17。

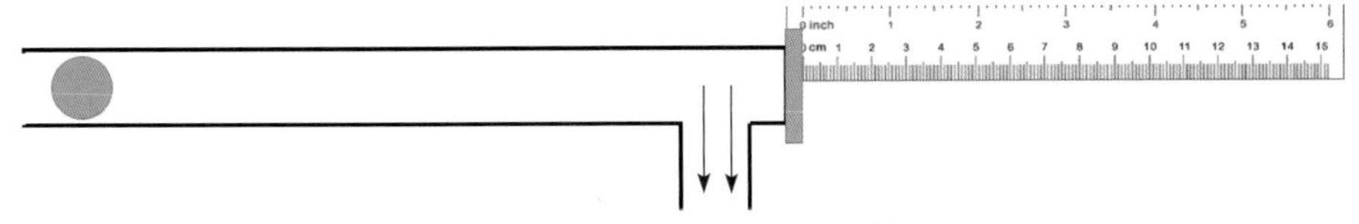

图 12-17　炮弹速度测量装置示意图

利用这一装置，只要拍摄炮弹飞出过程，并使用视频分析软件 Tracker 找到小球刚飞出炮口时的两帧画面，根据两帧图中炮弹位置间距离和对应时间，即可计算这一过程的平均速度。由于两帧图间的时间极短，这一平均速度可以近似看作小球飞出的瞬时速度，通过多次测量取平均值的方式减小其中的随机误差，由此方法即可测得不同情况下炮弹的出射速度。

不过该小组在实际操作中，发现有时出射小球轨迹与刻度尺所在直线不平行，因此该小组还从软件中测量出偏离的角度，并根据几何关系进行换算，从而解决了这一问题。事实上，我们往往会在实际实验时发现一些与预想不同的结果，这时就需要我们进一步改进实验装置或测量方案，在不断的改进中，也将形成越来越完善的实验方案。

图 12-18 为某小组在真空火箭筒的研究中，记录炮管直径与炮弹出射速度的数据，我们不仅可以看出管直径与出射速度平均值的对应关系，也可以从中了解到原始测量数据与计算数据之间的逻辑关系。

实验次数	管直径/cm	管长/cm	起始刻度/cm	终止刻度/cm	角度/(°)	位移/cm	速度/(m·s^{-1})	速度平均值/(m·s^{-1})
1	1.38	150	4	22	1.2	18.0	43.2	39.5
2			11	2.5	10.6	15.0	36.0	
3			8	24	6.3	16.4	39.3	
4	2.21		11	21	14.1	11.3	27.2	28.6
5			14	25	12.0	12.0	28.9	
6			14	25	13.4	12.3	29.6	
7	2.91		6	15	12.5	9.9	23.8	25.9
8			16	24	17.9	9.9	23.7	
9			10	21	14.5	12.6	30.2	

图 12-18　某实验记录表

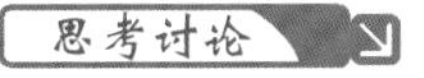

这个小组上述实验分析和方案是否合理？你有不同看法吗？

实践活动

根据你做好的试题理论分析，设计实验并进行验证。

四、比赛现场的发挥

在你经历一段时间的研究后，就可以带着研究成果，登上赛场和其他开展该项研究的同学一较高下了。怎么样，你准备好接受挑战了吗？

1 题目的挑战、接受或拒绝

根据第一节的介绍，我们可以知道一轮比赛中，每一阶段都是从“反方向正方挑战竞赛题目”开始的，紧接着“正方接受或拒绝反方挑战的题目”。在竞赛规则中，特别列明了题目的挑战与拒绝规则：

> 在同一轮对抗赛中，选用题目不能相同。反方可以向正方挑战任何一道题目，但有以下情况除外：
>
> A. 正方在先前竞赛及本轮中已经拒绝过的题目
>
> B. 正方在先前竞赛及本轮中已经陈述过的题目
>
> C. 反方在先前竞赛及本轮中作为反方挑战过的题目
>
> D. 反方在先前竞赛及本轮中作为正方陈述过的题目
>
> 如果可供挑战的题目小于5道，则上述限制按照DCBA的顺序予以解除。在一支队伍的全部竞赛中正方对于可供挑战的题目，总计可以拒绝三次而不被扣分，之后每拒绝一次则正方的加权系数减小0.2。

规则乍一看有些复杂，不过不用担心，赛场志愿者会在比赛开始前列明本轮比赛中反方可以向正方提出挑战的题目序号，并根据情况依次进行解锁。

参加比赛，一方面需要熟悉上述规则，一方面要把握一些原则：

(1) 原则1：无论哪一方，赛前准备越充分（从试题数量到质量），越能够从容应对。

(2) 原则2：正方拒绝须谨慎，因为加权系数减小0.2不可轻视。

(3) 原则3：反方刻意挑战难度很大的题目未必是上上之选，因为正方对问题的研究越深入，越有可能利用反方而发挥出自己的优势。

2 做好正方

每阶段比赛中，正方的角色举足轻重。于本队而言，担任正方的得分权重最大。同时，正方的表现将对反方及评论方的发挥产生重要影响，进而决定这一阶段比赛的精彩程度。

2.1 赛前准备

从正方报告，到应对反方提问、正反方辩论，再到应对评论方提问，直至正方总结，正方主控在这一阶段任务重大。因此，在赛前分工时，需要注意：

(1) 可根据题目准备的充分程度，分配主控，主控人若能全程参与题目的研究过程为最佳。

(2) 主控对分配的题目内容、研究过程、研究内容与结论、实验误差和存在的问题应有非常清晰的认识。尤其应确定本队研究的局限性，如研究参量不全、模型过度简化、实验条件不足导致的系统误差等。赛前可通过队内模拟提问与辩论的方式帮助主控加深理解，有利于做到随机应变。

(3) 对研究过程中用到的高中物理以外的概念和规律，可查找资料获取初步认识，对概念和规律的内涵与外延、适用条件等有所了解，有助于避免回答提问和辩论环节暴露科学性疏漏。

(4) 做好报告 PPT，一个结构清晰的 PPT 不仅可以使听众更容易理解报告的内容，也可以使报告人更好地把握所讲的内容。

(5) 作为正方在报告的时候一定要注重将自己工作的重点和创新点突出，尽可能做到研究的全面性，也可以针对一个点重点突破，不要泛泛而谈，尽量不要在结论中只出现“与……有关”这样过分笼统、没有太大实际意义的描述。

2.2 进行正方报告

正方应充分利用 12 分钟报告时间，清晰、完整地呈现针对某一问题的研究过程与结果。由于题目和研究过程的差异，正方报告的内容可能各有特色。报告的核心是展现问题解决的过程与结果，一般而言，大致包含以下部分（以 2017 年某小组研究“Pulling Glasses”为例）。

(1) 题目解读

报告一开始复述接受挑战的题目，并对其中的关键词进行解读。对题目的理解很大程度上展示了本队的研究切入点与侧重点。

如图 12-19 所示，某队主控同学报告“拉开玻璃”一题，报告 PPT 将中英文试题进行展示，并且将其中的关键词用不同颜色进行突出展示和解读。

(2) 预实验

不少队伍会通过预实验先复现题目中的实验现象，初步确定或排除一些参量，提出理论假设等，进而明确后续研究的目标。在报告预实验时，可配合图片、视频，简洁地说明实验目的、装置和结果，不宜花费过多时间。

该队用两张 PPT 展示了预实验的装置和实验结果（图 12-20）。

图 12-19　题目解读演示页面

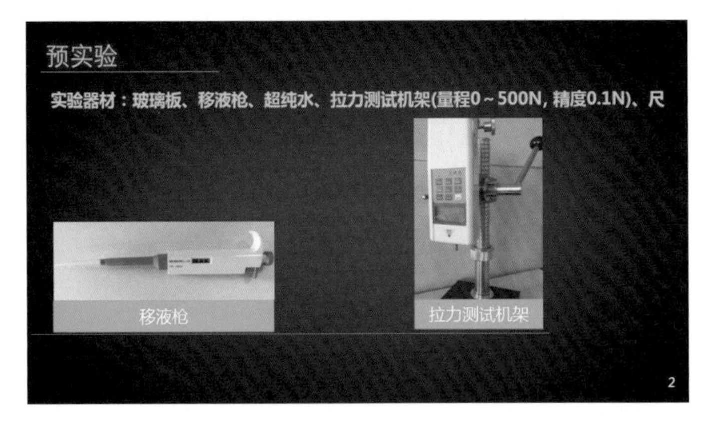

(a) 实验装置

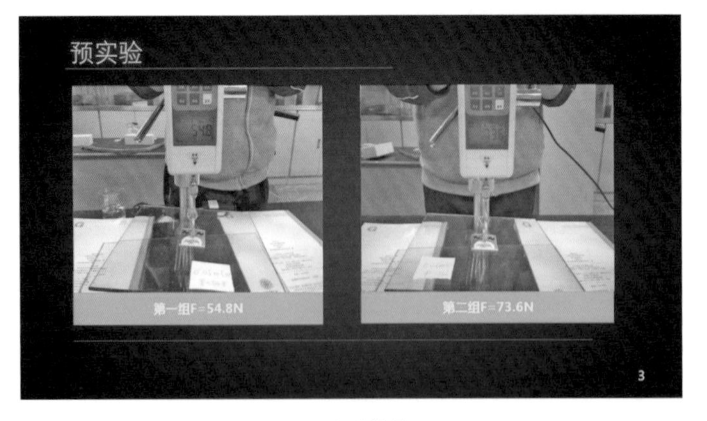

(b) 实验结果

图 12-20　预实验演示页面

并且在预实验的基础上，提出猜测和研究的方向、内容（图 12-21）。

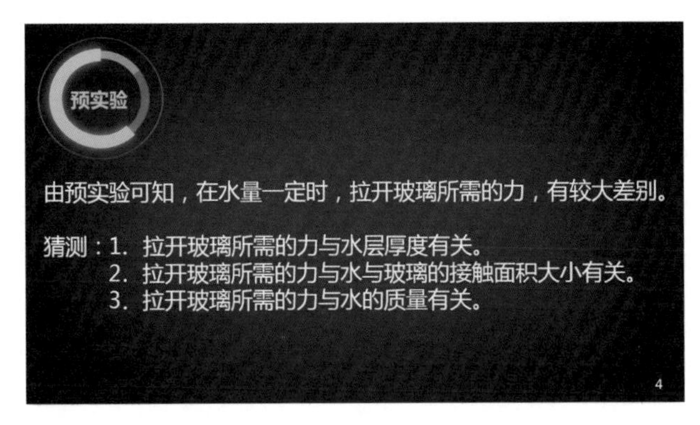

图 12-21　预实验初步结论及猜测

(3) 理论部分

若要深入研究学术竞赛的题目，可能会用到高中甚至普通物理之外的物理理论，如流体力学、材料力学等，数学上的要求也比较高。广泛搜索和阅读已有文献，借鉴其中的思想与方法是极为必要的。在报告理论部分时，对于引用的内容应明确说明出处。

理论部分可能涉及复杂的推导，由于报告时间有限，非必要推导过程建议省略或快速略过，可将报告重点放在概念界定、模型建立、参数确定、核心方程与算法、解析解与数值模拟结果等，参考图 12-22。

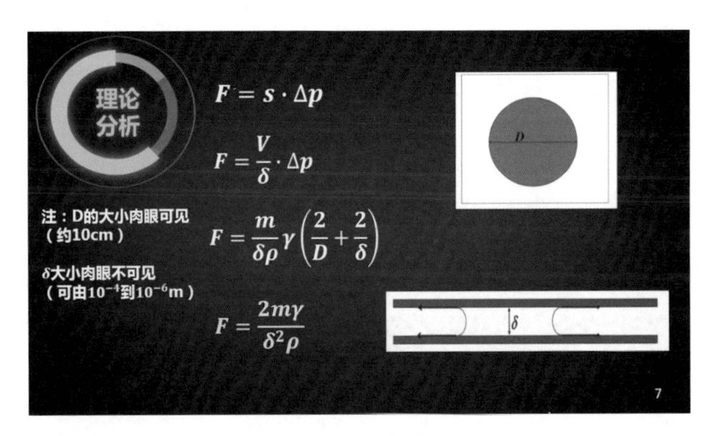

图 12-22　理论分析演示页面

在预实验的基础上，对研究对象进行建模分析，推导出计算分开玻璃所需要的力的表达式，接下来就要设计实验进行验证了。

(4) 实验部分

实验部分的报告结构应清晰（图 12-23），针对研究过程中的实验，明确介绍实验设计、装置、数据和结论等。

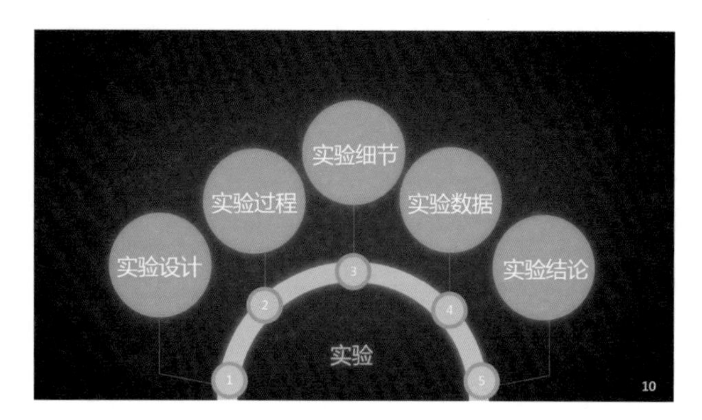

图 12-23　实验的结构演示页面

使用小标题区分不同实验可使结构更为清晰，合理使用图片与视频展示实验装置和现象，更为直观生动。

对于实验设计原理要有合理性的自我评估，明晰实验设计的优缺点，以便在之后的讨论中有所准备。

报告实验数据时，准确规范和重点突出尤为重要。使用的图表应清晰，可用不同颜色或动画效果强化希望听众了解的内容，并在陈述时予以强调，如变化趋势、拟合函数等。若实验考虑了不确定度，也应在图表中反映。

由于实验的过程会有较多内容，为了使听众便于把握和理解，呈现一个主要结构是个很好的选择，如图 12-23 所示。并展示出实验设计、过程、数据处理及结论（图 12-24）。

当然事情往往不是一蹴而就的，经常会存在实验结果与理论假设不符合的情况。这个时候就需要进行反思和修正，或者至少分析出理论与实验之间的不符合的主要原因，并在能力范围内进行自证。

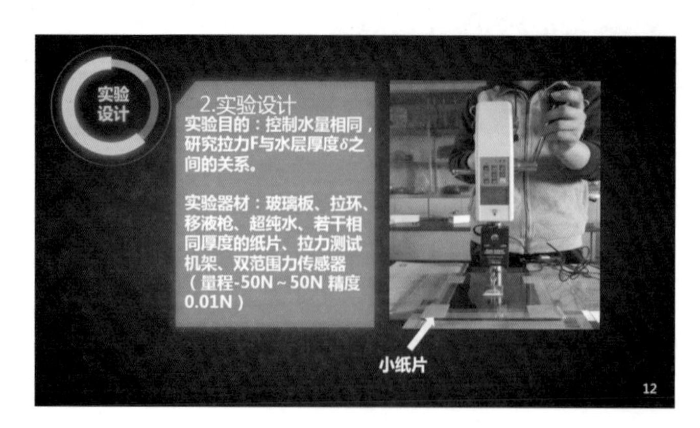

(a) 实验设计

实验过程

用移液枪吸取等量超纯水滴在干净的大玻璃板（30cm×30cm）上，放上厚度相同的纸片后盖上带有拉环的小玻璃板（20cm×20cm）

平行于玻璃板拍摄水层，数据分析时用PS软件记录分析像素计算实际水层面积

用手压测试机架和双范围力传感器记录拉力峰值

进行数据分析

14

（b）实验过程

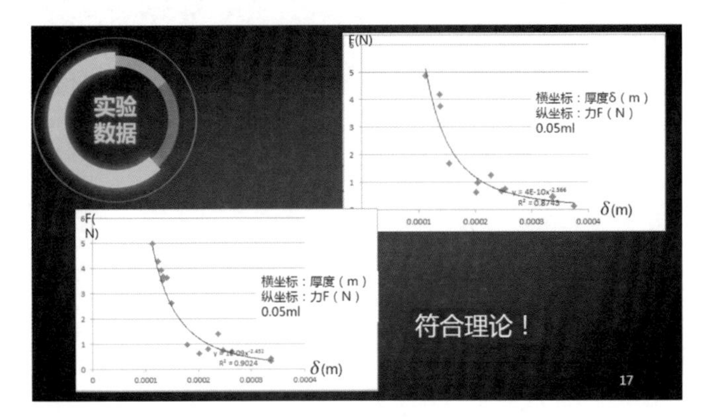

（c）实验数据

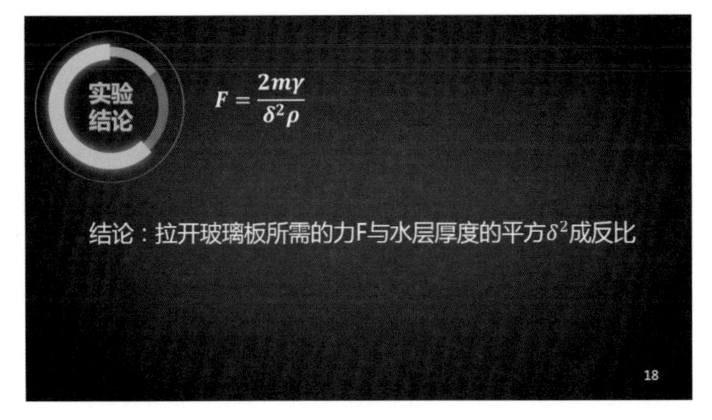

（d）实验结论

图 12-24　实验演示页面

（5）研究结论

通过对实验数据的分析可以归纳出一系列实验结论，这些结论将作为支持研究

结论的证据（图 12-25）。在总结研究结论时，应比较理论与实验的一致性，除了报告理论与实验一致的部分外，如果展示的数据存在不一致的地方，也应明确交代，并在误差分析环节给出一定解释。

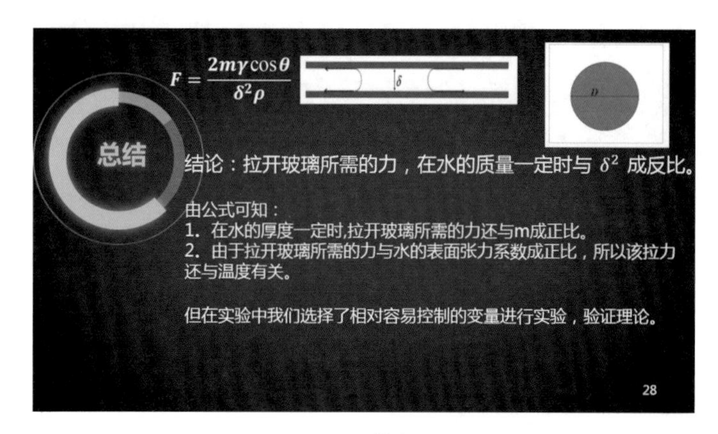

图 12-25 总结演示页面

至此正方报告基本完成。一个好的报告关键还是要逻辑结构清晰，所以建议在做正方报告时，首先要做到汇报流程有清晰的逻辑脉络。如果一个研究有很多的因素，且这些因素是并列的，那么最好在每个因素的研究做完之后给出相关结论，最后还要合并起来，给出总的结论，即尽量能够深入浅出地表达整个研究的最终结论。

(6) 参考文献

在报告最后应列出研究过程中主要参考的文献目录，并使用规范的格式编排。

2.3 应对反方及评论方提问

没有一项研究是无懈可击的，作为正方是要接受广泛质疑和批判的。反方和评论方的提问一部分是基于正方研究报告，同时不可避免地会从自身研究成果寻找切入点。作为正方，首先要保持平静的心态，诚实、明确地回答反方或评论方提出的问题。尤其是反方提问时，不必急于做出解释。通过记录和分析反方的提问及报告，可以预测辩论环节对方的主要论点，预谋应对之策。

2.4 展开正反方辩论之正方篇

正反方辩论可能是每一阶段比赛最引人入胜的部分，优秀的正反方在辩论过程中可以加深双方对题目的理解，令彼此受益。辩论是生成性极强的过程，正方在心态上要对自己的研究过程和结果有信心，并在辩论过程中抓住以下论点展开讨论：

(1) 明确研究的切入点。一项研究不可能面面俱到，仔细分辨反方提出的质疑与自己的研究视角、基本假设是否相同。也要注意反方的陷阱和误导，比如反方在提出“没有做，所以研究点太少不完整”这样的问题时，一定要理性应对，不急躁不气馁，并且针对自己的研究主题进行相关性分析，维护自己的立场的同时也要尽量保证客观。

(2) 正方选择的理论可以解释题目中的现象，具有一定效力。但不否认还存在其他可行的理论，反方可能会围绕正方的理论不足展开辩论，要有足够的思想准备和应对。

(3) 正方通过一系列实验构成支持结论的证据链，理论与实验相符。对于未包含在结论中的内容，应做好准备回答反方，出于何种理由未予考虑。

3　做好反方

作为反方，提问、报告和辩论都是以正方的研究报告为基础，自身的研究虽然是现场背后的强大支撑，但在这一环节，不能明确提及自身研究的方法与结论，从而否定正方的结果，这是不可触碰的红线。

3.1　聆听正方报告

正方报告时，反方要充分转换角色，认真聆听，在接受正方研究视角的基础上，提出合理的质疑。同队五人可合力进行记录，标注出未听清楚、理解模糊和存在质疑的地方，作为提问的线索。

由于正方报告仅有 12 分钟，反方在短时间内要厘清正方的思路并且提出合理质疑，难度确实很大。可在赛前针对不同类型的题目制定一些框架，如理论部分关注模型的有效性、假设的合理性；实验部分关注装置的效用、数据的规范性；理论与实验间的关联是否合理、论点是否足以支持研究结论；等等。

作为反方最好选择自己非常熟悉的题目进行挑战，否则在短短的 12 分钟内既要听明白正方的研究，又要提出有意义的论点是非常困难的。

3.2　进行反方提问

反方提问时间较短，提出的问题应是有助于进一步厘清正方思路，为下一步提出质疑和辩论提供证据的问题。比如可让正方返回 PPT 的某一页，对理论推导、实验现象或数据进行确认等。存在意见分歧的地方不宜在此时提出。

反方提问主要是为了展开接下来的讨论，一定要针对最核心的问题进行提问，要求对方给出最简洁的回答。如果正方有含糊其辞之处，那就是接下来需要具体讨论的点。提问过程中，不建议出现“你只要回答是或不是”等火药味较重的措辞，根据时间可作适时打断，但应给予正方回答的空间。

3.3　进行反方报告

反方报告时，可先对正方的研究进行简单的回顾总结，这也有利于展示反方对正方报告的理解和接受程度。

报告中对正方的优点和不足应给予同等程度的重视。反方很可能使用在赛前准备好报告的模板，现场补充的主要是正方的不足。对于优点往往停留于非物理的层面，如 PPT 精美、报告语言流畅等，这可能与正方的研究不够充分有关，也可能反映出反方还未消化理解正方的研究报告。所以反方最好增强报告的“物理性”，尽可能从理论、实验及二者的关联性出发。

在提出不足时，数量不是唯一的衡量标准。建议将最关键的不足列在最前面，能够更好地引起关注。

3.4 开展正反方辩论之反方篇

反方应主导辩论过程，不出现冷场是底线之一，另一条底线就是不明确提及本队的研究过程与结果，一切从正方报告的内容出发。同时，学术竞赛的辩论应围绕物理问题展开，学术讨论可以激烈，但不必咄咄逼人，尊重对方的研究是重要的心理前提。

辩论过程中，建议反方不要始终纠结于某一论点，如“为什么没有研究某一参量”等。应争取从多角度发起辩论，以下几点仅供参考：

(1) 理论假设或近似是否合理，依据是什么，如某某变量是否可以忽略不计；

(2) 实验设计的合理性，此处包括器材选择，数据记录方式等；

(3) 装置是否能够观察或记录全部的现象；

(4) 实验数据的不确定度的大小是否影响数据对结论的支持力度；

(5) 理论与实验是否自洽，对其中的差距是否进行分析并进一步实验进行修正；

(6) 分析得出结论的论证过程是否严谨，证据与结论的关联是否逻辑清晰。

正反方可以说是一体两面，而对比赛题目的充分研究是赛场良好表现的基础，再配合一些辩论技巧，则事半功倍。同时，在准备阶段以反方视角看待本队的研究，也有助于进一步完善结果。

4 做好评论方

评论方的主要工作是评价双方的讨论价值，类似裁判的角色。在每一阶段比赛中，评论方的工作量最少，仅需进行提问和简短的报告。因此，评论方的得分权重最小，但是评论方如果掌握一定比赛技巧，最容易得高分。

4.1 进行评论方提问

类同反方提问，但提问的对象是正反双方。提出的问题应根据正、反双方在比赛中的表现而生成，当然在前期进行研究和准备比赛时，预设一些问题也是必要的。问题要有助于进一步明确正、反双方对赛题理解和研究的程度，为接下来的报告定基调。提问的注意事项同反方提问。

4.2 评论方报告

评论方报告中要尽可能客观公正地对正、反双方进行评价，要肯定双方的优点，也要指出双方的不足。能否把握瞬息万变的赛场，能否言简意赅地总结双方的表现并令人信服，能否对这一阶段的比赛进行很好的总结甚至升华等，是评价评论方报告好坏的标准。所以，评论方报告也可以体现评论方自己对赛题的理解和研究。从这个角度来说，真正做好评论方要求更高。

实践活动

1. 观看一场比赛视频，模拟评论方对正、方双方做出评论，并做评论方报告。

2. 自己出题目，组织类似比赛。

3. 附录《草叶与民乐——2015 上海中学物理学术竞赛赛题“振鸣的草叶”的研究》一文是一个小组同学的研究报告，同学们是否有兴趣对其研究点评分析，并进一步深入研究下去？或者由此研究拓展出其他课题？

附录　草叶与民乐

——2015 上海中学物理学术竞赛赛题“振鸣的草叶”研究

摘要：国际青年物理学家竞赛（IYPT）由苏联在 1988 年发起，每年举办一届。它和国际物理奥林匹克竞赛、国际青年学生科学论文竞赛并称为三大顶级国际中学生物理竞赛。2015 年上海中学生物理学术竞赛从 IYPT 中选取 12 题作为本年度赛题，我对其中的第 10 题“振鸣的草叶”进行了研究，建立了模拟人嘴吹气的物理学模型，适当地运用弦的振动理论进行一定的解释，实验结合了声音采集和分析技术，能较精确地测定草叶振动的频率，得出了浅显的定性解释。

关键词：草叶　振动频率　弦乐器

1　题目分析

1.1　问题回顾

IYPT 第 10 题：振鸣的草叶（Singing blades of grass）

It is possible to produce a sound by blowing across a blade of grass, a paper strip or similar. Investigate this effect.

题目的意思就是对着一片横放的草叶或者类似的薄片吹气会发声，研究这个现象。

吹树叶是一门由来已久的艺术，树叶形式简便，取材容易，是山区人民喜闻乐见的“乐器”。唐朝伟大诗人白居易有诗云：“苏家小女伯知名，杨柳风前别有情，剥条盘作银环样，卷叶吹为玉笛声。”可见，早在一千多年前树叶吹奏就广泛流传了。闽、台、浙、苏、赣、粤、叶、桂、滇、川等地，都有吹“树叶笛”的习惯。由于树叶容易腐坏，难以保存，因此无法找到实物资料追溯其源头。因此只能查阅典籍文献。典籍中首先遇到的就是"啸"。"啸"字《说文》给出的解释是"吹声也"，它是一种跟"吹叶"直接相关的指称。《诗经》中有这样的记载：

《小雅·鱼藻之什·白华》："滮池北流，浸彼稻田。啸歌伤怀，念彼硕人。"

《国风·召南·江有汜》："江有沱，之子归，不我过。不我过，其啸也歌。"

《国风·王风·中谷有蓷》："有女仳离，条其歗矣。条其歗矣，遇人之不淑矣。"[1]

1.2 要点分析

虽然原题并不全是英译过来的意思，总之，就是探究类似薄膜振动的现象。由于树叶振动也可以说是一种薄膜振动，以及吹叶可发声，因此，我们从树叶的受迫振动开始研究。通过了解查阅相关文献，得知吹叶的方式多种多样，为了简化实验，决定采取两端固定，平行于叶片吹气的方法。

1.3 树叶的选择

根据相关文献，阔叶林木的大部分树叶都可以吹奏，标准是：橄榄形状，叶面完整、偏薄、柔韧性好，叶沿平整、新鲜；树叶的大小：长约 7～9 cm，宽约 3～4 cm 的比较适宜；且树叶无虫害、无刺、无毒、无茸毛、无气味、叶片干净等。凡是叶片的柔韧性能好，即使卷曲达到 180°也折不断，松开并能弹回原样的树叶都可以吹奏[2]。

2 准备工作

2.1 猜想可能的影响因素

由于草叶的吹奏与民乐有一定的关系，乐曲的音调都是由振动频率决定的；且频率也是描述声音的三大特征之一，所以我选取了振动频率作为研究的重点，响度和音色不做重点考虑。在实验研究开始前，我先大致猜测了一下可能影响草叶振动频率的因素：

(1) 草叶所受风力的大小；

(2) 草叶受到风力的长度；

(3) 草叶的松紧程度；

(4) 草叶的厚度；

(5) 草叶的最大宽度；

(6) 草叶的种类；

(7) 草叶的干湿程度。

2.2 实验所需的器材

附图 12-1 为实验过程中主要使用的设备。包括吹风机、铁架台、软管、玻璃胶、剪刀、树叶、螺旋测微器、风速仪、红水笔、刻度尺、夹子、小磁铁、橡皮筋、木条。

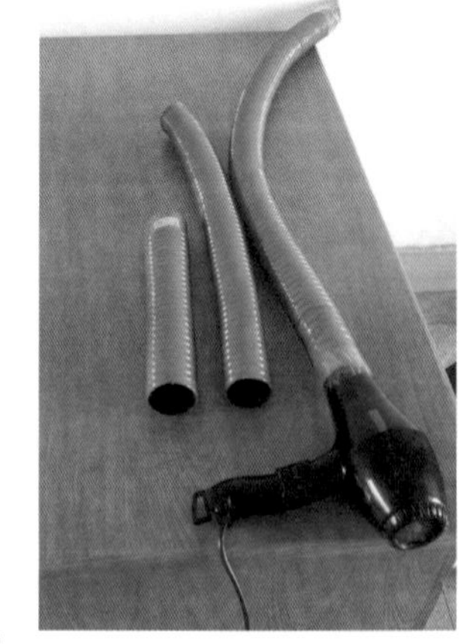

附图 12-1 吹风机与软管相结合的模型

2.3 建立实验模型与方案设计

经测定，人嘴的风速可达到吹风机的风速，且较稳定，因此以电吹风为模型，模拟人嘴吹气时的情景。在进行了初步的实验后，我决定将草叶与吹风机分别放在两个房间，目的是为了减小电吹风带来的噪声。接着对树叶进行了标记，这样可以更方便地控制树叶的振动长度（附图12-2）。实验所用的研究方法是控制变量法。

实验方案：

(1) 制作简易的吹风装置；

(2) 搭建摆设装置；

(3) 标记树叶；

(4) 测量风速；

(5) 改变各个可能影响的因素；

(6) 测量草叶的厚度；

(7) 数据分析处理；

(8) 拟合图像；

(9) 得出结论。

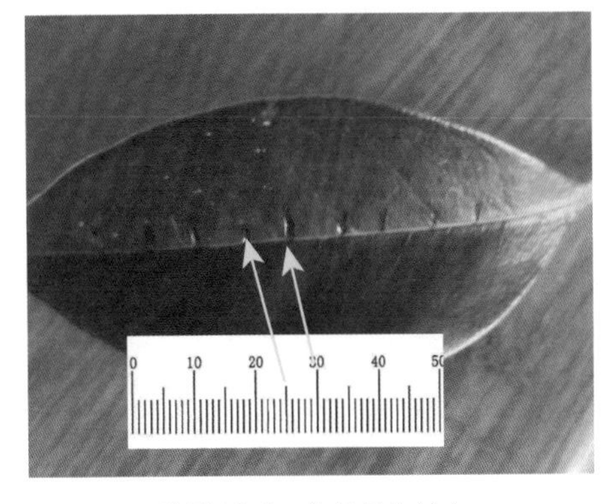

附图12-2　被标记的树叶

2.4　实验所用软件

Excel——记录数据；

Adobe Audition——分析采集的声音；

Origin——拟合图像；

Pasco Capstone——记录拉力大小。

3　简单的理论分析

其实，从精确的意义上讲，叶片受迫振动时，是属于薄膜振动的，而在此处，并未将实验一般化，而是将其特殊化，只是简单地进行理论分析，前提是叶片的最大宽度较小，即窄型叶片。

3.1　类比弦乐器的弦的振动

由于草叶振动时，不可能前后振动，那么就只能是上下振动了，而且，只有最大宽度较小的叶片在振动时可将整片草叶看作一根上下振动的弦，从而类比弦乐器的弦对草叶进行研究。我们都知道，弦乐器的音调与弦的长短、粗细、松紧有关，也与手拨弦的速度有关。因此，我们将草叶的振动长度与弦的长短类比，草叶的厚度、宽度与弦的粗细类比，草叶的松紧与弦的松紧程度类比，草叶所受到的风力大小与手拨弦的速度类比。

下面是有关弦的振动方程：

$$\frac{\partial^2 \eta}{\partial x^2}=\frac{1}{c^2}\frac{\partial^2 \eta}{\partial t^2}$$

其中，c 为振动传播的速度，且 $c=\sqrt{\frac{T}{\delta}}$（$T$ 为弦上的张力，δ 为弦单位长度的质量，即弦的线密度）。[3]

通过求解该偏微分方程，并把弦两端固定的边界条件代入其解，可得弦的振动频率

$$f_n = \frac{n}{2l}\sqrt{\frac{T}{\delta}}$$

f_n 称为简正频率，l 为弦长。

$n=1$，$f_1 = \frac{1}{2l}\sqrt{\frac{T}{\delta}}$，它是弦振动的最低一个固有频率称为弦的基频；

$n>1$ 的各次频率称为泛频。

可见弦的振动频率与其材质特性及所受张力有关，因此，类比到草叶上，草叶的频率（基频）与它自身的特性（振动长度、干湿程度、厚度、宽度）及所受的张力（松紧程度、风力大小）密切相关。

基于上述公式，大致猜测草叶的振动频率与草叶振动长度呈反比，风速越大，叶片越薄，最大宽度越小，频率越大。

3.2 伯努利原理

3.2.1 起振原因

根据伯努利方程 $p+\frac{1}{2}\rho v^2+\rho gh=C$，简单来说，就是等高流动时，流速越大，压力越小。在无风状态时，设外界大气压为 p_0，根据文献，对草叶吹气时，叶片主要是上表面受风（附图 12-3），由伯努利方程知，叶片的上表面压强减小，而下表面仍然是大气压，从而产生了压强差，得到一个向上的动力，叶片便开始起振。

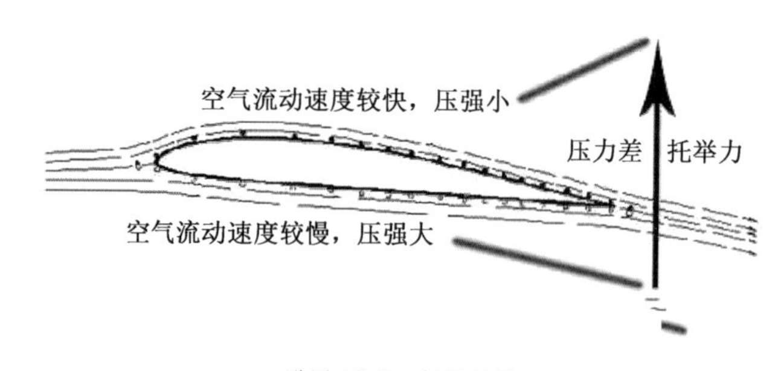

附图 12-3 起振原因

3.2.2 回复力的提供

由于叶片薄而轻，重力的影响可忽略不计，那么草叶振动如何持续？我们猜想，可能是叶片提供的回复力大于气流所产生的压力差，这也就解释了上文中为什么要选择柔韧性能好的叶片。因此，风速应该是有一个最大范围的，超出了那个范围，叶片便不会弹回产生持续的振动（即频率可能与风速的函数关系不单调变化）。这可以类比绳长为 1 m，摆角不超过 5°的单摆，在相同条件下，周期（即频率的倒数）与该地的重力加速度 g 有关，因此，叶片的回复力大小也取决于自身的柔韧程度（即草叶的种类）。

3.2.3　风速的影响

由伯努利方程 $p+\frac{1}{2}\rho v^2+\rho gh=C$ 得知，草叶上下表面的压强差为 $\Delta p=p_0-p=\frac{1}{2}\rho v^2$，因此草叶上下表面压力差为 $F=\frac{1}{2}\rho v^2 S$，这个力会影响草叶上的张力 T 大小，由公式 $f_n=\frac{n}{2l}\sqrt{\frac{T}{\delta}}$ 知，风速对草叶振动频率有一定的影响。

4　草叶吹奏的实验研究

4.1　数据表格

	实验J	振动长度（cm）	振动频率（Hz）	音阶（g、m、d）	厚度（mm）	湿度（d）
一	1	1	861.84	m7-g1	0.15	3
	2	2	737.37	m5-m6	0.15	3
	3	3	542.27	m2-m3	0.15	3
	4	4	332.55	d5-d6	0.15	3
	5	5	278.84	d3-d4	0.15	3
二	1	1	919.77	>g7	0.2	3
	2	2	724.65	m6-m7	0.2	3
	3	3	454.64	g1-g2	0.2	3
	4	4	323.06	m2-m3	0.2	3
	5	5	223.81	d4-d5	0.2	3
三	1	1	858.13	m7-g1	0.07	0
	2	2	941.65	g1-g2	0.07	0
	3	3	534.66	m2-m3	0.07	0
	4	4	505.01	m2-m3	0.07	0
	5	5	459.19	m1-m2	0.07	0

	实验HJ	振动长度（cm）	振动频率（Hz）	音阶（g、m、d）	厚度（mm）	湿度（d）
一	1	1	1809.2	>g7	0.15	3
	2	2	740.78	m6-m7	0.15	3
	3	3	943.74	g1-g2	0.15	3
	4	4	520.31	m2-m3	0.15	3
	5	5	303.26	d4-d5	0.15	3
二	1	1	2825.2	>g7	0.2	3
	2	2	887.72	g1-g2	0.2	3
	3	3	550.9	m2-m3	0.2	3
	4	4	409.35	d6-d7	0.2	3
	5	5	264.39	d2-d3	0.2	3
三	1	1	1303.5	g4-g5	0.07	0
	2	2	1327.1	g5-g6	0.07	0
	3	3	722.64	m5-m6	0.07	0
	4	4	557.87	m3-m4	0.07	0
	5	5	510.51	m2-m3	0.07	0

宽度/cm		新鲜	宽度/cm		新鲜	宽度/cm		新鲜
1.4			1.6			2.0		
长度/cm	频率/Hz 松	频率/Hz 紧	长度/cm	频率/Hz 松	频率/Hz 紧	长度/cm	频率/Hz 松	频率/Hz 紧
5.0	242.45	355.09	5.0	350.06	357.98	5.0	301.96	349.34
4.5	266.17	329.08	4.5	364.74	420.39	4.5	304.11	355.45
4.0	298.39	348.89	4.0	387.34	451.38	4.0	130.53	390.78

宽度/cm	长度/cm	新鲜	宽度/cm	长度/cm	新鲜
1.6	1		1.6	1.5	
风速/（m·s^{-1}）	频率/Hz		风速/（m·s^{-1}）	频率/Hz	
4.2	2 018.9		3.8	1 240.6	
5.8	2 049.8		4.5	1 141.6	
7.6	1 679.7		5	1 349.9	
10	2 072.8		5.3	1 455.2	
10.2	1 513.4		7.6	1 702	
11.2	2 201.9		8.1	1 925.1	
宽度/cm	长度/cm	新鲜	宽度/cm	长度/cm	采摘后 5 h
1.6	2		1.8	1	
风速/（m·s^{-1}）	频率/Hz		风速/（m·s^{-1}）	频率/Hz	
2.2	1 606.5		2.7	1 415.1	
5	925.82		3.2	1 707.9	
6.8	1 290.3		4.4	1 614.6	
7.1	1 303.1		5.9	1 695.8	
8.2	1 019.4		7.1	1 899.3	
8.4	1 270.1		9.6	2 024.2	

风速/（m·s^{-1}）	频率/Hz	风速/（m·s^{-1}）	频率/Hz
6.8	974.59	11.4	1 418.1
10.7	1 392.7	12.4	1 495.8

在数据表中，我还增加了一列音阶，目的是为了找到草叶与乐器频率的联系，与乐器C大调的音阶（附图12-4）相对比。

音阶（高）	频率/Hz	音阶（中）	频率/Hz	音阶（低）	频率/Hz
$\dot{7}$	1 661.22	7	830.61	$\underset{\cdot}{7}$	415.31
$\dot{6}$	1 479.98	6	739.99	$\underset{\cdot}{6}$	370
$\dot{5}$	1 318.52	5	659.33	$\underset{\cdot}{5}$	329.63
$\dot{4}$	1 174.66	4	587.33	$\underset{\cdot}{4}$	293.67
$\dot{3}$	1 108.73	3	554.37	$\underset{\cdot}{3}$	277.19
$\dot{2}$	987.76	2	493.88	$\underset{\cdot}{2}$	246.94
$\dot{1}$	880	1	440	$\underset{\cdot}{1}$	220

附图 12-4　音阶对应的频率表（C 大调）

4.2　分析和拟合图像

4.2.1　频率与振动长度

下面是数据拟合的振动长度与振动频率的散点图（附图12-5），横坐标是振动长度，纵坐标是振动频率。

组一

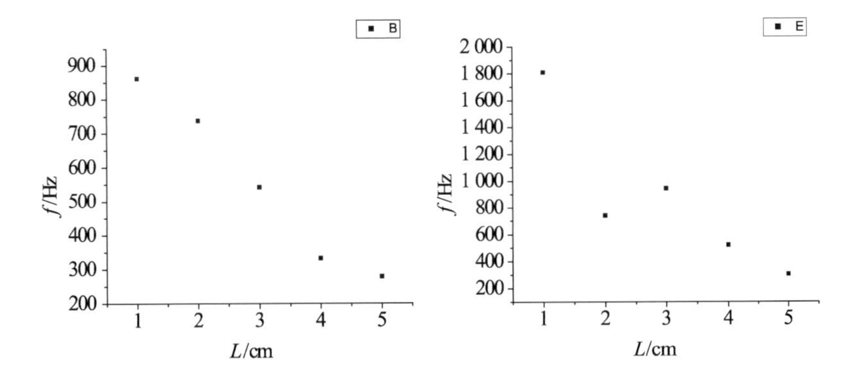
B
900
800
700
600
500
400
300
200
f/Hz
1
2
3
4
5
L/cm
E
2 000
1 800
1 600
1 400
1 200
1 000
800
600
400
200
f/Hz
1
2
3
4
5
L/cm

(a)

组二

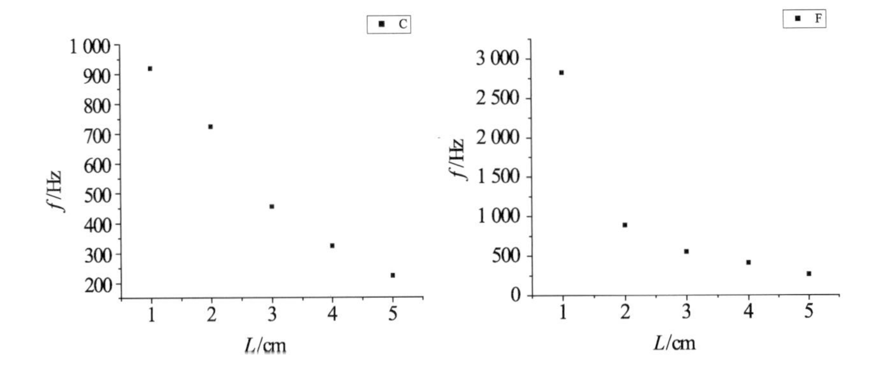
C
1 000
900
800
700
600
500
400
300
200
f/Hz
1
2
3
4
5
L/cm
F
3 000
2 500
2 000
1 500
1 000
500
0
f/Hz
1
2
3
4
5
L/cm

(b)

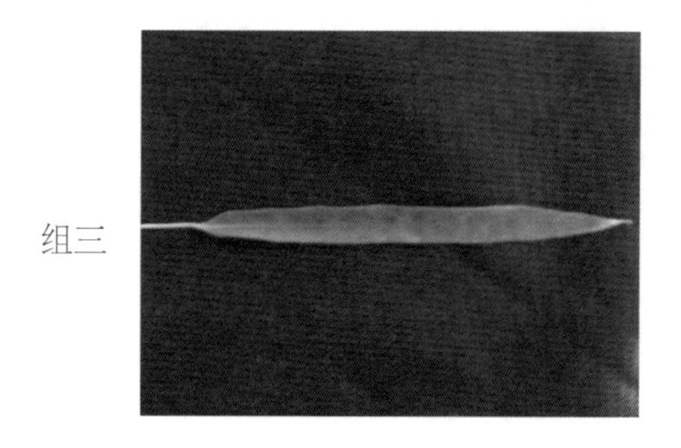

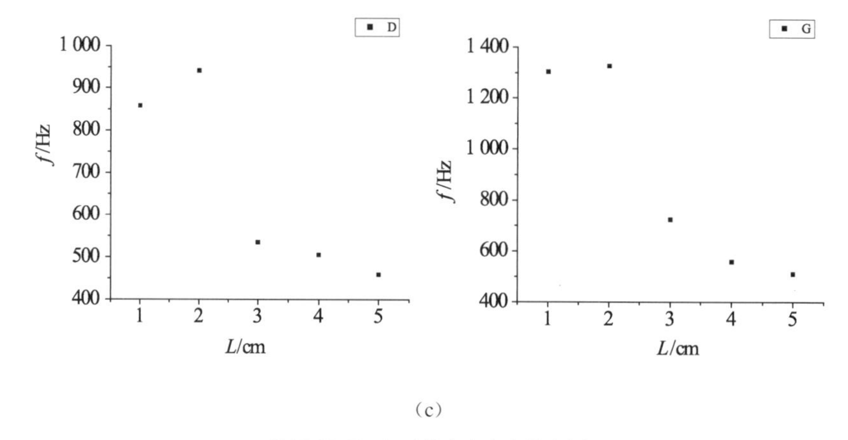

(c)

附图 12-5　振动长度与频率散点图

为了确定频率与振动长度是否呈反比关系，我选择了化曲为直的思想（附图 12-6）。

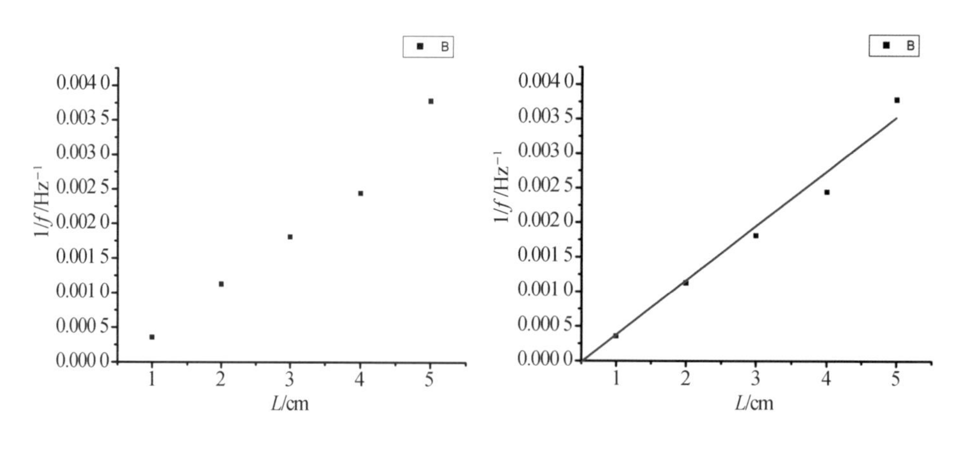

附图 12-6　化曲为直

虽然数据点还过少，但是从已有的图像上可以看出，频率与振动长度呈反比。

4.2.2　频率与松紧程度

附图 12-7 是数据拟合的拉松时与拉紧时的振动长度与振动频率的散点图对比，横坐标是风速，纵坐标是振动频率。

我个人认为，这是因为拉紧时，弦的张力增大而线密度又略微地缩小，导致了相同条件下，草叶拉得越紧，振动频率越高。

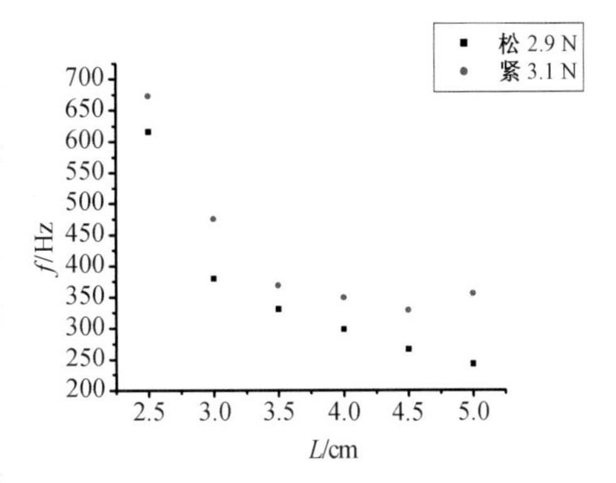

附图 12-7　频率与松紧程度散点图

4.2.3　频率与风速

附图 12-8 是数据拟合的所受风速与振动频率的散点图，横坐标是风速，纵坐标是振动频率。

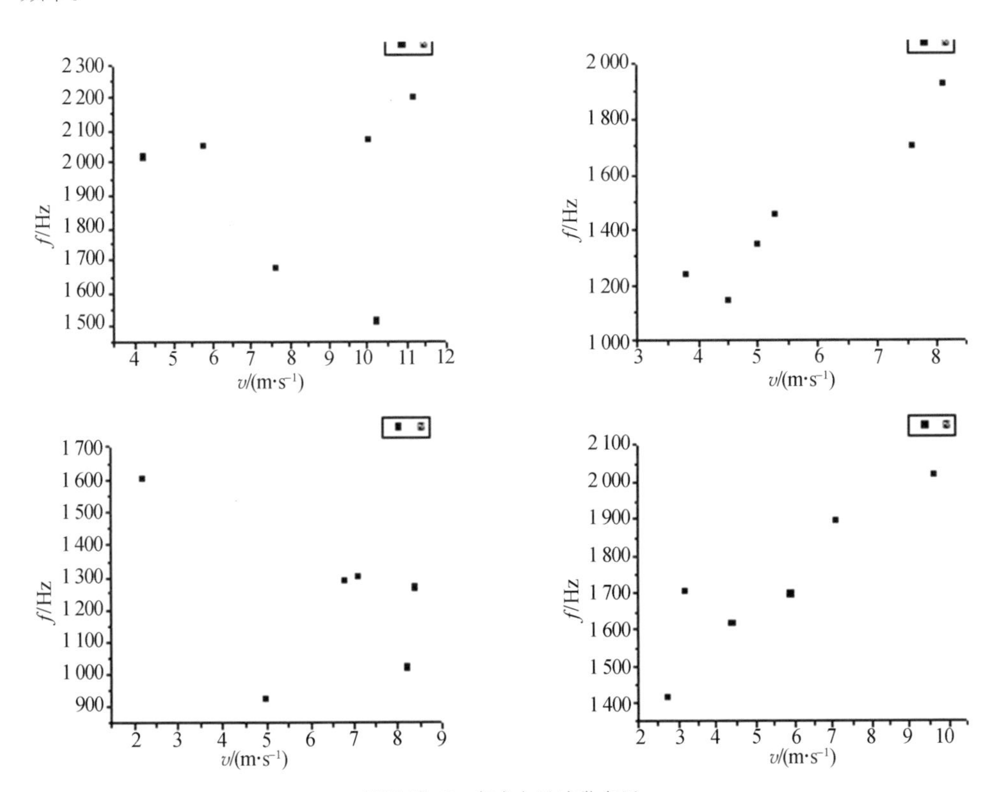

附图 12-8　频率与风速散点图

通过上述散点图，较难得出结论，可能是因为实验带来的误差较大的缘故，根据理论分析，应该是风速越大，频率越高，又由于上文已经提到的风速可能会有一个最大值，所以结论不完全。由于改变风速的实验较为简陋（用嘴吹，自测），数据过少，因此稍加自己与他人吹叶的感受，得出结论，即在人嘴正常吹气时，风速越大，音调越高。

5 结论

首先，根据文献，我们将草叶自身的干湿程度的影响因素排除。接着，根据实验，我们得出了如下结论：

(1) 当草叶的被吹长度相同时，同一草叶被拉得越紧，产生的声音的音调越高（最大音频差为400 Hz）（目前定性）。

(2) 草叶受到风吹的长度越短，产生的声音的音调越高（当叶长等于 1 cm 时，音频高于1 000 Hz）。振动频率似与振动长度呈反比。

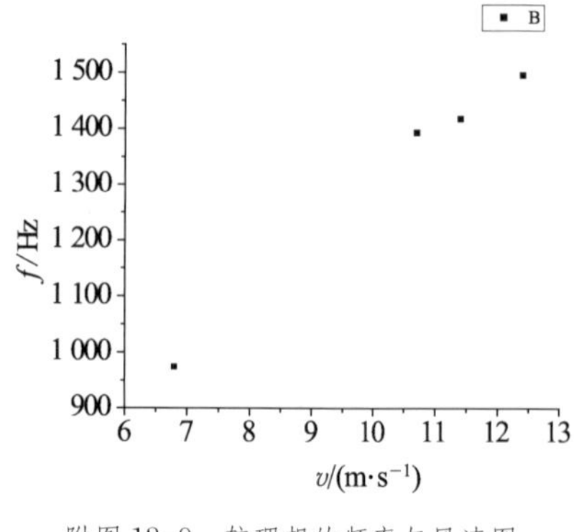

附图 12-9 较理想的频率与风速图

(3) 草叶受到的风速越小，音频越高（受低速风与高速风时的音频差达500 Hz）。振动频率似与风速呈类正相关（人嘴吹）。

(4) 草叶的厚度越小，产生的声音音调越高（目前定性）。

(5) 柔韧的薄片都可吹响。

草叶的宽度与种类对振动频率的影响还未来得及进行实验研究，将来会做进一步的研究。初步得出草叶是可以作为一种弦乐器使用的，只是还缺少大量数据来对比完善，希望可以在未来进一步做实验来研究。

参考文献

[1] 丘德三. 怎样学吹“树叶笛”[J]. 人民音乐，1984（07）：1，2.

[2] 杜功焕，朱哲民，龚秀芬. 声学基础［M］. 2 版. 南京：南京大学出版社. 2001.

[3] http://wenku. baidu. com/link? url = gWHILEhp6p8pzUBGnoUJb2FEOFZJzWh - VimNcTMMRxxbNQHsqTrJjfL - Il6u5EPEhTBx756 _ AxwvoikCrvymL76mMBO0fvhcSnuZSRuMxmi

参赛体会

我在本次的上海高中物理学术竞赛收获颇丰，在参与比赛的过程中，虽然失去了许多的闲暇时间，但也收获了不少。我想合作、交流、互动恐怕是最重要的三个收获了。与队友合作，与对手交流，与老师互动，是本次竞赛的特点。在与队友的团结合作中进步，在与对手的交流辩论中进步，在与老师的互动分析中进步。我想参赛这个过程本身比结果更为珍贵。通过比赛，本来自以为已经较为完善的实验竟还有着如此多的漏洞，心有不甘但又生出了“井底之蛙”的自嘲感，我只是简单地进行了理论分析与数据验证，理论不深入、数据不充分，这是参赛后的感受。没有高深的微积分，没有普遍的理论结论，这与他人相比着实让我失望沮丧，但是这些是我自己的，是我自己思考的结果，不是吗？我没有满足，但很满意。